陇东学院学术著作基金资助出版

材料科学前沿：
新能源材料基础与应用前景

赵 磊 著

中国原子能出版社

图书在版编目（CIP）数据

材料科学前沿：新能源材料基础与应用前景 / 赵磊
著. -- 北京 ：中国原子能出版社，2024. 6. -- ISBN
978-7-5221-3488-8

Ⅰ. TK01

中国国家版本馆 CIP 数据核字第 2024RZ3578 号

材料科学前沿：新能源材料基础与应用前景

出版发行	中国原子能出版社（北京市海淀区阜成路 43 号　100048）
责任编辑	王齐飞
责任印制	赵　明
印　　刷	北京金港印刷有限公司
经　　销	全国新华书店
开　　本	787 mm×1092 mm　1/16
印　　张	16
字　　数	270 千字
版　　次	2024 年 6 月第 1 版　2024 年 6 月第 1 次印刷
书　　号	ISBN 978-7-5221-3488-8　　　　定　价　**88.00** 元

发行电话：010-68452845

前　言

　　在这个充满挑战和机遇的时代，新能源材料成为科技领域的一个关键焦点。本书专注于探讨新能源材料的广泛应用和前沿发展，旨在为读者提供深入的洞见和全面的理解。随着全球对抗气候变化和推进可持续能源发展努力的加强，新能源材料的研究和应用变得尤为重要。

　　新能源材料不仅是实现清洁能源转型的关键，更代表着对未来的预见和对创新的追求。这些材料是推动能源技术进步的核心，不仅关系着能源的高效利用，还涉及环境保护和经济可持续发展。本书深入探讨了新能源材料各个方面的内容，包括其在不同能源技术中的应用，如锂离子电池、钠离子电池、钾离子电池、超级电容器、燃料电池和太阳能电池。

　　本书从材料应用的基本原理出发，详细介绍了它们的化学组成、物理特性、制备方法和应用场景。将探讨这些材料在各种环境下的表现，以及它们如何帮助解决现实世界中的能源问题。还着重于未来发展趋势，讨论了新能源材料如何在创新和技术革新中扮演关键角色。

　　本书面向对新能源材料感兴趣的学者、研究人员、工程师和学生。通过本书，读者不仅能够了解到新能源材料当前的应用，还能获得对其未来发展潜力的深刻洞察。随着科技的进步，这些材料在全球能源转型和环境保护中的作用将变得更加重要，本书旨在帮助读者全面理解新能源材料的重要性，以及它们如何塑造人类的未来。

目 录

第1章

新能源与新能源材料概述

1.1 新能源及其利用技术

1.1.1 新能源的发展

能源对于国家的经济和社会发展至关重要，但它也是主要的污染源。我国拥有庞大的人口，经济正在迅速发展。随着国家经济的增长和成功加入世界贸易组织（WTO），作为主要的煤炭消费国，不仅要面对经济和环境之间的挑战，还要解决能源安全和国际竞争的问题。太阳能、风能、生物质能和水能等新能源和可再生能源因其清洁和可持续的特点，被视为未来的能源发展方向。因此，在面对能源和环境的挑战时，推动新能源和可再生能源的发展是符合当前国际趋势的必然选择。

新能源的发展是应对当前全球能源和环境挑战的关键策略。随着经济的快速发展和对传统能源依赖的增加，我国面临着能源安全、环境污染，以及国际竞争力的压力。在这样的背景下，新能源和可再生能源的发展不仅是一种选择，更是一种必然趋势。

太阳能作为一种广泛可用的清洁能源，具有巨大的发展潜力。通过利用太阳能电池板，可以直接将太阳光转换为电能。随着科技的进步，太阳能电池的转换效率已经显著提高，而成本则在不断降低。这使得太阳能逐渐成为经济上可行的替代能源，尤其在一些日照充足的地区，太阳能的应用前景更是广阔。

风能作为一种可再生能源，也在全球范围内得到了迅速的发展。风力发电不仅可以在陆地上实施，还可以在海上建立大型风电场。海上风力发电因其较高的风速和持续性而成为风能发展的重要方向。风能发电技术的进步和成本的降低使得风能成为一种日益重要的能源供应方式。

生物质能利用有机物质，如农业废弃物、林业残留物和城市有机废弃物等，转化为能源。这不仅可以减少废物的排放，还可以有效减少温室气体的排放。生物质能源技术的发展提供了一种同时解决废物处理和能源供应问题的新途径。

水能，包括水力发电和潮汐能，是历史上最早使用的可再生能源之一。尽管水能的发展受到地理位置的限制，但在合适的地区，它仍然是一种重要的稳定能源。水能发电不仅能够提供稳定的电力供应，还能够减少对化石燃料的依赖。

新能源的发展面临着多方面的挑战，包括技术成熟度、成本效益、能源存储和传输等问题。然而，随着研究的深入和技术的进步，这些挑战正逐步被克服。

总的来说，新能源的发展是应对全球能源安全和环境挑战的关键。通过投资和推广这些能源，不仅能够减少对化石燃料的依赖，还能促进经济的可持续发展，提升国家的国际竞争力。随着技术的不断进步和政策的支持，新能源有望在未来成为主导全球能源市场的重要力量。

1.1.2　新能源利用技术概论

新能源的概念并不是绝对的，它是一个相对的概念，具体而言，它是相对于常规能源来说的。近年来，随着环境污染日益加重，能源消耗日益加大，常规能源面临着严重的危机。因此，新能源的开发势在必行。所谓新能源，主要指的是通过新材料和新技术研究获取的能够满足人类开发需求与使用需求的能源[①]，如太阳能、海洋能。通常情况下，常规能源的生产规模比较大，可应用的领域也较广，新能源由于技术、材料、研发时间等方面的限制，生产规模与适用范围都相对较小。新能源在世界上的分布范围较广，储量丰富，且具有环保特性，是人类可持续发展的重要动力。当然，新能源的使用还有赖于新技术的研究开发，因此，开发利用新能源必须同步更新新能源技术，只有这样才能保障新能源顺利投入使用。一些新能源及其利用技术介绍如下。

（1）化学能源及其利用技术。化学能源在人们的生活中占据了核心地位，它通过技术手段将化学能转化为低压直流电能，而这一技术实现的关键装置便是电池。制造电池的技术被称为化学电能技术，在该领域的研究中，燃料电池和锂离子二次电池尤为受到关注。由于化学能源在推动社会进步、经济增长等方面的关键作用，它已经变得不可或缺，是现代生产和日常生活中必要的能源来源。

（2）太阳能利用技术。太阳能是地球上非常重要的新能源之一，它是一种可以再生的能源，能够充分满足人类可持续发展的需求。太阳每年辐射到地面上的能量约为 1.74×10^{17} W，这些能量远远高于人类当前的能量消耗总量。为了充分利用太阳能，人类围绕它进行了许多新技术的研发，其中已经普遍投入使用的技术有：① 太阳能—热能转换技术，它是借助先进的转换设备，把太阳能变为热能，应用到人们的生产生活中；② 太阳能—光电转换技术，也就是常说的太阳能电池；③ 太阳能—化学能转换技术，这一技术将太阳能转化为化学能，具体的操作有光化学作用、光电转换等。

（3）氢能及其利用技术。氢能未来的发展前景非常光明，它被视为地球上最理想的二次能源。氢的常见形式是化合物，它的分布非常广泛，依托于地球上含量最高的水而存在。海水中氢的总能量是人类现有的化石燃料的

---

① 王培红. 新能源［M］. 南京：江苏凤凰科学技术出版社, 2019:1-30

9 000 倍，氢能技术包括氢的制备、提纯、运输、存储等。氢的制备有多种途径，例如，通过热化学分解水的方法来制备氢，利用电解水的方法也可以制备氢等。氢能技术可以应用在燃料电池、内燃机和火箭发动机等方面。

（4）核能及其利用技术。核能是基于原子核结构变化释放的巨大能量，它可以分为两大技术：核裂变与核聚变。核裂变主要用铀作为原料，其中 1 g 铀产生的能量与 30 t 煤等量。而核聚变使用的主要原料是氘，560 t 氘可以满足全球一年的能源需求。氘资源丰富，可以为人类提供上亿年的能源，代表一种极具潜力的清洁能源。苏联在 20 世纪 50 年代建立了首个核电站，后续核技术进步，涌现了多种核反应堆类型。其中，轻水反应堆是当前最为成熟的技术，以轻水作为载热剂，广泛应用于各种工程和生产领域。相较于核裂变，核聚变掌控难度更高，现阶段有望实现核聚变的方法是通过使用等离子体技术。

（5）生物质能及其利用技术。生物质能的消耗在全球能源中占 14%，这一较高比例使其受到广泛关注，作为未来可持续发展的关键支柱，生物质能的开发包括常用的热解技术、沼气技术等。

（6）风能及其利用技术

风能是由大气流动产生的动能，它是可再生且环保的能源。仅使用地球风能储量的千万分之一，就能覆盖全球的电力需求，风能技术主要集中在风力发电，如海上风电和涡轮风电。

（7）地热能及其利用技术。地热能源源于地球内部，属于可再生、清洁的能源类型，其全球储量大约为 1.45×10^{26} J，这个数据相当于煤炭所能产生热量的 1.7 亿倍。这种能源不仅分布广泛、密度较高，而且比许多其他能源更为容易开发和利用，因为它的独特属性和巨大潜能，地热能被视为一种未来的环境友好能源。其应用技术主要集中在供暖和供热等领域，为人们提供了一种高效且绿色的取暖方式。

（8）海洋能及其利用技术。海洋能，包括潮汐能、海流、海水温差能等，是海水中蕴藏的能量。尽管其潜力巨大，但开发和利用面临诸多挑战，潮汐能设备要能承受大功率和低速流动的特性，不仅要求结构和叶片有足够的强度，还需防止因快速流动导致的磨损。另外，海水中的泥沙会对设备造成损害，长时间浸泡在海水中的装置也会遭受腐蚀和海生物附着，进而影响其效率。对于漂浮式潮汐发电装置，还要预防台风和航运带来的风险。

为解决潮汐能技术中的问题，设计方向聚焦于开发坐底式技术以便上浮，同时考虑防台风、抗海水侵蚀和减少海生物附着，以减少对航运的影响。

（9）海洋渗透能及其利用技术。在河流汇入海洋的地方，淡水与海水的水压差创造了海洋渗透能，在此位置设置涡轮发电机可以发电，海洋渗透能的应用效果与盐分浓度正相关，盐分浓度越高，其技术应用效果越好，这是新能源研究的关注点。

1.2 新能源材料相关概念

1.2.1 新能源材料的概念

新能源材料的概念涵盖了一系列专门为新能源技术开发和优化而设计的材料。这些材料是实现新能源转换、储存和高效利用的关键。它们的出现和发展，代表着材料科学与能源技术紧密结合的成果，不仅是对传统能源利用方式的补充和提升，更是推动能源产业进步和创新的驱动力。

新能源材料的范畴广泛，从化学电池的电极材料到太阳能电池的半导体材料，再到燃料电池和超级电容器的关键组成部分，每一种材料都针对特定的能源转换或存储机制进行了优化。这些材料在物理和化学特性上经过精心设计，使其能够高效地转换和利用各种形式的能源，如太阳能、风能、海洋能。它们使能源转换过程更为高效，减少能量损失，同时增加系统的整体可靠性和持久性。

新能源材料的研发，是响应全球对于清洁、可再生和高效能源需求的直接回应。这些材料不仅在技术上推动了能源转换和存储的新方法，也在经济和环境层面带来了积极的影响。例如，随着高效太阳能电池材料的开发，太阳能作为一种清洁能源的可利用性大大增加；而先进的电池材料则使得电动汽车和可再生能源存储系统变得更加实用和经济。

新能源材料的核心在于其创新性和对现有能源利用方式的改变。它们不仅是单纯的物理实体，更是材料科学与新能源思维相结合的产物。这些材料体现了对可持续能源未来的探索和创新，反映了人类对更清洁、更高效和更可持续能源解决方案的不懈追求。在未来，随着科技的不断进步和对环境保护的日益重视，新能源材料将继续发挥着越来越重要的作用。它们不仅仅是新能源技术的基石，更是推动全球能源转型和实现可持续发展目标的关键因素。

1.2.2　新能源材料的分类

新能源材料是推动可持续能源技术进步的关键因素，它们的分类涉及多种材料类型，每种都针对特定的能源应用领域和功能。以下是新能源材料的详细分类及其应用。

电池材料：电池材料是新能源材料中最关键的一类，涉及锂离子电池、钠离子电池、钾离子电池、镍氢电池等。这些材料在电池的正负极、电解质、隔膜等组成部分中起着至关重要的作用。例如，锂离子电池中的钴酸锂作为正极材料，石墨或硅作为负极材料，它们通过法拉第反应存储和释放电荷，实现能量的转换和存储。

太阳能材料：太阳能材料包括用于太阳能电池的多种类型的材料，如晶体硅、非晶硅、铜铟镓硒（CIGS）、碲化镉（CdTe）。这些材料吸收太阳光并将其转化为电能，具有高光电转换效率和长期稳定性。例如，CIGS 太阳能电池因其较高的吸光率和可调的带隙而备受青睐。

　　燃料电池材料：燃料电池材料主要用于制造燃料电池，如质子交换膜燃料电池（PEMFC）和固体氧化物燃料电池（SOFC）。这些材料包括电催化剂、电解质、电极材料等，它们在燃料电池中起到促进电化学反应和电荷传输的作用。

　　超级电容器材料：超级电容器材料，如活性炭、金属氧化物、导电聚合物，被用于制造超级电容器。这些材料具有高比表面积、优良的电导率和化学稳定性，可用于快速存储和释放大量能量。

　　热电材料：热电材料能将温差直接转换为电能，或反之。这类材料在热电发电和制冷应用中非常重要。常见的热电材料包括铋锑合金和铜锌锡硫化物等。

　　氢能材料：氢能材料是用于储存和运输氢气的材料，如金属氢化物、碳纳米材料。这些材料在氢能利用中发挥着重要作用，尤其是在氢燃料电池车和可再生能源存储系统中。

　　相变储能材料：相变储能材料能够在物质的相变过程中吸收或释放大量热能，常用于太阳能热能存储和建筑温控系统中。例如，石蜡和盐水溶液就是常用的相变储能材料。

　　生物质能材料：生物质能材料主要用于生物质能的转换和利用。这些材料包括各种有机质，如农业废弃物、木材和藻类。它们可以通过生物化学或热化学方法转换为可利用的能源，如生物燃气和生物柴油。

　　先进核能材料：核能材料主要用于核反应堆的建造和运行，包括核燃料、控制杆材料和反应堆结构材料。这些材料必须具有高热稳定性、辐射损伤阻力和优良的核化学性能。

　　其他新能源材料：此外，还有一些特殊的新能源材料，如热水分解制氢用的光催化材料、风能转换用的复合材料等。

　　新能源材料的发展不断推动能源技术的进步，这些材料的研究和应用对于实现清洁、高效的能源系统至关重要。未来，随着新材料的发现和现有材料性能的提升，新能源领域将迎来更多的创新和突破。

1.2.3 新能源材料发展简史

新能源材料的发展历程是科学技术进步与社会需求变迁的直观反映。从早期的简单材料到现代的高性能复合材料，新能源材料的演变揭示了人类对于更高效、更环保能源解决方案的不断探索。以下是这一发展过程的主要阶段。

早期探索（19世纪末至20世纪中叶）：新能源材料的历史可以追溯到19世纪末，当时的科学家开始意识到传统能源的局限性，并探索替代能源。最初的尝试包括简单的太阳能收集器和早期的电池技术。例如，第一块实用的太阳能电池在1883年由查尔斯·弗里茨制造，这是硅基太阳能电池的前身。此外，镍铁电池（尼克尔电池）和铅酸电池的发明也为电能的存储和应用提供了初步解决方案。

技术突破（20世纪50年代至70年代）：在这一时期，新能源材料的发展主要集中在太阳能和电池材料的研究上。1954年，贝尔实验室开发出了第一块硅基太阳能电池，这标志着现代太阳能电池技术的诞生。随后，太阳能电池的效率逐渐提升，应用领域也日益广泛。在电池材料方面，碱性电池和锂电池的开发为能源存储带来了新的突破。

多元化发展（20世纪80年代至21世纪初）：这一时期，新能源材料的研究开始多元化，涉及燃料电池、超级电容器、热电材料等多个方向。燃料电池材料的研究取得显著进展，例如，质子交换膜燃料电池（PEMFC）和固体氧化物燃料电池（SOFC）的开发。同时，超级电容器材料，如活性炭和金属氧化物的研究，为高效能量存储提供了新选择。此外，热电材料的探索也为能量转换技术带来了新思路。

新世纪的创新（21世纪初至今）：进入21世纪，新能源材料的发展进入了一个高速创新的时期。锂离子电池材料的优化，如锂铁磷（$LiFePO_4$）和锂镍钴锰氧化物（NMC），极大地提升了电池的性能和安全性。同时，太阳能电池材料也实现了重大突破，如高效率的铜铟镓硒（CIGS）和碲化镉（CdTe）薄膜太阳能电池的商业化应用。另外，氢能材料的研究为清洁能源的利用提供了新途径，特别是在氢储存和氢燃料电池领域。

未来新能源材料的发展将更加注重效率提升、成本降低、环境友好性和可持续性。例如，固态电池、钠离子电池和钾离子电池等新型电池技术有望成为未来能源存储的重要方向。同时，太阳能电池材料的研究将进一步向高效率、低成本、灵活性和可穿戴性方向发展。此外，随着纳米技术和材料科学的进步，新能源材料将在结构和性能上实现更多创新，为可持续能源解决方案提供更强的支撑。

第 2 章
锂离子电池

2.1　锂离子电池基础

2.1.1　锂离子电池的发展历程

锂电池研究始于 20 世纪 50 年代。锂在所有金属中具有极轻的质量和极负的电位，其金属形态的理论比容量高达 3 860 mA·h/g。因此，使用锂作为负极的电池能够提供高电压和高能量密度的特点。

锂电池的发展历程分为三个主要阶段：锂一次电池、锂二次电池和锂离子电池。锂一次电池特点是以金属锂作为负极，但由于金属锂在水系电解质中的不稳定性，阻碍了其发展。直到非水溶剂电解质的出现，并深入探究了它的电化学性质，才引入了以碳酸丙烯酯为主的有机电解液，推动了锂一次电池的进一步研究。到了 20 世纪 70 年代初，锂一次电池不仅成功商业化，而且广泛应用于多个领域，包括如锂—亚硫酰氯、锂—二氧化锰、锂—氟化碳电池和用于心脏起搏器的锂—碘电池。

锂二次电池仍然使用金属锂做负极材料。起初，锂电池的正极材料是金属卤化物，如 AgCl，但随着技术的进步，人们开始研发使用过渡金属的硫化物或氧化物作为正极材料。这些材料允许锂在充放电过程中逆向地插入其晶格，而不会对其结构造成大的改变，20 世纪 70 年代末，Whittingham 引领的 Exxon 公司开发了代表性的 Li-TiS$_2$ 电池系统。尽管加拿大的 Moli 公司率先将 Li-MoS$_2$ 电池推向市场，但因后续的安全问题，该电池的商业化进程最终受挫。

锂二次电池商业化失败的主要原因是，当锂二次电池充电时，由于金属锂表面的不平整导致其表面电场分布不均匀，金属锂在负极表面发生不均匀沉积，形成锂枝晶。当枝晶化发展到一定程度时，枝晶便可能会刺穿隔膜导致整个电池短路，引起电池着火甚至爆炸等事故。

锂离子电池的诞生受益于锂二次电池正极材料及插层化合物的研究成果，并受到"摇椅式电池"这一概念的影响。1973 年，人们首次提出了固溶体电极的理念，而到了 1980 年，Armand 提出了一个创新的摇椅式锂二次电池设计，其中正负极材料都是能交换和储存锂离子的层状化合物。这意味着，在充放电过程中，锂离子会在正负极之间反复移动，1989 年，索尼公司对一个特定的二次电池体系进行了专利申请，该体系采用石油焦作负极，LiCoO$_2$ 作正极，并使用碳酸乙烯酯与碳酸丙烯酯混合溶剂中的 LiPF$_6$ 作为电解液。这一创新在 1990 年被商业化，标志着锂离子电池的正式问世。

2.1.2　锂离子电池的工作原理

锂离子电池的运作是基于"摇椅"原理，这一原理描述了锂离子在电池充放电过程中如何移动。当电池充电时，外部电流驱动锂离子从正极晶格中释放，然后穿过电解质溶液和隔膜，最终进入负极并嵌入其中。反之，当电池放电时，锂离子从负极释放，再次穿越电解质和隔膜，然后嵌入正极的晶格结构中。在这一过程中，锂离子在正负极之间进行往返。

有机电解质是锂离子电池中至关重要的组成部分，它主要包含导电的锂盐，其作用是为电池提供必要的离子导电性。然而，在电池的工作过程中，电极和电解质之间的界面并非是惰性的或不活跃的，这意味着，在这些界面上，会发生一系列复杂的化学反应，在负极上，当电池工作时，有机电解质容易发生分解，这种分解产生了一个特殊的膜层，该膜层由有机和无机的化合物混合而成。这个膜被称为固体电解质相界面，或简称 SEI 膜。SEI 膜在锂离子电池中起到了保护电极、控制锂离子传输和防止电解质进一步分解的重要作用，因此对电池的稳定性和寿命具有关键影响。

锂离子电池的电极反应表达式如下。

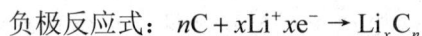

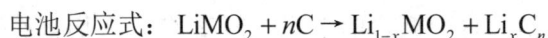

正极反应式：$LiMO_2 \rightarrow Li_{1-x}MO_2 + xLi^+ + xe^-$

负极反应式：$nC + xLi^+ xe^- \rightarrow Li_xC_n$

电池反应式：$LiMO_2 + nC \rightarrow Li_{1-x}MO_2 + Li_xC_n$

2.2 锂离子电池正极材料

正极材料在锂离子电池中不仅参与电化学反应，还是锂的主要来源。目前，大部分研究都集中在可插锂化合物上。理想的正极材料需要满足特定的特性。

（1）理想的正极材料应含有能在较高氧化还原电位下轻松进行氧化还原反应的过渡金属离子，以确保电池有较高的充放电容量和输出电压。

（2）正极材料应具备高的电子和锂离子的导电性，确保电池具有出色的倍率性能。

（3）结构必须长久保持稳定。

（4）在广泛的电压区间内，该材料需要展现出显著的化学和热稳定性。

（5）制备过程简单，对环境无害，且成本合理。

图 2-1 为锂离子电池电极材料的容量及放电电位（相对于 Li/Li^+）。现在市场上普遍使用的正极材料如 $LiCoO_2$、$LiFePO_4$ 和 $LiMn_2O_4$ 的实际比容量相对较低，与负极材料相比存在明显差距，这意味着现有的正极材料还不能满足日益增长的高能量和高功率密度锂离子电池的需求。为了确保锂离子电池的进一步发展，提高正极材料的比容量显得至关重要。基于现有的主流正极

材料，研究者们已经探索出一系列衍生材料，如高电压 $LiCoO_2$ 和三元正极材料。这些新材料的结构通过细致设计，配合离子掺杂和表面修饰等技术，以增强其在高电压和广泛温度下的稳定性。同时，开发 5 V 正极材料被视为达到高能量密度锂离子电池的关键途径。

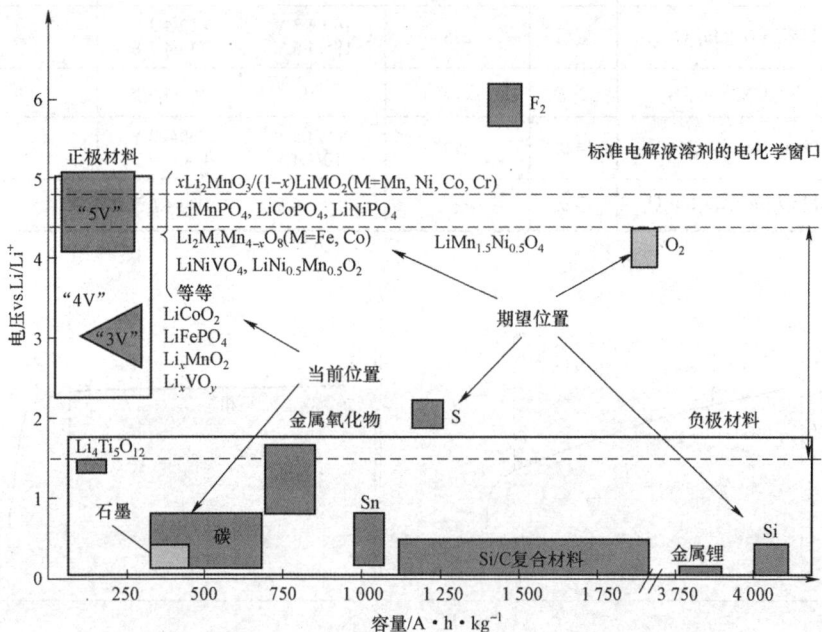

图 2-1　锂离子电池电极材料容量及放电电位（相对于 Li/Li^+）

表 2-1 列出常见正极材料的相关电化学性能，涉及的反应机理主要有两大类：两相反应类型和固溶体反应类型（见图 2-2）。两相反应类型材料在锂离子脱嵌时会产生新的物相，使得电池电压在这两相间保持稳定。放电曲线有两个 L 形线段，以磷酸盐正极材料为例，充电时，$LiFePO_4$ 转变为 $FePO_4$ 新相；放电时，锂离子与 $FePO_4$ 结合，重新形成 $LiFePO_4$ 相。$LiFePO_4$ 的充放电曲线在平台区非常稳定，而对于固溶体反应类型，整个氧化还原过程中不产生新的物相，虽然晶体参数会变，但主结构保持不变。随锂离子的嵌入，电压逐步下降，但曲线下降缓慢。

表 2-1　常见锂离子电池正极材料电化学性能

材料	结构	理论容量 /mA·h·g^{-1}	实际容量 /mA·h·g^{-1}	能量密度 /W·h·kg^{-1}	工作电压/V
LiCoO$_2$	层状	274	190/4.45 V 215/4.55 V	740/4.45 V 840/4.55 V	3.9
LiFePO$_4$	橄榄石	170	160	540	3.4
LiMn$_2$O$_4$	尖晶石	148	110	410	4.0
LiNi$_{1/3}$Co$_{1/3}$Mn$_{1/3}$O$_2$	层状	275	160/4.3 V 185/4.5 V	610/4.3 V 730/4.5 V	3.8
LiNi$_{0.8}$Co$_{0.1}$Mn$_{0.1}$O$_2$	层状	275	210	800/4.4 V	3.8
LiNi$_{0.8}$Co$_{0.15}$Al$_{0.05}$O$_2$	层状	279	200/4.3 V 210/4.4 V	760/4.3 V 800/4.4 V	3.8
Li$_2$MnO$_3$LiNi$_x$Co$_y$Mn$_z$O$_2$	层状	—	250/4.6 V	900/4.6 V	3.6

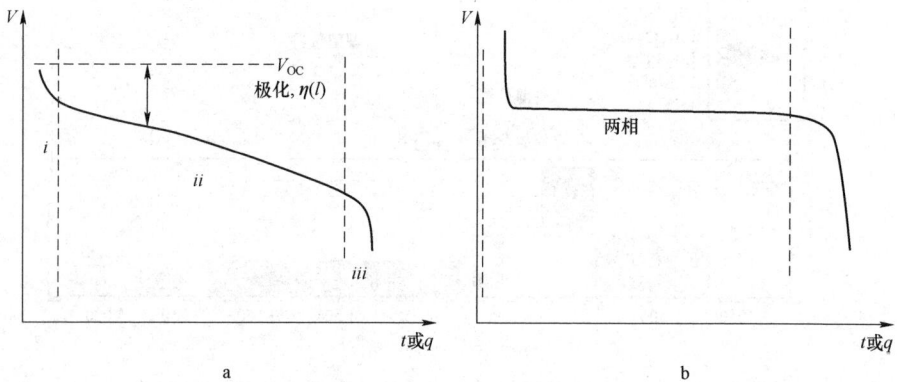

图 2-2　正极材料两种反应类型放电曲线
a—固溶体型反应；b—两相反应

2.2.1　正极材料的选择要求

锂离子电池的理想正极材料通常是锂嵌入化合物，这种化合物应具备特定的性能特点。

（1）在嵌入化合物 Li$_x$M$_y$X$_z$ 中，金属离子 M^{n+} 应当具有较高的氧化还原电位，这样可以确保电池具有较高的输出电压。这种特性对电池性能至关重要。

（2）嵌入化合物 Li$_x$M$_y$X$_z$ 中的锂可以大量且可逆地嵌入和脱嵌，从而实现高容量，这意味着 x 值应尽可能地大。

（3）在锂的插入与脱插过程中，其动作应当是可逆的，且化合物的基本结构应保持稳定或仅有微小变化，以保证电池的优良循环性能。

（4）随 x 值变化时，氧化还原电位的变动应尽量小，这能确保电池在充放电时电压保持稳定，不出现大的波动。

（5）嵌入化合物应有较好的电子电导率（σ_e）和离子电导率 σ_{Li}^+，这样可以减少极化并能进行大电流充放电。

（6）嵌入化合物在所有电压区间都需显示出优良的化学稳定性，并在形成 SEI 膜之后，不与电解质产生任何反应。

（7）在电极材料中，锂离子应具有较高的扩散系数，这有助于电池实现快速的充电和放电过程。

（8）从实际应用出发，主要材料应具有低成本并且对环境友好，不造成任何污染。

能作为锂离子电池的正极活性材料，相对于 Li/Li^+ 的电位，金属锂和嵌锂碳的电位如图 2-3 所示。

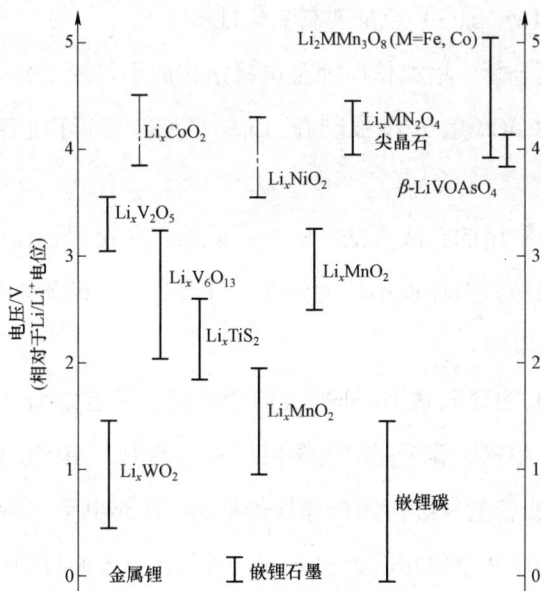

图 2-3 锂离子电池材料扩放电电位（对 Li/Li^+）

2.2.2　LiCoO$_2$正极材料

　　层状结构的经典例子是 LiCoO$_2$，其拥有 α-NaFeO$_2$ 型的晶体结构。在这结构中，氧原子按照 ABCABC 的方式进行立方密堆积排列。位于氧层之间的位置上，锂离子和钴离子交替地占据八面体的位置。对于其晶格参数，a 值为 2.82，c 值为 14.06。如图 2-4 所示。

　　LiCoO$_2$ 是一个半导体，其在室温下的电导率为 10^{-3} S/cm，主要由电子电导驱动。在 LiCoO$_2$ 中，锂的室温扩散系数范围是 10^{-12} 至 10^{-11} cm·s。当锂完全从 LiCoO$_2$ 中脱出时，其理论比容量为 274 mA·h/g。

　　在实际应用中，当锂离子脱出到一定程度，Li$_{1-x}$CoO$_2$（$x<0.55$）会呈现高氧化性，

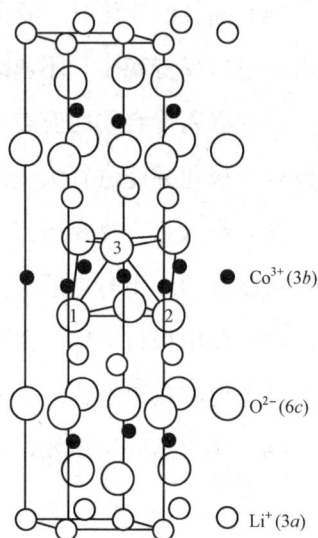

图 2-4　层状氧化钴锂的结构
Co^{3+}处于 3b 位置；Li$^+$处于 3a 位置；
O^{2-}处于 6c 位置

可能引发电解液分解、集流体腐蚀及电极结构的不可逆变化。为确保循环性能，电池的 LiCoO$_2$ 组分被限制在 Li$_{0.5}$CoO$_2$，其可逆容量介于 130～150 mA·h/g。

　　这种材料最常用的合成方法为固相反应法，在使用过程中，该材料在充电时存在安全隐患和循环性不佳的问题。目前，通过掺杂和对其表面进行修饰是主要的解决策略。

　　关于 LiCoO$_2$ 的表面修饰，研究者们已经探索了诸如 SnO$_2$、Al$_2$O$_3$、TiO$_2$、ZrO$_2$、LiAlO$_2$、AlPO$_4$ 等不同的包覆层材料。其中，AlPO$_4$ 被认为是最能有效提高 LiCoO$_2$ 的容量并维持其循环性的材料。在充电至 4.4 V 时，这种修饰层有助于阻止材料从单斜相转为六方相，刘立君等人通过使用现场同步辐射 X 射线衍射技术，深入研究了表面包覆 Al$_2$O$_3$ 的 LiCoO$_2$ 在充放电时的结构演

变。他们发现，包覆层并不是用来抑制结构的相变，而是允许发生可逆相变，而未包覆的样品则不能发生这种可逆相变。王兆祥及其团队通过光谱研究方法深入探讨了表面包覆层的功能。他们证实，这一层的主要任务不仅仅是物理的防护，它的核心作用在于隔离电解液与具有高氧化能力的 $Li_{1-x}CoO_2$ 之间的接触，从而有效抑制了充电过程中因氧的析出而引发的结构变化和表面上不利的化学反应，确保了电池的稳定性和安全性。

在 $LiCoO_2$ 材料的掺杂研究中，众多元素如 Ni、Fe、Mn、Mg、Cr、Al、B 等都成为了研究对象，在 $LiCoO_2$ 中掺杂 20%的 Mn 可以显著提高材料的可逆性和其循环生命周期，而 Chung 及其团队则深入探究了 Al 掺杂对 $LiCoO_2$ 微观结构的作用。他们发现，Al 的掺杂不仅能有效遏制 Co 在 4.5 V 时的溶解，还能减缓 Li^+ 嵌入过程中 c 轴和 a 轴的变化，从而增强了整体材料的稳定性。此外，虽然 Mg 的掺杂被证实可以提升 $LiCoO_2$ 材料的电子电导性，但这一掺杂手段并没有提高其高倍率充放电性能，实际上，性能还略有下降。

$LiCoO_2$ 作为锂离子电池的正极材料，其独特的层状结构和电化学性能使其在电池领域中占有重要地位。除了已提及的表面修饰和元素掺杂策略外，为进一步优化这种材料的性能，研究者们还致力于探索其他潜在的改良方法。

为了提高 $LiCoO_2$ 的能量密度和循环稳定性，研究人员尝试通过改变合成工艺参数来优化材料的微观结构。例如，通过控制煅烧温度和时间，可以获得更高密度和更均匀粒径分布的 $LiCoO_2$ 粉末。这些改进有助于提高材料的结构完整性，从而增强其在长期循环中的性能。

通过纳米技术的应用，$LiCoO_2$ 的性能也得到了显著提升。纳米化的 $LiCoO_2$ 展示了更高的比表面积和更短的锂离子扩散路径，从而提高了其电化学活性和倍率性能。例如，通过溶剂热法、水热法等合成策略，可以制备出尺寸更小、分散性更好的 $LiCoO_2$ 纳米颗粒。

通过与其他类型的正极材料组合，可以进一步提升 $LiCoO_2$ 的整体电池性能。例如，$LiCoO_2$ 与 $LiMn_2O_4$ 或 $LiFePO_4$ 复合材料的研究表明，这种复合策略不仅可以提高材料的热稳定性，还能改善其电化学性能。这种复合材料能够兼顾不同材料的优点，如 $LiMn_2O_4$ 的高电压平台和 $LiCoO_2$ 的高能量密度。

为了应对 $LiCoO_2$ 在高电压下的结构不稳定性问题，科学家们还探索了使用稳定化添加剂的方法。例如，添加少量的锂盐或其他稳定化合物可以有效防止高电压下材料的结构瓦解，从而提高电池在高电压充电条件下的稳定性和寿命。

2.2.3　$LiNiO_2$ 正极材料

$LiNiO_2$ 具有和 $LiCoO_2$ 相同的层状结构，但局部 NiO_6 八面体是扭曲的，存在两个长的 10Ni-O（2.09×10^{-10} m）和四个短的 Ni-O（1.91×10^{-10} m）。$LiNiO_2$ 晶格参数 $a = 2.878 \times 10^{-10}$ m、$c = 14.19 \times 10^{-10}$ m。占位情况为 Ni $3a$（0，0，0）、Li $3b$（0，0，1/2）及 O $6c$（0，0，z）与（0，0，$-z$），其中 $z = 0.25$、$c/a = 4.93$。在 $Li_{0.95}NiO_2$ 中 Li^+ 的化学扩散系数达到 2×10^{-11} m²/S，$LiNiO_2$ 可逆容量为 150～200 mA·h/g。$LiNiO_2$ 的结构示意如图 2-5 所示。

纯相 $LiNiO_2$ 的制备具有困难性，并在充电过程中存在 Ni 进入 Li 层的问题，这会妨碍锂离子的扩散，随着锂的缺陷增加，电极的电阻上升，导致材料的可逆容量和循环性都受到影响。更为严重的是，

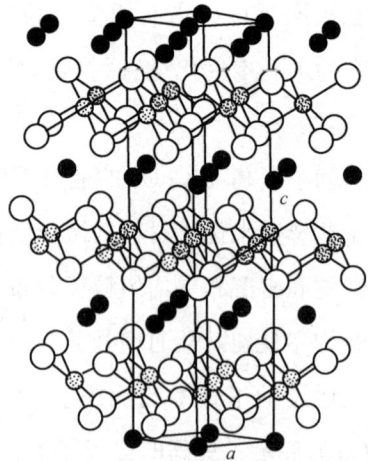

图 2-5　氧化镍锂的理想结构示意图

$LiNiO_2$ 在过充电的情况下可能分解，释放氧气和大量热量，带来一些安全问题。为了提高其结构稳定性和安全性，Delmas、Dahn 和 Ohzuku 等研究团队尝试使用 Co、Fe、Al、Mg、Ti、Mn、

Ga、B 等元素替代部分 Ni，成功合成了系列 $LiNi_{1-x}MxO_2$ 掺杂化合物，作为锂离子电池的正极材料。为了增强 $LiNiO_2$ 的热稳定性和结构稳定性，高原等人通过同时掺入 Mg 和 Ti，合成了 $LiMg_{0.125}Ni_{0.75}Ti_{0.125}O_2$。该材料在 3.0～4.5 V 的电压范围内，可逆容量达到近 160 mA·h/g，且 100 周循环后容量仅衰减约 15%。同时，含 Co 的 $LiNi_{1-x}Co_xO_2$ 材料已开始小规模生产和应用。

$LiNiO_2$ 作为锂离子电池的正极材料，其性能的提升主要依赖于对其结构和化学组成的精确控制。科研人员在探索新的合成方法和改善掺杂策略方面取得了显著进展，这些努力主要集中在提高 $LiNiO_2$ 的比容量、循环稳定性和安全性上。

为了提高 $LiNiO_2$ 的比容量和循环稳定性，研究者们尝试了不同的合成方法，如水热法、溶剂热法等。这些方法能够在较低温度下合成纯净的 $LiNiO_2$，减少镍离子迁移至锂层的可能性。此外，采用纳米技术制备的 $LiNiO_2$ 展示了更优异的电化学性能，这主要得益于其更短的锂离子扩散路径和更大的表面积。

掺杂策略也是提高 $LiNiO_2$ 性能的关键。通过在 $LiNiO_2$ 中引入小量的其他金属元素（如 Co、Mn、Al 等），可以改善其晶体结构的稳定性，从而提高材料的循环寿命和安全性。例如，掺杂 Al 可以抑制在充放电过程中 Ni 离子向 Li 层的迁移，提高了材料的结构稳定性。而掺杂 Mn 则可以提高材料的热稳定性，减少在过充电状态下的热分解风险。

$LiNiO_2$ 的表面修饰也是提升其性能的有效手段。通过在材料表面涂覆一层保护层（如氧化物、磷酸盐等），可以防止电解液对电极材料的腐蚀，减少高电压下的电极材料分解。这种表面修饰还可以改善电极与电解液之间的界面性质，从而提高电池的循环稳定性和安全性。

2.2.4　$LiMnO_2$ 正极材料

层状 α-$NaFeO_2$ 结构的 $LiMnO_2$ 与 $LiCoO_2$ 结构相似，但受 Mn^{3+} 的

Jahn-Teller 效应影响而产生结构扭曲。在循环中，$LiMnO_2$ 容易从层状结构转为稳定的尖晶石结构，导致循环性能下降。它不能直接合成，主要通过 $NaMnO_2$ 的离子交换反应得到。由于这些缺陷，研究较为有限。

$LiMnO_2$ 作为锂离子电池的正极材料，由于其独特的结构和性质，近年来吸引了研究者的极大关注。尽管其循环性能下降和结构稳定性问题限制了其广泛应用，但通过材料工程和表面修饰的方法，这些问题正在被逐步克服。为了解决 $LiMnO_2$ 在循环中由于 Jahn-Teller 效应导致的结构不稳定问题，科研人员尝试了多种掺杂策略。例如，通过在 $LiMnO_2$ 中引入 Co、Ni、Cr 等元素，可以有效地改善其结构稳定性，减缓在充放电过程中的体积变化，从而提高材料的循环寿命。特别是 Co 的掺杂，已经被证明能显著改善 $LiMnO_2$ 的循环稳定性和比容量。

表面修饰技术也是改善 $LiMnO_2$ 性能的有效途径。通过在 $LiMnO_2$ 表面涂覆一层稳定的化合物（如氧化铝、磷酸盐），不仅可以防止电解质对材料的腐蚀，还可以抑制 Jahn-Teller 效应对材料结构的破坏。这种表面修饰能够有效提高电池的循环稳定性和电化学性能。除了掺杂和表面修饰，科研人员还在探索新的合成方法来改善 $LiMnO_2$ 的性能。例如，利用水热法、溶胶-凝胶法等低温合成方法可以获得更均匀且晶粒尺寸更小的 $LiMnO_2$，从而提高其电化学活性和循环稳定性。尽管目前 $LiMnO_2$ 在商业应用中的发展受到限制，但通过材料工程的不断改进，其作为高性能锂离子电池正极材料的潜力正在逐步被挖掘。未来，更多的研究将专注于开发新的合成技术、寻找更有效的掺杂元素和表面修饰材料，以进一步提高 $LiMnO_2$ 的性能和实际应用前景。

2.2.5 $LiMn_2O_4$ 正极材料

$LiMn_2O_4$ 具有尖晶石结构，隶属于 $Fd3m$ 空间群。在这一结构中，氧原子按立方密堆积方式排列。锰位于一半的八面体 $16d$ 位置上，而锂则占据 1/8

的四面体 8a 位置。这些空的四面体和八面体通过共面和共边相连，为锂离子扩散提供了三维通道。尖晶石中锂离子的化学扩散系数范围是 $10^{-14} \sim 10^{-12}$ m^2/S。尽管 $LiMn_2O_4$ 的理论容量为 148 mA·h/g，但实际容量大约只有 120 mA·h/g。

锂离子在尖晶石 $LiMn_2O_4$ 中的脱出是一个分阶段的过程。当锂离子脱出达到一半时，会发生结构的相变，此时锂离子在四面体 8a 位置上有序排列，形成 $Li_{0.5}Mn_2O_4$ 相，这与充放电曲线上的低电压平台相对应。随后，当锂离子的脱出量在 0 至 0.1 之间变化时，$\gamma\text{-}MnO_2$ 和 $Li_{0.5}Mn_2O_4$ 两个相会逐渐共存，这对应于充放电曲线的高电压平台。值得注意的是，$LiMn_2O_4$ 在锂离子完全脱出后，其晶胞体积的变化相对较小，仅有 6%。这显示出 $LiMn_2O_4$ 材料在结构上具有很好的稳定性。

$LiMn_2O_4$ 的典型充电和放电曲线如图 2-6 所示。在充电过程中，存在两个主要的电压平台，分别是 4 V 和 3 V。4 V 的电压平台是当锂离子从四面体的 8a 位置脱出时出现的；而 3 V 的电压平台则与锂离子嵌入到空闲的八面体的 16c 位置有关，这两个平台分别代表锂离子在不同位置的动态变化。

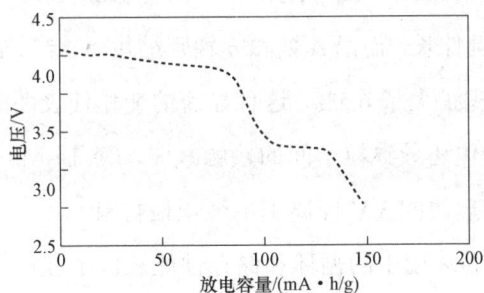

图 2-6　$LiMn_2O_4$ 的典型充电和放电曲线

Jahn-Teller 效应描述了在 4 V 电压附近，锂的嵌入和脱嵌时尖晶石结构保持立方对称性。但在 3 V 电压下，锂的嵌入和脱嵌涉及立方体 $LiMn_2O_4$ 与四面体 Li_2Mn2O4 的相转变，并伴随着锰从 3.5 价降为 3.0 价的还原过程。该转变由于 Mn 氧化态的变化导致 Jahn-Teller 效应，如图 2-7 所示。在特定的电压范围内，锂离子的嵌入和脱出受到 Mn^{3+} 的 Jahn-Teller 效应的影响，导致晶胞进行非对称的膨胀和收缩。这种效应进一步促使尖晶石结构从立方对称性转向四方对称性，从而使材料的循环性能受到负面影响和恶化。

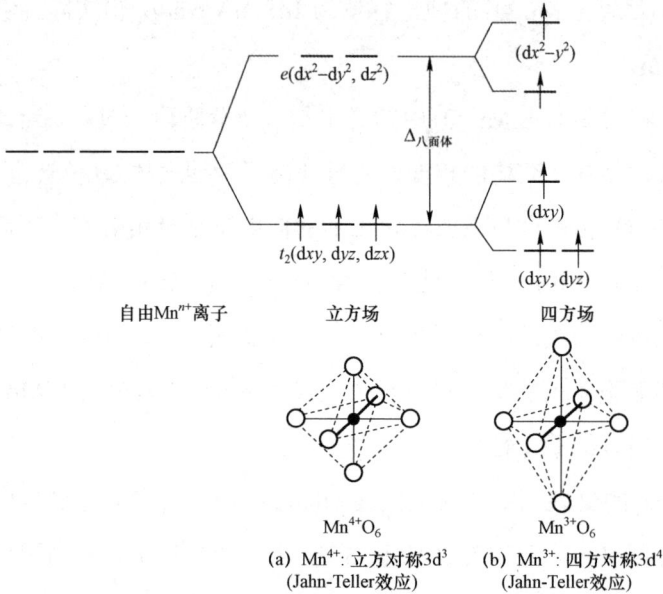

图 2-7　锰的氧化物发生杨—泰勒效应示意图

在 $Li_2Mn_2O_4$ 的 MnO_6 八面体结构中，由于 Jahn-Teller 效应的强烈影响，沿 c 轴的 Mn—O 键伸长，而沿 a 轴和 b 轴则缩短，导致 c/a 的比例变化高达 16%。晶胞单元体积扩大了 6.5%，这种显著的变化使表面的尖晶石粒子容易破裂。这种结构变化还导致粒子间的接触减弱，使 $Li_2Mn_2O_4$ 在 $1 \leqslant x \leqslant 2$ 的范围内不适合作为理想的 3 V 锂离子电池正极材料。

$LiMn_2O_4$ 在高温环境中的循环和储存性能表现不佳，主要的问题是，在深放电和高倍率充放电时，它在 3.0 V 的电压区域容易形成 $LiMn_2O_4$。当处于高电压状态时，电解液发生氧化分解，生成酸性物质，这些酸性物质会腐蚀尖晶石 $LiMn_2O_4$，导致 Mn 的溶解。同时，电解液中的水分会导致 $LiPF_6$ 的分解，并生成 HF，HF 也会使锰溶解。锰的溶解破坏了材料的晶体结构，导致有缺陷的尖晶石形成，从而进一步削弱了电化学性能。因此，锰的溶解被视为 $LiMn_2O_4$ 容量损失的核心原因。

为了解决相关问题，多种方法如掺杂和表面修饰得到了广泛应用。通过将 Mn 部分地替换为 Li、Mg、Al、Ti、Ga、Cr、Ni、Co 等元素，可以显著增强 $LiMn_2O_4$ 的结构稳定性，并优化其循环性能。在众多掺杂元素中，Li、Al 和 Cr 表现出较好的效果。Li 的过量掺杂能够提升 Mn 的平均化合价，从而降低 Jahn-Teller 形变，使合成的锂过量的非化学计量比 $Li_{1+x}Mn_{2-x}O_4$ 表现出更好的循环特性，Al 的掺杂也能达到类似效果。此外，Cr^{3+} 由于其半径与 Mn^{2+} 接近，并在八面体配位中呈稳定的 d^3 结构，因此能显著提高材料的结构稳定性。

当 Mn 的 0.6% 被 Cr^+ 替代后，该材料在经历 100 次循环后，其容量维持在 110 $mA \cdot h/g$。为了进一步优化性能，多种包覆方法如 Co_3O_4、Al_2O_3、ZrO_2、ZnO、C、Ag、聚合物等被应用，其中 Al_2O_3 包覆尤为常用，因为它可以显著增强材料的高温循环稳定性和安全特性。对于 $LiMn_2O_4$ 基正极材料而言，Mn 在自然界中资源丰富，成本低，材料的合成工艺简单，热稳定性高，耐过冲性好，放电电压平台高，动力学性能优异，对环境友好，目前已在大容量动力型锂离子电池中得到应用。

2.2.6　橄榄石结构 $LiMPO_4$ 正极材料

橄榄石结构的 $LiMPO_4$ 是正交晶系中的一种结构，具有 $D^{16}2h$-Pmnb 的空间群。在其每个晶体单胞内，都包含四个单位的 $LiMPO_4$。这种结构特性对该材料的性质有着重要的影响。

$LiFePO_4$ 具有特定的晶格参数，其中 a、b、c 的值分别为 6.008×10^{-10} m、10.324×10^{-10} m 和 4.694×10^{-10} m。当 $LiFePO_4$ 释放出所有的锂离子时，其体积将减少 6.81%。相对于其他锂离子电池正极材料，$LiFePO_4$ 的电导率显著较低，其范围在 $10^{-12} \sim 10^{-9}$ $S \cdot cm^{-1}$。同时，锂离子在 $LiFePO_4$ 中的化学扩散系数也不高，由 GITT 和交流阻抗技术测定的值介于 1.8×10^{-16} 到 2.2×10^{-14} cm^2/s。这种低下的电子电导率和锂离子的扩散系数成为了限制 $LiFePO_4$

在实际应用中的主要障碍。

为了增强 $LiFePO_4$ 的性能，多种策略得到了研究者们的探索。其中，采用碳或金属粉末对其进行表面包覆是一种普遍的方法，旨在提高材料的电接触特性。掺杂技术也是一种热门策略，用于增强其本征电子电导率，有研究通过将异价元素替代 $LiFePO_4$ 中的 Li^+ 进行掺杂，从而显著提高了电子电导率，达到了超过 10^{-2} S/cm。另外，通过碳热还原法合成的掺杂了 Mg 的 $LiFe_{0.9}Mg_{0.1}PO_4$ 材料，不仅具有高理论比容量，而且具有出色的结构稳定性。

中国科学院物理研究所的实验显示，当 $LiFePO_4$ 中掺杂 1%的 Cr 时，电子电导率可以提高 8 个数量级。但这种掺杂并没有优化其高倍率的充放电性能。进一步的分子动力学分析揭示，$LiFePO_4$ 是一维离子导体。虽然通过 Cr 掺杂电子电导率得到了提升，但由于阻塞了 Li^+ 的通道，离子电导率下降，进而影响了倍率性能。不过，最新的研究发现，通过在锂位或铁位掺杂钠，并结合表面包覆技术，可以有效地提高倍率性能，因为这种方法在增加电导率的同时，并未降低离子的输运性能。图 2-8 为 $LiFePO_4$ 和 $LiFePO_4$/C 复合材料在室温、2.7～4.1 V、0.1 C 速率下的首次充放电曲线和循环性能。

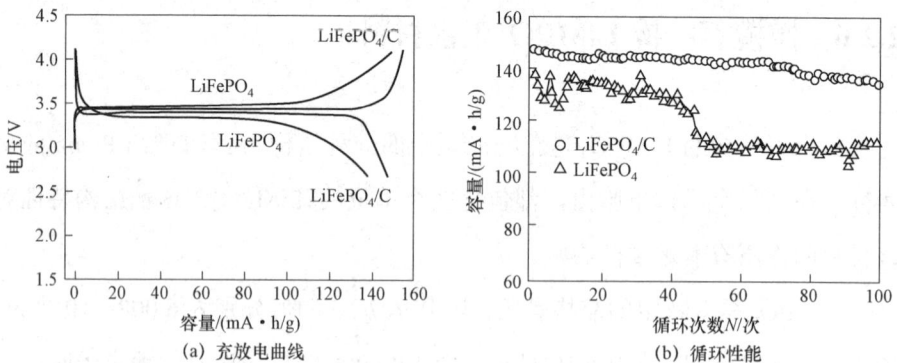

图 2-8　$LiFePO_4$ 和 $LiFePO_4$/C 复合材料在室温、2.7～4.1 V、
0.1 C 速率下的首次充放电曲线和循环性能

$LiFePO_4$ 因其低成本、资源丰富、稳固的结构及高热稳定性，被视为动力电池和储能电池的理想材料。同时，$LiMnPO_4$ 也受到了广泛关注，其晶格

参数分别为 $a = 6.108 \times 10^{-10}$ m，$b = 10.455 \times 10^{-10}$ m 和 $c = 4.750 \times 10^{-10}$ m。尽管其脱嵌锂电压在 4.1 V 左右，电化学活性一般，但有研究发现，通过在合成原料中加入炭黑，可以制备出颗粒细小、掺杂 Fe 的 $LiFe_{1-x}Mn_xPO_4$，其脱嵌锂离子性能较好。特别是当 $x = 0.5$ 时，这种材料的容量达到了最大值。

锂离子从 $LiFe_{1-x}Mn_xPO_4$ 中的脱出涉及两个关键步骤。在 3.5 V 的电压平台，Fe^{2+} 被氧化为 Fe^{3+}；在 4.1 V 的电压平台，Mn^{2+} 则被氧化为 Mn^{3+}。值得注意的是，这种脱锂过程的局部结构变化是完全可逆的，且无论 Mn 的含量如何，在 $0 \leqslant x \leqslant 1$ 的范围内，Mn^{3+} 的局部结构始终保持稳定，没有发生明显的变化。这意味着，即便 Mn 的含量较高，锂离子的脱出并不会遇到固有的障碍。经过系统的电化学研究，随着 Mn 含量的增加，4.1 V 的脱锂平台会变得更加持久。但需要指出，当 Mn 的含量超过 0.75 时，脱锂总容量会明显下降。

2.2.7　$LiNi_{1-x}Co_xO_2$ 正极材料

$LiNi_{1-x}Co_xO_2$ 作为一种锂离子电池正极材料，与 $LiNiO_2$ 共享类似的晶体结构，但其中一部分镍原子被钴取代，这样的替换有助于抑制 Jahn-Teller 效应，因此提升了电池材料的循环寿命和热安全性。SAFT 公司正是基于这些优点选择了该材料。伯克利实验室对 SAFT 生产的 $LiNi_{0.8}Co_{0.15}Al_{0.05}O_2$ 进行了测试，发现尽管在室温下电池展示出了优秀的循环能力，但在高温下的循环测试中表现出较大的电极阻抗增长，导致电池容量迅速衰减。通过拉曼光谱的进一步分析还揭示了长期循环中的 Ni—Co—O 相分离现象，这说明尽管进行了钴的掺杂改良，$LiNi_{1-x}Co_xO_2$ 材料在经过长时间循环后还是会出现结构不稳定的问题。

$LiNi_{1-x}Co_xO_2$ 作为锂离子电池的正极材料，其性能改进主要集中在提高结构稳定性和提升其循环性能方面。钴的掺杂确实在一定程度上抑制了 Jahn-Teller 效应，但长期循环下的结构不稳定性仍是其主要挑战。为进一步优化

$LiNi_{1-x}Co_xO_2$ 的结构稳定性，研究者们尝试了多元素的共掺杂策略。例如，添加铝元素可以提高材料的结构稳定性和抗高温性能。$LiNi_{0.8}Co_{0.15}Al_{0.05}O_2$ 就是一种典型的三元正极材料，它不仅提高了电池的热安全性，还能够在高电压下维持较好的循环稳定性。然而，即使是这种改进后的材料，长期循环下的性能衰退仍然是一个需要克服的难题。除了合金化掺杂，研究者们还通过表面改性技术来提高 $LiNi_{1-x}Co_xO_2$ 材料的性能。例如，通过在材料表面涂覆一层氧化物或者磷酸盐层，可以有效地抑制电解液的腐蚀作用，并增强材料的结构稳定性。这类表面改性技术在提高材料的高温循环性能和电化学性能方面显示出了良好的效果。为了提高 $LiNi_{1-x}Co_xO_2$ 的电化学性能，研究者们还探索了优化粒子形貌和微观结构的方法。通过精确控制合成过程中的温度、压力和反应时间等参数，可以获得具有均一粒径和优良电化学活性的材料。

未来的研究将更加注重于材料的微观结构调控和界面工程，以及更加深入的理解材料的退化机理。这不仅涉及材料合成的优化，还包括对电池工作机理的深入理解和建模。通过这些方法，$LiNi_{1-x}Co_xO_2$ 正极材料有望在未来的锂离子电池技术中扮演更重要的角色，特别是在追求更高能量密度和更长循环寿命的应用中。

2.2.8　$LiNi_{0.5}Mn_{0.5}O_2$ 正极材料

$LiNi_{0.5}Mn_{0.5}O_2$ 是一种具有与 $LiNiO_2$ 相同六方晶体结构的材料，在这种结构中，镍和锰以 $+2$ 和 $+4$ 的氧化态出现。在电池充电过程中，随着锂离子的抽出，原本为 $+2$ 价的 Ni 会被氧化成 $+4$ 价，而 Mn 的价态保持为 $+4$ 不变。通过 Li mAS NMR 的研究发现，在 $LiNi_{0.5}Mn_{0.5}O_2$ 中锂离子不仅仅局限于锂层，还出现在包含 Ni^{2+} 和 Mn^{4+} 的过渡金属层，主要被六个 Mn^{4+} 离子所包围，这与 Li_2MnO_3 中的锂离子环境相似。在材料被充电至 $Li_{0.4}Ni_{0.5}Mn_{0.5}O_2$ 的状态时，过渡金属层中的锂离子全部释放，剩下的锂离子则聚集于接近镍的锂层位置。

通过在 1 000 ℃空气中的热处理，LiOH·H$_2$O 与 Ni 和 Mn 的氢氧化物反应生成了 LiNi$_{0.5}$Mn$_{0.5}$O$_2$ 作为正极材料。这种材料在 2.75～4.3V 的电压范围内，显示出最高可达 150 mA·h/g 的可逆比容量，并表现出良好的循环稳定性。采用相似的合成方法，研究者开发出了一系列层状结构的 Li[Ni$_x$Li$_{(1/3-2x/3)}$Mn$_{(2/3-x/3)}$]O$_2$ 和 Li[Ni$_x$Co$_{1-2x}$Mnx]O$_2$ 正极材料。热分析测试结果显示，这些新型材料的耐过充性能和热稳定性均超过了 LiCoO$_2$。

LiNi$_{0.5}$Mn$_{0.5}$O$_2$ 作为一种新型的锂离子电池正极材料，其性能的优化和进一步的应用开发受到了广泛关注。这种材料因其独特的化学和物理性质，在提高电池的能量密度和循环稳定性方面展现出巨大的潜力。

为了进一步提高 LiNi$_{0.5}$Mn$_{0.5}$O$_2$ 的电化学性能和循环稳定性，研究者开始关注其微观结构的优化。通过精细控制合成条件，如调整煅烧温度和时间，可以获得更均匀和精细的颗粒，从而改善材料的电导率和离子扩散性能。较低的合成温度有助于减少晶粒的生长，从而提高材料的比表面积和锂离子的扩散速率。针对材料结构稳定性的研究也在不断深入。通过对 LiNi$_{0.5}$Mn$_{0.5}$O$_2$ 的晶格参数进行微调，如通过掺杂或表面修饰，可以改善材料在长期循环中的结构稳定性。例如，通过在材料中引入稳定的元素，如铝、镁或钛，可以有效地防止材料在循环过程中的相变和结构塌陷。表面修饰技术也被广泛应用于改进 LiNi$_{0.5}$Mn$_{0.5}$O$_2$ 的电化学性能。通过在材料表面涂覆一层保护膜，如氧化物或磷酸盐，可以有效隔离电解液和活性物质的直接接触，从而减少侧反应，提高材料的热稳定性和循环性能。进一步的研究还包括探索 LiNi$_{0.5}$Mn$_{0.5}$O$_2$ 的电化学机制，以及如何通过调整材料的成分和结构来最大化其性能。例如，通过调整镍和锰的比例，或者引入第三种元素，可以实现对材料电压、容量和稳定性的综合优化。随着对这类材料的深入研究，未来 LiNi$_{0.5}$Mn$_{0.5}$O$_2$ 及其衍生材料有望在提供更高能量密度和更优循环稳定性的同时，也将在降低成本和提高安全性方面发挥重要作用。这些进步不仅对提高现有锂离子电池技术至关重要，也为未来的电池技术创新提供了新的思路和可能性。

2.2.9　$LiNi_xCo_{1-2x}Mn_xO_2$ 正极材料

$LiNi_xCo_{1-2x}Mn_xO_2$ 作为一种层状结构的锂离子电池正极材料，因其优异性能受到了广泛关注，特别是当 x 取值为 0.1、0.2、0.33 和 0.4 时的研究最为深入。在这种化合物中，镍、钴和锰的价态分别是 +2、+3 和 +4。Mn^{4+} 的作用主要是增强材料结构的稳定性，而 Co 的加入则有助于提升电子的传导性。在充放电过程中，Ni 会从 +2 价氧化至 +4 价。该正极材料不仅具备 150~190 mA·h/g 的高可逆容量，而且显示出良好的循环稳定性和高安全性，因此已经被广泛应用于新一代高能量密度的小型锂离子电池中。

$LiNi_xCo_{1-2x}Mn_xO_2$ 正极材料，作为新一代高能量密度锂离子电池的关键组成部分，其研究和开发在不断深入。为了进一步提升其性能和应用范围，研究者们正在探索各种策略。

通过精细调控元素的比例和配比，可以实现材料性能的优化。例如，通过增加 Mn 的含量，可以提高材料的结构稳定性，从而增强其在高电压和长期循环条件下的性能。同时，Ni 和 Co 的比例调整也是一个重要的研究方向。Ni 的增加可以提高材料的比容量，而 Co 的增加则有助于提升其电子导电性和热稳定性。这些微调可以在提高能量密度的同时，保证电池的安全性和循环稳定性。表面修饰技术被广泛用于改善 $LiNi_xCo_{1-2x}Mn_xO_2$ 的电化学性能。例如，通过在材料表面涂覆保护层，可以阻止与电解液的直接接触，减少侧反应，从而延长电池的使用寿命。常用的表面修饰材料包括氧化铝、磷酸盐、氮化物等，这些材料不仅可以提高电池的结构稳定性，还可以提升其在高温下的安全性能。

掺杂技术也是提高 $LiNi_xCo_{1-2x}Mn_xO_2$ 性能的有效手段。通过在晶格中引入其他元素，如铝、镁、钛，可以进一步增强材料的结构稳定性和电化学性能。这种微观层面的改性不仅可以改善电池的充放电性能，还可以提高其抗高温和抗过充的能力。通过优化合成工艺和条件，如调整煅烧温度和时间，可以得到具有更好性能的 $LiNi_xCo_{1-2x}Mn_xO_2$ 材料。高温下的固相反应是一种常见的制备方法，可以有效控制材料的晶粒大小和形貌，从而影响其电化学性能。随着对 $LiNi_xCo_{1-2x}Mn_xO_2$ 材料结构和性能关系的深入认识，这类材料在未来锂离子电池的发展中扮演着越来越重要的角色。通过材料科学的进步，这些正极材料不仅能够提供更高的能量密度和更好的循环稳定性，而且还将在降低成本和提高安全性方面发挥关键作用，为下一代能源存储技术的发展提供了新的方向和可能性。

2.3　锂离子电池负极材料

在锂离子电池中使用金属锂作为负极材料时，会遇到充放电时形成枝晶锂的问题，这种枝晶锂有可能穿透隔膜，造成短路和漏电，极端情况下可能导致电池爆炸，这是一个严重的安全风险。虽然使用铝锂合金作为负极可以避免锂枝晶的形成，但这种材料会在经过数次充放电后遭受严重的体积膨胀，进而导致材料的粉化和电池循环寿命的缩短。石墨等碳基负极材料通过其独特的层状结构实现了锂的高效储存，有效预防了锂枝晶的形成，显著提升了锂离子电池的安全性及循环稳定性。这些材料允许锂以接近理想的 Li/Li^+ 电位嵌入，减少了与电解质的反应，优化了循环性能。当前研究焦点包括碳基材料及硅、锡及其氧化物，以及钛酸锂等多种潜在负极材料。

表 2-2 比较了几种常见的锂离子电池负极材料的性能。基于负极材料的锂离子储存机制和相应的电化学特性，可以将这些材料归纳为三种不同的类别。

（1）嵌脱型负极材料。这类材料包括了各种碳基材料如石墨、多孔碳、碳纳米管和石墨烯等，以及二氧化钛和钛酸锂。这些材料能够在电池充放电过程中有效嵌入和释放锂离子。

（2）合金化反应类负极材料。如硅、锗、锡、铝、铋及二氧化锡，这些都是能与锂形成合金的负极材料，特别是锡基合金，它们由于能形成 $Li_{22}Sn_4$ 合金，具有较高的理论容量。但锂与这些单一金属形成合金时，体积会膨胀很大，再加上它与金属之间相 Li_xM 像盐一样特别脆，因此循环性能不好。为了改善这种情况，通常将锡与其他金属（如镉、镍、钴、铁、铜）形成双金属合金，其中第二种金属 M' 是非活性的且具有良好的延展性，可以显著缓解锡合金在锂嵌入时产生的体积变化，从而提高电极的循环性能。

（3）转换反应类材料。过渡金属氧化物如 Mn_xO_y、NiO、Fe_xO_y，以及各类金属硫化物、磷化物、氮化物等，都是锂离子电池的潜在负极材料。层状金属硫化物因其较宽的层间距特别有利于锂离子的插入和抽出，能够在电化学循环中减少结构损伤。与其他类型的负极材料相比，这类硫化物在锂插入时通常表现出较小的体积膨胀，从而提供了更优异的倍率性能和循环稳定性。

表 2-2　锂离子电池负极材料性能比较

材料	Li	C	$Li_4Ti_5O_{12}$	Fe_3O_4	Al	Mg	Bi	Si	Sn
密度/（g·cm^{-3}）	0.53	2.25	3.5	5.18	2.7	1.3	9.78	2.33	7.29
嵌锂相	Li	LiC_6	$Li_7Ti_5O_{12}$	Li_2O	LiAl	Li_3Mg	Li_3Bi	$Li_{4.4}Si$	$Li_{4.4}Sn$
理论比容/（mA·h·g^{-1}）	3 862	372	175	926	993	3 350	385	4 200	994
体积变化/%	100	12	1	200	96	100	215	320	260
脱锂电位/V	0	0.05	1.6	1.2	0.3	0.1	0.8	0.4	0.6

2.3.1　碳基材料

在锂离子电池领域，碳负极材料因其出色的电化学性能而成为了行业标准。碳材料通常采用石墨形态，它以层状晶体结构著称，能够在层与层之间有效嵌入锂离子，而不引起显著的体积变化，石墨的这一特性确保了电池在多次充放电循环中具备良好的结构稳定性，从而延长了电池的使用寿命并保持了较高的能量密度。石墨负极的电位接近锂金属，这意味着在锂离子嵌入和脱嵌过程中，电池可以维持较低的能量损耗，同时提供更安全的电池操作条件。

碳材料的多样性同样是其研究的热点，除了传统的石墨，研究者们还开发了软碳和硬碳。这些材料拥有不同的微观结构和性能，其中软碳因具有较高的首次库仑效率和优异的循环稳定性而备受关注。硬碳则以其较大的比容量和优异的低温性能吸引了研究者的目光。随着纳米技术的发展，碳纳米管和石墨烯这样的新型碳材料因为具有独特的一维或二维结构、更高的电导率和热导率，以及出色的机械强度，成为了当前研究的前沿。

碳负极材料之所以能够在电池材料领域占据主导地位，得益于其结构和电化学性能的优异配合，能够满足现代电池对能量密度、稳定性和安全性的要求。随着材料科学的进步和新型碳材料的开发，碳负极材料的性能将不断提升，进一步推动锂离子电池技术的发展。

2.3.2　硅材料

硅作为锂离子电池负极材料具有极高的潜力，它的理论比容量达到了 $4\,200\ \mathrm{mA \cdot h/g}$，是所有元素中最高的。在高温操作条件下，锂和硅可以形成多种不同的合金相，如 $Li_{12}Si_7$、$Li_{13}Si_4$、Li_7Si_3、$Li_{15}Si_4$ 和 $Li_{22}Si_5$，而在常温下 $Li_{15}Si_4$ 是主要的合金相，其比容量可达到 $3\,572\ \mathrm{mA \cdot h/g}$，这一数值是石墨理论比容量的将近十倍。因此，硅的这种高比容量在提高电池性能方面展现出了巨大的潜力。硅的另一个显著优势是其低嵌脱锂电压，这一特性可以使电池具备更高的电压差和功率输出，再加上硅在地球上的丰富存量（地壳含量大约为 27.6%），这使得硅基负极材料在成本和性能方面都极具竞争力。从长远角度来看，硅负极材料的研究和开发不仅有利于提升锂离子电池的能量存储效率，也有助于推动更加经济和高效的能源解决方案的实现。

尽管硅作为锂离子电池的负极材料拥有极高的理论比容量，但它在实际应用中面临一些技术挑战。作为一种半导体材料，硅的电子和离子导电性相对较弱，这在大电流循环条件下会降低材料的实际使用效率。此外，硅在锂的嵌入与脱出过程中会经历剧烈的体积变化，达到 320% 的膨胀率。这种显著的膨胀和随后的缩小会在材料内部产生巨大的应力，导致硅材料破裂和粉化，严重影响电池的循环稳定性。随着充放电周期的重复，这些体积变化会削弱电极材料粒子之间，以及与集流体的接触，从而造成活性物质的脱落，进一步降低电池的性能和寿命。因此，虽然硅具有巨大的潜力，但要在电池中得到广泛应用，还必须解决这些体积变化引起的结构和性能问题。

在锂离子电池的初始充放电阶段，硅负极与电解液反应在界面上形成了一层称作固体电解质界面（SEI）的钝化膜。这层 SEI 膜是由锂离子消耗而形成的，因而导致了首次充放电时的不可逆容量损失，影响了电极的充电效率。不过，SEI 膜对于电池的长期运作是有益的，它是不溶于有机溶剂的，能在电解质中稳定存在，阻挡溶剂分子穿透，从而避免了溶剂分子对电极材料的进一步损坏。因此，尽管 SEI 膜的形成初始会减少可用的锂离子，但它对电极的保护作用能显著提升电池的循环稳定性和寿命。

硅负极材料在电池充放电过程中会因为体积膨胀而导致材料破裂和活性物质的脱落，这个现象会引发反复形成新的 SEI 膜，并不断消耗锂离子，从而降低了电池的库仑效率和循环寿命。为了减轻这些负面效应，商业应用中常将少量的硅与大量石墨混合，或使用氧化硅与石墨的混合物来制备负极材料。这种方法虽然能够部分改善硅材料的循环稳定性问题，但同时也限制了硅材料本身高比容量的潜力。

为了增加硅基负极材料中硅的比例并提升其比容量，研究者们采取了以下策略：通过引入非活性导电金属如铁或钴，可以遏制硅粒子的聚集和过度膨胀，同时增强锂离子在负极材料中的传导性；通过限制电池的充电电压范围，减少锂离子深度嵌入，以减少不可逆损失；开发出纳米尺寸的硅材料，以提高其性能和稳定性。这些方法都旨在增强硅基材料的性能，使其更加适合用作锂离子电池的高容量负极。

2.3.3　钛酸锂

尖晶石型钛酸锂（$Li_4Ti_5O_{12}$）作为锂离子电池的负极材料展现出显著的优势。在锂的嵌入和脱出过程中，其晶体结构保持稳定，确保了卓越的循环稳定性。此外，$Li_4Ti_5O_{12}$ 提供了稳定的放电电压平台，并拥有理论比容量高达 175 毫安时/克。锂离子电池在采用 $Li_4Ti_5O_{12}$ 作为负极材料时，由于其在充放电循环中体积无显著变化，显现出卓越的循环可逆性能。$Li_4Ti_5O_{12}$ 在对锂的嵌入电位上相对较高（1.56 V），这一特性扩大了适用的有机液体电解质范围，并且减少了电解质分解，以及固体电解质界面膜的形成，从而提高了电池性能。此外，它的原料易于获取，且热稳定性优异，进一步加强了其在电池材料中的应用前景。

$Li_4Ti_5O_{12}$ 被视为潜在的碳负极材料替代品，具有理想的特性。然而，它也有明显的不足，包括较低的导电能力和锂离子扩散系数，这些因素共同作用导致其在高倍率放电性能方面表现欠佳。$Li_4Ti_5O_{12}$ 作为电池负极，在充放电和储存时可能与电解液反应，生成气体如氢气和一氧化碳，这种气体积聚可能导致电池膨胀，进而影响电池的安全使用。为了优化 $Li_4Ti_5O_{12}$ 负极材料的性能，研究者尝试了多种策略，如碳涂层、金属和非金属元素掺杂，以及碳金属复合制备等。这些方法旨在提升 $Li_4Ti_5O_{12}$ 的电化学行为，特别是其电导率和锂离子的扩散效率。

2.3.4　其他负极材料

在锂离子电池领域，除了传统的石墨和硅基负极材料之外，其他类型的负极材料也在不断被探索和研究，其中包括过渡金属氮化物、铁氧化物、铬氧化物、钴氧化物、磷化物等。

1. 过渡金属氮化物

作为一类新型负极材料，过渡金属氮化物因其独特的电化学性质而受到关注。例如，Takeshi A 等在 1984 年报道的某种过渡金属氮化物，通过其部分阳离子的替代，展现了较低的活化能（0.13 eV）和一定的锂离子电导性。尽管这类材料目前在锂离子电池体系中还未实现广泛应用，但它们提供了电极材料的新选择，并有可能通过与其他材料的复合来优化其性能。

2. 铁氧化物

铁氧化物，尤其是 Fe_2O_3，由于其丰富的资源、低廉的成本和无毒性，成为负极材料的一个研究热点。Fe_2O_3 的理论比容量高达 1 000 mA·h/g，电位低于 1.1 V，但其电化学反应机理尚不明确。初步研究表明，它可能通过合金化机理储存锂离子。然而，其较大的首次不可逆容量损失是其应用的主要障碍之一。

3. 钼氧化物（MoO_2）

作为锂离子电池的负极材料，MoO_2 已经被研究多年。它在常温下的储锂机理涉及从单斜相到正交相的结构转变。研究表明，无定形 MoO_2、亚微米粒子 MoO_2、$MoO_{2/C}$ 纳米复合物等都是优秀的负极材料。在纳米尺度下，MoO_2 可以展示出 400～750 mA·h/g 的优异性能。MoO_2 可以通过多种方法制备，如高温气相沉积、电化学沉积、水热法等，以形成不同形态的纳米结构，如纳米棒、纳米线和不规则的纳米颗粒。

4. 铬氧化物和钴氧化物

作为锂离子电池的另一类潜在负极材料，铬氧化物（如 Cr_2O_3）和钴氧化物（如 Co_3O_4）也在被研究。这些材料拥有相对较高的理论比容量，并且可以在不同的电位窗口内稳定工作。然而，它们的电化学性能通常受限于较慢的锂离子扩散速率和较大的体积膨胀。

5. 磷化物

磷化物（如黑磷）也引起了研究者的兴趣。它们展现了高的比容量和较低的工作电位，这使它们成为高能量密度电池的有前景的负极材料。特别是黑磷，由于其层状结构，展现了良好的锂离子嵌入/脱出性能。

这些新型负极材料的研究不仅为提高锂离子电池的能量密度和循环性能提供了新途径，还为开发更高效、更安全的下一代能源存储设备提供了重要的理论和材料基础。

2.4　电解质材料

电池中的电解质是关键组成部分，它在正负极之间提供了离子传递的通道，同时还必须阻挡电子流动。在二次锂电池中，电解质的质量直接影响到电池的多项重要性能，包括使用寿命、适应的温度范围、充电和放电的效率、整体的安全性能及功率密度等，电解质的选择和优化因此对于电池的综合性能至关重要。二次锂电池电解质材料应具备以下性能。

（1）良好的离子导电性

电解质材料必须展现出高效的锂离子导电特性，这样才能促进电池中锂离子的高效流动和传输。

（2）电子绝缘性

电解质的作用至关重要，它必须允许离子自如流动确保电流的连续性，同时阻挡电子通过，从而防止电池内部发生短路现象，确保使用的安全性。

（3）热稳定性

为了确保电池的稳定性和安全性，电解质在整个操作温度范围内必须保持化学稳定，不发生任何分解或者化学变化。

（4）化学稳定性

电解质材料必须与电池的负极和正极都维持化学上的不活性，以防止与电极发生任何反应，这些反应可能会引起电池性能的逐渐下降和寿命缩短。

（5）低的黏度和适当的表面张力

电解质液体能够有效地浸润电极材料，是提升电池性能的关键因素之一。良好的浸润性能可以显著增强电解质与电极材料之间的接触面积，从而促进锂离子在电极表面和内部的迅速传输。

（6）机械性能

固态电解质在锂电池中的不仅需要具备良好的离子传导性，还需要有充足的机械强度和一定的柔韧性，这样可以应对电池在充放电周期中因电极材料体积变化所产生的内部应力，以及外界可能施加的物理压力。这样的特性保证了电池在长期循环工作，以及不同物理条件下的结构完整性和性能稳定性。

（7）良好的界面兼容性

为了确保锂电池高效的工作，电解质与电极材料之间的接触界面必须保持稳定，以降低界面阻抗，这有助于提升电池的整体充放电效率和持久的循环性能。

（8）安全性

电解质的组成应保证非易燃和非易爆的特性，以确保即便在电池受损或过度加热的情况下也能有效防止化学物质泄漏，从而大大降低潜在的火灾和爆炸风险，确保使用过程中的安全性。

（9）经济性

电解质的制备和应用成本需要低廉，以便适应经济效益的要求，同时其生产过程应简便，以支持大规模工业化生产和市场供应。

（10）环境友好性

电解质材料的环境友好性至关重要，应确保在生产、使用及最终废弃时对环境影响最小，同时它们应设计为易于回收和再利用的方式，进而降低整体环境负担。

2.4.1　非水有机液体电解质

锂电池的有机液体电解质主要由非水有机溶剂和锂盐组成，而为了提升其导电性、界面稳定性和安全性等性能，会根据需要添加各种功能性添加剂。

1. 电解质锂盐

在寻求理想的电解质盐时，研究者们关注的是这些盐在非水溶剂中的高溶解性和不缔合的特性。理想的盐应当保证溶解后的阳离子有高迁移率而阴离子在充电过程中保持稳定，不发生氧化还原反应。此外，这些盐在化学性质上应与电极、隔膜和包装材料均无反应，同时也要求其无毒且具有良好的热稳定性。目前，高氯酸锂、六氟砷酸锂、四氟硼酸锂、三氟甲基磺酸锂、六酸磷酸锂、二（三氟甲基磺）亚胺锂、双（草酸合）硼酸锂等盐在这一领域被广泛研究。尽管 $LiPF_6$ 在单项性能上可能并非最优秀，但它在满足电解质多方面要求的综合性能上却表现最为出色，因此成为了实际应用中的首选。含 $LiPF_6$ 的电解液能够基本达到钾离子电池的使用标准。然而，这种材料的制备过程较为复杂，其热稳定性较弱，且容易在遇水的情况下分解，加之成本较高，这些因素都限制了其更广泛的应用。

LiBOB 作为一种新型的电解质盐，以其 320 ℃的高分解温度、超过 4.5 V 的高电化学稳定性及在众多有机溶剂中的良好溶解性，展现出替代 $LiPF_6$ 的巨大潜力。使用 LiBOB 作为电解质的锂离子电池能够在高温环境下正常工作而不会出现容量衰减，这一点与传统的盐类电解质形成鲜明对比。即便是在碳酸丙烯酯（PC）这类单一溶剂中，LiBOB 也能够支持电池进行稳定的充放电循环。此外，研究表明，BOB⁻离子在石墨负极表面形成的固态电解质界面膜质量较高，这种 SEI 膜有效地防止了溶剂和溶剂化离子渗入石墨层，从而提高了电池的性能和寿命。

2. 非水有机溶剂

电池电解液中溶剂的物理化学特性，如黏度、介电常数、熔点、沸点和闪点，是影响电池性能的关键因素。这些参数直接关系到电池的操作温度范围、电解质盐的溶解能力、电极的电化学行为及整体的安全性。在锂离子电池中，SEI膜的形成主要来源于溶剂的还原分解，其稳定性对电池的充放电效率、循环寿命、内阻和自放电率起着至关重要的作用。同时，溶剂在正极表面的氧化分解也极大地影响着电池的安全性。

目前主要用于锂离子电池的非水有机溶剂有碳酸脂类、醚类和羧酸脂类等。

碳酸酯类溶剂主要分为环状和链状两种类型，因为他们具备优良的化学和电化学稳定性，以及较宽的电化学窗口，所以在锂离子电池中广泛使用。碳酸丙烯酯作为研究最为深入的溶剂，经常与二甲基乙烷（DME）等混合使用于一次性电池。碳酸丙烯酯具有低熔点（$-49.2\ ℃$）、高沸点（$241.7\ ℃$）和高闪点（$132\ ℃$），使得包含该溶剂的电解液在低温下表现出良好的性能。锂离子电池使用石墨作为碳基负极材料时，碳酸丙烯酯的兼容性问题变得突出。由于碳酸丙烯酯无法在石墨表面形成有效的固态电解质界面膜，充放电时碳酸丙烯酯与溶剂化锂离子一同嵌入石墨层，导致石墨层剥离，损害电极结构，最终使得电池失去循环能力。因此，在现有的锂离子电池技术中，通常不将碳酸丙烯酯作为电解液的组成部分。

在锂离子电池制造中，通常选用碳酸乙烯酯（EC）作为主要电解液成分，它能够与石墨负极有效配合并促进稳定SEI膜的形成，这是提升电池循环性能的关键。由于碳酸乙烯酯的熔点较高（$36\ ℃$），它不适宜单独使用，在实际应用中，碳酸乙烯酯通常与其他低黏度的链状碳酸酯溶剂如碳酸二甲酯（DMC）、碳酸二乙酯（DEC）、碳酸甲乙酯（EMC）、碳酸丙烯酯（MPC）等混合，以降低整体黏度并改善电解液的工作性能。锂离子电池的电解液配方通常避免单独使用无法在电极表面形成有效SEI膜的溶剂，这些溶剂尽管具有较低的黏度和介电常数，但会影响电池的安全性和在极寒环境下的运行。

例如，碳酸乙烯酯能有效形成 SEI 膜，但高熔点限制了其低温应用。而 EMC 的低熔点则有利于低温运作，使得电池能在 $-40\ ℃$ 条件下正常工作。但是，过多添加这些溶剂会降低电池的安全性。因此，电解液的选择是基于对低温性能和安全性之间平衡的综合考虑，旨在找到一个在多方面性能上均衡的配方。

在锂电池的有机溶剂中，醚类可以分为环状醚和链状醚。环状醚包括四氢呋喃（THF）、2—甲基四氢呋喃（2—MeTHF）、1,3—二氧环戊烷（DOL）和 4—甲基—1,3—二氧环戊烷（4—MeDOL），其中 THF 和 DOL 常与环状碳酸酯如 PC 混合，用于制造一次性锂电池。2—MeTHF 尽管沸点和闪点较低，易氧化且吸湿，却能在锂电极上形成稳定的 SEI 膜，降低锂枝晶生长，尤其是当与 $LiPF_6$—EC—DMC 混合时，能提升电极的循环稳定性。链状醚如二甲氧基甲烷（DMM）、1,2—二甲氧基乙烷（DME）、1,2—二甲氧基丙烷（DMP）和二甘醇二甲醚（DG），也在锂电池的电解液中扮演关键角色。

随着碳链长度的增加，溶剂的耐氧化性提升，但这也会导致黏度上升，从而不利于提高电解液的电导率。链状醚中，常见的 DME 因其良好的离子整合能力而广泛使用，它能与 $LiPF_6$ 形成稳定的配合物，提升盐的溶解度和电解液的电导率。然而，DME 的缺点在于它容易被氧化还原分解，并且难以在接触界面形成稳定的 SEI 膜。DG 作为醚类溶剂，表现出更好的氧化稳定性和低黏度，同时对离子有较强的配合能力，有效促进锂盐的解离，与碳负极材料兼容性良好，并展现了 $200\ ℃$ 以上的热稳定性。但其在低温性能上表现不佳。考虑到安全性问题，醚类溶剂尚未在锂离子电池中得到应用。

羧酸酯类溶剂分为环状与链状两种。在环状羧酸酯中，γ—丁内酯（γ—BL）是一种主要的有机溶剂，但因为介电常数和电导率较低，以及遇水容易分解和较高的毒性，它通常只被用于一次性锂电池中。链状羧酸酯，如甲酸甲酯（MF）、乙酸甲酯（MA）、乙酸乙酯（EA）、丙酸甲酯（MP）和丙酸乙酯（EP），普遍拥有较低的熔点，适量添加至电解液中可以提高锂电池的低温性能。实例中，采用 EC—DMC—MA 为电解液的电池在 $-20\ ℃$ 时可以释放接近室温状态下的 94% 容量，尽管循环性能略显不足。而使用 EC—DEC—EP 和 EC—EMC—EP 作为电解液的电池在同样温度下分别保持了 63% 和

89%的室温容量，并且无论是在室温还是 50 ℃，都表现出良好的初始容量与循环性能。主要有机溶剂的结构示意图如图 2-9 所示。

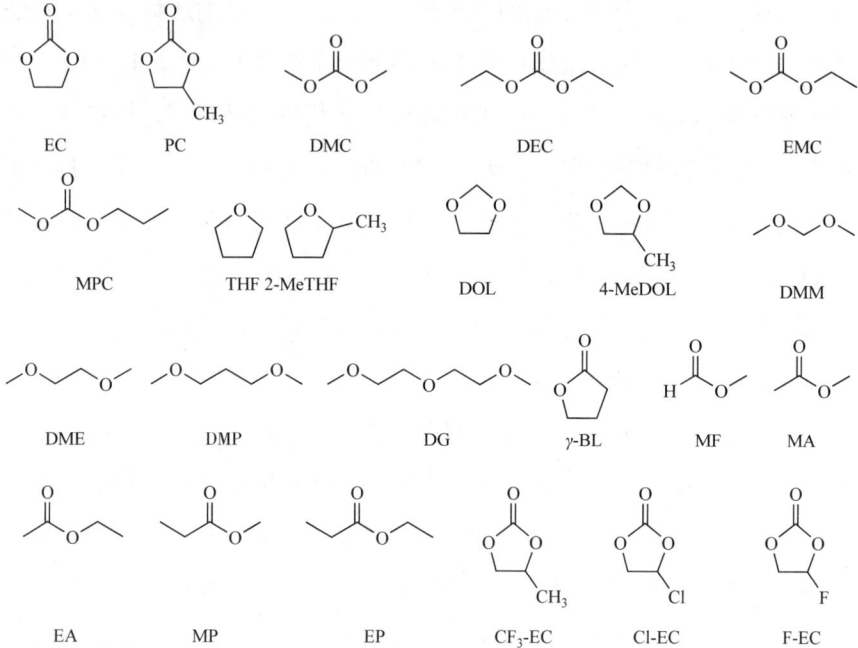

图 2-9　锂离子电池用一些非水有机溶剂的结构

表 2-3 为有机溶剂的主要性质，表 2-4 为同温度下一些锂盐在混合有机溶剂中的电导率。

表 2-3　一些有机溶剂的主要性质

	γ—BL（γ—丁内酯）	THF（四氢呋喃）	1,2—DME（1,2—二甲氧基乙烷）	PC（碳酸丙烯酯）	EC（碳酸乙烯酯）	DMC（二甲基碳酸酯）	DEC（二乙基碳酸酯）	DEE（二乙氧基乙烷）	Dioxolane（二氧戊环）
沸点/℃ 熔点/℃ 密度/（g/cm³）	202～204 −43 1.13	65～67 −109 0.887	85 −58 0.866	240 −49 1.198	248 40 1.322	91 4.6 1.071	126 −43 0.98	121 −74 0.842	78 −95 1.060
溶剂电导率/（S/cm）	1.1×10^{-8}	2.1×10^{-7}	3.2×10^{-8}	2.1×10^{-9}	$<10^{-7}$	$<10^{-7}$	$<10^{-7}$	$<10^{-7}$	$<10^{-7}$
黏度（25 ℃）/（10^3 Pa.s）	1.75	0.48	0.455	2.5	1.86（40 ℃）	0.59	0.75	0.65	0.58
介电常数（20 ℃）	39	7.75	7.20	64.4	89.6（40 ℃）	3.12	2.82	5.1	6.79

	γ—BL（γ—丁内酯）	THF（四氢呋喃）	1,2—DME（1,2—二甲氧基乙烷）	PC（碳酸丙烯酯）	EC（碳酸乙烯酯）	DMC（二甲基碳酸酯）	DEC（二乙基碳酸酯）	DEE（二乙氧基乙烷）	Dioxolane（二氧戊环）
摩尔质量	86.09	72.10	90.12	102.0	88.1	90.08	118.13	118.18	74.1
含水量 ×10°	<10	<10	<10	<10	<10	<10	<10	<10	<10
电导率（20 ℃，1 mol·L^{-1} LiAsF）/（mS/em）	10.62	12.87	19.40	5.28	6.97	1 100（1.9 mol）	5.00（1.5 mol）	~10.00	~11.20

表 2-4　不同温度下一些锂盐在混合有机溶剂中的电导率

锂盐	混合溶剂	混合溶剂比例	不同温度（℃）下的电导率/（mS/cm）						
			−40	−20	0	20	40	60	80
LiPF$_6$	EC/PC	50/50	0.23	1.36	3.45	6.56	10.3	14.6	19.3
	2-MeTHE/EC/PC	75/12.5/12.5	2.43	4.46	6.75	9.24	11.6	14.0	16.2
	EC/DMC	33/67	——	1.2	5.0	10.0	——	20.0	——
	EC/DME	33/67	——	8.0	13.6	18.1	25.2	31.9	——
	EC/DEC	33/67	——	2.5	4.4	7.0	9.7	12.9	——
LiAsF$_6$	EC/DME	50/50	Freeze	5.27	9.50	14.5	20.6	26.6	32.5
	PC/DME	50/50	Freeze	4.43	8.37	13.1	18.4	23.9	28.1
	2-MeTHE/EC/PC	75/12.5/12.5	2.54	4.67	6.91	9.90	12.7	15.5	18.1
LiCFsSO$_4$	EC/PC	50/50	0.02	0.55	1.24	2.22	3.45	4.88	6.43
	DME/PC	50/50	——	2.61	4.17	5.88	7.46	9.07	10.6
	DMC/PC	50/50	——	Freeze	5.32	7.41	9.43	11.4	13.2
	2-MeTHE/EC/PC	75/12.5/12.5	0.50	0.93	1.34	1.78	2.31	2.81	3.30
LiN(CF$_3$SO$_4$)$_2$	EC/PC	50/50	0.28	1.21	2.80	5.12	7.69	10.7	13.8
	EC/DMC	50/50	——	Freeze	7.87	12.1	16.5	21.2	25.9
	PC/DMC	50/50	——	3.92	7.19	11.2	15.5	19.8	24.3
	2-MeTHE/EC/PC	75/12.5/12.5	2.07	3.40	5.12	7.06	8.71	10.4	12.0
LiBF$_6$	EC/PC	50/50	0.19	1.11	2.41	4.25	6.27	8.51	10.7
	2-MeTHE/EC/PC	75/12.5/12.5	——	0.38	0.92	1.64	2.53	3.43	4.29
	EC/DMC	33/67	——	1.3	3.5	4.9	6.4	7.8	——
	EC/DEC	33/67	——	1.2	2.0	3.2	4.4	5.5	——
	EC/DME	33/67	——	6.7	9.9	12.7	15.6	18.5	——
LiClO$_4$	EC/DMC	33/67	——	1.0	5.7	8.4	11.0	13.9	——
	EC/DEC	33/67	——	1.8	3.5	5.2	7.3	9.4	——
	EC/DME	33/67	——	8.4	12.3	16.5	20.3	23.9	——

3. 功能添加剂

锂电池的有机电解液中加入的少量功能性添加剂可以有效地提升电池性能，在满足特定需求方面，这类添加剂已经成为了研究重点。这些精选的化合物使得电池在某些关键性质上得到显著的性能提升。锂离子电池在初次充放电时，在电极与电解液接触界面必然产生化学反应，生成一层混合组成的钝化膜，俗称为 SEI 膜，包含了烷基酯锂、烷氧锂和碳酸锂等元素。这种膜的复合多层结构赋予其固体电解质的特性，它允许锂离子自由通过，但对电子进行了绝缘，从而确保了锂离子在电极间的顺畅迁移并防止电解液的进一步分解，关键地提升了电池的充放电效能与寿命。因此，形成一个稳定的 SEI 膜是提高电极与电解液兼容性的一个重要因素。

在某些碳酸丙烯类电解液中添加小分子气体，如 SO_2、CO_2、NO_x，能够促进稳定且不溶于有机溶剂的 SEI 膜的形成，主要由 Li_2S、$LiSO_3$、$LiSO_4$ 和 $LiCO_3$ 组成，这种膜能导锂离子而阻止溶剂分子共嵌入和电极破坏。添加亚硫酸乙烯酯和亚硫酸丙烯酯到 PC 基电解液中可显著提升石墨电极 SEI 膜性能和材料相容性。有报告指出，在锂离子电池电解液中引入微量的苯甲醚或其衍生物能改进循环性能并减少不可逆容量损失。

含有乙烯基的化合物，如碳酸亚乙烯酯、乙酸乙烯酯、丙烯氰，也因其优良的成膜能力而被广泛研究，并应用于商业电池。锂离子电池在过充电状态下面临安全风险，由于正极在高氧化状态下导致溶剂分解并释放气体，同时负极锂的析出可能引起与溶剂的化学反应。为了防止这种情况，通常使用外部保护电路的方法来避免电池过充，进而增强正极材料的表面改性以增强其抗过充能力，另外也可以选择电化学性能更稳定的正极材料。

在锂离子电池电解液中添加特定的氧化还原是为了实现过充电保护。这种添加剂在电池正常工作的充电电压下保持不活性，不参与任何反应。只有当充电电压超出设定的安全极限时，这些添加剂在正极开始氧化，并产生的氧化物会向负极移动，在那里它们会还原，这样的机制有效阻止了电池的过

充现象。如下式所示

正极　$R \rightarrow O + ne^-$

负极　$O + ne^- \rightarrow R$

在锂离子电池的过充电状态下，添加剂生成的氧化还原产物是可溶的，且不与电极材料或电解质中的其他物质产生化学作用，从而能够在电池过充时持续进行可逆的循环反应。

为了防止锂离子电池过充电，LiI、二茂铁、亚铁离子及其相关配合物等曾被提出作为潜在的保护试剂，但它们的氧化还原反应电位通常低于 4 V。研究表明，当苯分子在邻位或对位上被甲氧基所取代时，它们的氧化还原电位超过 4.2 V，这使它们成为有前景的添加剂，以预防锂离子电池的过充电现象。

为了提升锂离子电池的安全性，一种有效的策略是增加电解液中的稳定性，通过加入那些具有高沸点、高闪点，以及难以燃烧的溶剂，如氟代有机溶剂，可以显著增强电池在高温或过充电条件下的安全表现。例如，使用氟代链状醚类如 CF_4OCH_3 作为添加剂已被证实能增强锂电池的安全性。

由于氟代链状醚经常是较低的节点常数，所以电解质锂盐在它里面的溶解性相对较差，也很难与其他介电常数高的有机溶剂 EC、PC 等进行混溶。

研究表明，氟代环状碳酸酯化合物，如一氟代甲基碳酸乙烯酯（CH_2F—EC）二氟代甲基碳酸乙烯酯（CHF_2EC）和三氟代甲基碳酸乙烯酯（CF_3—EC），展现出良好的化学稳定性和较高的闪点，以及介电常数。这些特性使得它们能有效溶解电解质锂盐，并与其他有机溶剂兼容。锂电池引入这些氟代添加剂后，可以提升充电和放电效率及电池的循环稳定性。通过向锂电池的有机电解液中加入适量的阻燃添加剂，如有机磷、硅硼类化合物和硼酸酯，可以显著增强电池的安全性能。

电解液内微量的 HF 和水分对 SEI 膜生成起着关键作用，然而，过量的水和酸性物质可能引发 $LiPF_6$ 的降解，损害 SEI 膜，并有可能解析正极材料。锂或钙的碳酸盐和氧化物如 Al_2O_3、MgO、BaO 等被用作电解液添加剂，以与电解液中的微量 HF 反应，避免对电极的损伤，以及对 $LiPF_6$ 催化分解，进而增强电解液的稳定性。此外，碳化二乙胺类化合物能通过其分子中的氢原子与水形成弱氢键，从而阻止水分与 LiPF$_6$ 的反应生成 HF。

2.4.2　离子液体电解质

离子液体是由离子构成并在室温下为液态的熔盐。它们以宽广的使用温度范围、出色的化学与电化学稳定性，以及优秀的离子导电性等特点，在近年来被高度重视，特别是作为电池、电容器和电沉积等领域的新型电解质，其基础与应用研究成果频频见诸报端。

离子液体的独特特性是由它们独有的结构和内部的离子作用力所决定的。这类液体通常由不对称的有机阳离子与无机或有机阴离子构成。研究中较为常见的离子液体可以根据阳离子的类型划分为季铵盐、咪唑盐和吡啶盐等类别。而阴离子方面，主要包括四氟硼酸根（BF$_4^-$）、六氟磷酸根（PF$_6^-$）、三氟甲基磺酸根（CF$_3$SO$_3^-$）、和三氟甲基磺酸亚胺（CF$_3$SO$_2$）$_2$N$^-$等。不同阴阳离子的组合对离子液体电解质的物理和电化学性质影响很大。例如，当阴离子均为（CF$_3$SO$_2$）$_2$N$^-$时，阳离子为 TBA（四丁基铵）和 EMI（1—乙基—3—甲基咪唑）的离子液体的熔点分别为 70 ℃和 -3 ℃；阳离子为 TMPA（三甲基丙基铵）和 EMI（1—乙—3—甲基咪唑）的阴极极限电位分别约为 -3.3 和 -2.5 V。阳离子中有机基团的多少和长短也能显著改变离子液体的黏度、熔点等性质，例如，1—乙基—3—甲基咪唑三氟甲基磺酰亚胺的黏度为 34 mPa·S，熔点为 -15 ℃，而当阳离子为 1,2—二甲基—3—丙基咪唑时，其黏度和熔点分别上升到 60 mPa·S 和 15 ℃，离子液体物理和电化学性质的明显差异将对相关电化学器件的性能产生极大影响。

2.4.3　聚合物电解质

由于液态电解质存在泄露、易燃、挥发性高和稳定性差等问题，研究者一直在探索使用固态电解质替代电池中的液态电解质。在此过程中，聚环氧乙烷（PEO）发现可以与某些碱金属盐形成聚合物—盐配合物，这种复合物表现出了优良的离子电导性。随后，PEO 与碱金属盐的配合体系也被发现具有良好的成膜性和一定温度范围内较高的离子电导率，从而成为锂电池电解质的一种可行选择。此项发现推动了聚合物固体电解质的研究和应用的广泛关注。

聚合物电解质以其柔韧性、成膜易性、粘弹性和稳定性等优良特性，受到了电池领域的青睐，它们不仅重量轻、成本低，而且还展现出卓越的力学性质和电化学稳定性；在电池构造中，聚合物电解质承担了电解质和隔离膜的双重角色，根据聚合物电解质的不同形态，主要可以分类为完全固态和凝胶态两大类，各自有着不同的特点和应用领域。

1. 全固态聚合物电解质

目前研究最为深入的聚合物电解质是以 PEO 为基础的体系。在这种体系中，室温条件下可以观察到三种不同的相：纯 PEO 相、非晶态相及富盐相。其中的非晶态相是离子传导最为活跃的区域。通常，金属离子首先与聚合物链上的极性醚氧官能团形成配合物，在电场力的驱使下，这些金属离子会随着分子链在高弹区的热运动而与官能团解离，并重新与其他官能团配合。经过不停地配合与解配合的循环过程，金属离子得以沿定向路径移动，离子的导电率遵循 VTF 方程，这一行为与分子链段的移动引起的自由体积变化紧密相关。研究表明，要制备高电导率的聚合物电解质，首要条件是选择的聚合物主链必须含有强电子给体原子或官能团，如含氧、硫、氮或磷的极性基团，它们能通过提供孤电子对与阳离子结合，抵消盐的晶格能。另外，聚合物中的配位基团间距离应适中，以便与多个阳离子形成均衡的键合，确保盐的良好溶解。同时，聚合物链应具有一定的柔韧性，功能官能团的旋转应尽量无阻碍，这有利于阳离子的移动。PEO、PPO、PMMA、PAN、PVDF 等均是这类研究中常用的聚合物基体。

在聚合物电解质中，由于离子的传导主要在非晶态区域进行，而晶态区域对电导的贡献很少，导致那些含有结晶相的 PEO/盐复合物在室温下的导电性极低，其电导率通常低至 10^{-8} S/cm。只有当温度上升使结晶相消失后，电导率才显著提高。因此，当前的研究重点是开发那些在室温下为非晶态且具有较低的玻璃化转变温度的聚合物基质，以满足实际应用对电导率的要求。

为了提升聚合物电解质的室温电导率，采取了不同的改性策略。通过化学方法，如交联嵌段共聚物技术，可以将环氧乙烷和环氧丙烷交联，显著增加室温电导率至 5×10^{-5} S/cm。物理手段如梳状结构的设计，通过将聚环氧乙烷接枝到聚硅氧烷上，同样能显著提升电导率至 2×10^{-4} S/cm。通过共混聚环氧乙烷和聚丙烯酰胺，形成的配合物电解质的室温电导率可达到 10^{-4} S/cm 以上。另外，通过将非极性和极性橡胶如丁苯橡胶和丁腈橡胶共混，制得的双相电解质不仅保持了良好的力学性能，还实现了高达 10^{-3} S/cm 的室温电导率。这些改性方法均有效地增强了电解质的导电性能。

在纳米复合聚合物电解质的研究中，通过向 PEO 和 $LiClO_4$ 的混合物中加入尺寸介于 $5.8 \sim 13$ nm 之间的 TiO_2 和 Al_2O_3 纳米粒子，能有效地限制 PEO 结晶的发生，从而显著提升了电解质的电导率。在 30 ℃环境下电导率可达 10^{-5} S/cm，在 50 ℃时增至 10^{-4} S/cm。此外，在 PEO—$LiBF_4$ 体系中添加 10% 的纳米级 Al_2O_3 粉末后，该体系的室温电导率能达到 10^{-4} S/cm，相比之下，使用相同比例的微米级粒子仅得到 10^{-5} S/cm 的电导率，这一结果强调了纳米级填料在提升电导率方面的重要性。研究指出，减小无机粒子的尺寸可以增强其与聚合物之间的界面作用，从而与界面层的生成有紧密联系，进一步提升离子的电导率。对多种纳米复合聚合物电解质的探究表明，添加的无机物质不单止能防止聚合物链段的结晶化，更重要的是它们增强了表面基团和聚合物链段，以及体系中离子之间的相互作用。

这种作用能够导致结构进行修正，进而提高自由 Li^+ 的含量，这些离子在陶瓷粉扩展的界面层导电通道进行快速的迁移。采用锂核磁共振（Li—

NMR）技术探讨纳米陶瓷粉末添加到 PEO—LiClO$_4$ 体系中的作用，结果表明这种添加显著提升了体系的电导率和离子迁移率，特别是二氧化钛的加入效果最为突出。核磁共振的研究揭示了阳离子迁移数增加是与锂离子扩散率的增加直接相关的；而电导率的提升并不源于聚合物链的活动增强，而是纳米粒子减弱了锂离子与醚氧键的相互作用所致。近期的研究，通过红外光谱（FT—IR）技术验证了纳米氧化铝加入到聚丙烯腈—锂—氯酸盐电解质中，可以促进锂盐的分解，并因此增强电导率。

虽然纳米复合聚合物电解质的室温电导率已经提升至 10^{-3} S/cm 的水平，但它在全固态电解质的应用中仍面临挑战；与液体电解质相比，固态电解质很难实现与多孔粉末电极之间的密切接触和完全浸润；另外电导率在室温以下会急剧降低。这两大难题制约了纳米复合聚合物电解质在当前锂离子电池技术中的广泛应用。将来这种电解质可能在高温环境下展现出较好的应用前景。

2. 胶体聚合物电解质

在基本的全固态聚合物电解质中，引入了有机溶剂等增塑剂来形成一种改进型电解质。在这种体系中，液态相被嵌入到聚合物网络结构内部，而聚合物的网络则主要负责维持电解质膜的机械稳定性。离子传输主要在嵌入的液态电解质中发生，这导致其电化学属性在很大程度上与传统液态电解质相似。因此，这种电解质结合了聚合物的力学支持特性与液体电解质的高离子传导能力。

当前，PAN、PEO、PMMA 和 PVDF 是被广泛研究的聚合物电解质材料。在商业应用方面，已经开发了两项主要技术：一是 Bellcore/Telcordia 创新的 PVDF-HFP 基相逆转双重萃取工艺，二是 SONY 公司推出的胶体电解质技术。胶体电解质结合了固态和液态电解质的优势，这使得电池可以使用柔性的软包装，从而增加了能量密度并提供了更灵活的设计电池的可能性。

2.4.4　无机固态电解质

无机固态电解质，在多个工业和科学领域中因其安全、无毒和环保的特性而发挥着重要作用。这些电解质的优越热稳定性和化学稳定性，使它们能够在高温环境中稳定工作，因此在电子和电气行业有广泛应用。常见类型包括氯化钠（NaCl）、氯化钾（KCl）、氯化钙（$CaCl_2$）、硫化钠（Na_2S）、硫化钾（K_2S）、碳酸钠（Na_2CO_3）、氢氧化钠（NaOH）、氢氧化镁（$Mg(OH)_2$）等，它们不仅稳定性强，而且能够在高温下使用，如在电热阀、断路器和变频器等设备中作为辅助材料调节电流和温度。

无机固态电解质在电气设备中的应用之外，还在电解液和抗腐蚀剂的制备中起着重要作用。它们的无毒、易分散和抗潮湿性，使其在化学处理和材料制备中非常有用，特别是在需要高化学稳定性和耐高温的应用中显示出独特优势。在能源领域，无机固态电解质通过优化能量的转换和利用过程，在碳交换反应中提高发电机效率和降低燃料消耗。

无机固态电解质主要分为氧化物、晶态和非晶态（玻璃态）两类。晶态电解质包括 NASICON 型、石榴石型、钙钛矿型和 LISICON 型。硫化物电解质以其低合成温度、良好的机械延展性和高离子电导率而著称，但在空气中的水分作用下可能会产生 H_2S 毒性气体。锂磷氧氮薄膜是一种玻璃态材料，由橡树岭国家实验室在 20 世纪 90 年代通过磁控溅射法制备，虽易脆裂，但在多层电芯制备中具有潜力。

2.4.5　固态复合物电解质

固态复合物电解质是现代能源存储技术，特别是在锂离子电池领域的关键创新之一。这类电解质通过巧妙地结合不同材料的特性，旨在优化电池的整体性能，特别是在提升电池性能和安全性方面表现出色。它们主要由聚合物电解质和无机电解质组成，这种组合有助于实现更好的导电性能和机械强度。

在固态复合物电解质中，聚合物基电解质通常具有较低的离子导电性，但它们的机械弹性和加工灵活性使其成为理想的基材。然而，为了克服其离子导电性能的不足，研究人员通常会添加无机材料，如氧化物或硫化物，这些添加剂能显著提升电解质的离子传输效率。例如，某些固态复合物电解质通过添加氧化物或硫化物，离子电导率可以从微秒级提高到毫秒级（如 1 mS/cm），这对于提高电池的充放电效率至关重要。

无机材料的加入不仅提高了电解质的导电性能，还增强了其机械稳定性。这意味着电解质在物理应力（如挤压或扭曲）下更为稳固，对于提高电池的耐用性和安全性尤为重要。固态复合物电解质的热稳定性和化学稳定性也是其显著特点。相比液态电解质，它们不易燃烧，能更好地抵抗高温和化学腐蚀，这在高能量密度和高功率密度的电池应用中尤为重要，因为这些特性有助于减少热失控和化学反应导致的安全风险。

固态复合物电解质的另一个优势在于它们通常具有更宽的电化学稳定窗口，这意味着它们可以支持更高的充放电电压，从而提高电池的能量输出。这对于满足现代高性能电子设备的需求至关重要。例如，在一些高端智能手机和电动汽车的电池中，使用固态复合物电解质可以实现更长的使用寿命和更高的安全性能。

在实际应用中，固态复合物电解质的成分和微观结构的优化是研究的重点。研究人员正通过多种方法，如纳米技术、表面改性，以及材料工程技术，来提高这些电解质的综合性能。例如，通过纳米结构设计可以提高界面的离子传输效率，而表面改性则可以增强材料的化学稳定性和机械强度。

随着材料科学的发展，固态复合物电解质的应用领域正在不断扩大，不仅限于能源存储领域，还包括电力电子、可穿戴设备和医疗器械等。这些材料的不断创新和改进，预示着能源存储技术将迎来重大突破，为实现更高效、更安全的电池技术奠定了坚实的基础。

2.5　隔膜材料

隔膜是电池的重要组成材料之一，在电池内部主要起着隔离正负电极间的电通路、保持两电极之间具有良好的离子通道和防止活性物质向对电极迁移等作用。隔膜的优劣对电池容量、放电电压、自放电和循环寿命等方面都产生较大影响。

锂离子电池隔膜应满足以下要求。

1. 力学性能

隔膜需要有足够的机械稳定性，以防止因电极材料的压迫而撕裂。

2. 化学和热稳定性

隔膜需要在电解质溶液中维持优秀的化学和热稳定性，能够抵抗电解液的侵蚀，并且不会发生膨胀。

3. 离子通过能力

隔膜应该具备一致的孔径和较高的孔隙率，以便离子顺畅通过，从而减少电池内部阻力，使得在大电流放电情况下电能损失降至最低。

4. 电子导电性

隔膜需要有效地绝缘电子，并且能够阻止电极表面脱落的活性微粒和枝晶增长。

5. 对电解质的作用

隔膜应该容易被电解质润湿，并且在广泛的温度区间内保持尺寸不变，无伸缩。

6. 成本

制作隔膜的材料应当来源广泛、成本低廉，以及易于加工成型。

在目前的市场上，锂离子电池使用的隔膜主要是由具有多孔结构的聚烯烃材质制成，包括如聚乙烯（PE）和聚丙烯（PP）这样的材料。这些隔膜可能以单层形式出现，也可能是多层或是多种材料组合而成的复合膜，以满足不同的电池性能需求。表 2-5 为隔膜材料的遮断温度、熔点、膜破裂温度，不同的制造方法温度有所不同。

表 2-5　隔膜材料的遮断温度、熔点、膜破裂温度

材料	遮断温度/℃	破裂温度/℃	熔点/℃
PE	130~133	139	125
PP	156~163	162	158
PP—PE—PP	134~135	165	~

隔膜的物理性质如厚度、孔隙率等同样影响安全性，为保证电池的安全，一般孔隙率低于 50%，厚度为 20 μm 以上。DSC 测出隔膜的主要温度效应是聚合物的熔化，为吸热反应，测得的能量 PP 为 90 J/g，PE 为 190 J/g，因此不会引起电池热稳定性的衰退。

锂离子电池安全性措施之一包括隔膜的电流阻断功能，此功能通过隔膜中多孔聚合物在高温下熔化闭合孔洞，迅速提高阻抗以阻止电流的方式实现。遮断电流的温度设定是一个重要考量，设定过低可能导致电池性能下降，而设定过高则可能加剧电池过热的风险。为了保证电池的安全使用，设计时需要精心选择隔膜的聚合物材料和调整其多孔结构，以实现最优效果。

如果电池温度超过了隔膜的熔化点但低于其破裂点，隔膜会开始融化，但还不至于破裂。这种情况下隔膜的性能会退化，电池内阻会增加，但电池内部不会出现正负极直接接触的情况，从而避免了短路的风险。PP/PE/PP 三层复合膜这种隔膜由于具有较宽的耐高温区间，能够在一定范围内保持结构

不被破坏，因此在安全性方面表现较好。

为了提升聚合物锂离子蓄电池的容量，一个关键的措施是减薄隔膜。但是，隔膜的减薄会导致聚乙烯的视密度下降，这样在遭遇外部短路或过充电时隔膜更容易发生熔融和裂解，可能会引起电池内部的正负极发生大面积的短路，从而使电池温度迅速上升，引发热失控现象。因此，在追求隔膜材料减薄以增加容量的同时，必须兼顾电池的安全性。

2.6　锂离子电池主要应用与发展趋势

锂离子电池是现代能源存储技术中的一个重要组成部分，它在许多领域都有广泛应用，并且随着技术的进步，其发展趋势表现在容量的提高、寿命的延长、成本的降低，以及安全性能的增强等多个方面。

2.6.1　锂离子电池的主要应用

1. 移动电子设备

最初的锂离子电池之所以被广泛用于移动电话和笔记本电脑，主要得益于它在同等体积或重量下能存储更多的电量，即所谓的能量密度远高于镍镉或镍氢等传统的充电电池。此外，锂离子电池具有极低的自放电率，这意味着即便在不使用的情况下，它们也能长时间保持较大部分的电量，不会像其他电池那样迅速流失能量。正因为这些优势，锂离子电池特别适合应用在那些需要小巧轻便，以及长时间待机或工作的便携式电子设备中，这些设备的设计理念着重于便携性和长效的能量使用，锂离子电池正好满足了这些要求。

2. 电动交通工具

全球减碳趋势不断加强，为应对气候变化，降低交通运输对环境的影响成为重要议题。在这样的背景下，作为清洁能源解决方案的电动车（EV）和混合动力车（HEV）等各类电池驱动的交通工具，正在全球范围内迅速普及。这些交通工具对电池的要求非常高，它们不仅需要具有大容量以支持较远的驾驶距离，还需电池具备高能量密度以减轻整车重量，进而提升能效比。同时，这样的电池还应具备低维护成本的特性，以降低使用者的总体拥有成本。正是由于锂离子电池在这些方面的突出表现，它们已经成为推动电动自行车和摩托车等轻便交通工具电动化的动力源。随着技术的不断进步，锂离子电池的性能也在持续提升，进一步促进了这一行业的发展。

3. 储能系统

在推动可持续能源转型的当下，锂离子电池技术已经成为大规模储能系统中的关键要素。随着风能和太阳能等可再生能源的不断发展，它们间歇性和不可预测性的特点使得储能系统变得至关重要。锂离子电池以其高能量密度和长寿命的特性，正逐渐成为连接这些绿色能源与电网的桥梁。它们能在太阳能和风能设施产电量最高时储存过剩的电力，然后在峰值需求时段或不利天气条件下，稳定地向电网释放电力，优化能源供应结构，减少传统化石燃料的依赖，提高整体能源效率。通过这种方式，锂离子电池不仅提升了可再生能源的实用性，也为现代电力系统带来了更大的灵活性和更高的可靠性。

4. 智能电网

智能电网代表了电力系统的未来，它利用先进的信息技术和互联网技术来优化电力的生产、分配和消费。在这一转型过程中，对于能够迅速响应负载变化和支持电网稳定运行的储能解决方案需求日益迫切。锂离子电池以其卓越的高能量转换效率和快速充放电能力，正在逐步成为智能电网不可或缺的核心元件。它们能够在需求激增时迅速释放能量，又能在电能过剩时立即存储起来，有效地调节电网负荷，减少能源浪费，确保电网运行的平衡与可靠性。此外，锂离子电池还能支持分布式发电系统，如屋顶太阳能发电，提高能源系统的弹性，为智能电网的稳定运作提供了坚实的能量基础。

5. 航空航天和军事

在航天与军事领域，锂离子电池同样扮演着举足轻重的角色。从单兵携带设备到高科技武器系统，再到大型军用车辆和海军舰艇，锂离子电池提供了一个轻质、高效、且响应迅速的能量解决方案。它使得士兵的通讯设备更加可靠，无人机得以执行长时间的监视任务，甚至支持更复杂的系统，如导弹的制导和控制。在军事行动中，快速反应和高度机动性常常是成功的关键，而锂离子电池轻盈的特性正好能够减少载具的重量，增强行动效率。

随着现代军事战略越来越倚重于电子化和信息化，电力成为了军事作战中不可或缺的资源。锂离子电池在这方面提供了稳定和持久的电能输出，可以支撑临时基地的电力需求，保证关键设备在最需要时刻的运行。同时，锂离子电池长寿命的特性也减少了维护的需求，这在很多时候是资源受限的军事操作中的一大优势。由于锂离子电池的高能量效率和环境适应性，它们成为了航天和军事领域理想的能源解决方案，尤其在追求更远航天探索和更高效军事能力的现代，锂离子电池的作用变得更加不可替代。随着技术的进步，这些电池的性能和安全性在不断提升，未来在这两个领域的应用将更加广泛和深入。

2.6.2　锂离子电池的发展趋势

1. 提高能量密度

为了满足对更高能量密度电池的需求，科学家和工程师正致力于对锂离子电池电极材料的设计和优化。另外，他们正研究硅基材料作为代替电池负极，以取代传统的石墨材料。硅基材料每单位质量上能够存储比石墨更多的锂离子的能量，这一点是通过硅的更高理论容量实现的。通过这种替代，可以极大地提高电池的能量密度，从而增加电池在同等重量下储存的电量。这项技术的进步预示着未来电池的体积和重量可以进一步减少，同时能够提供更长的使用寿命并能够输出更强的功率，这对于诸多应用场景，尤其是需要轻便长效电源的移动设备和电动车辆而言，是一个巨大的突破。

2. 降低成本

成本效益是锂离子电池得以在全球范围内广泛应用并持续推广的核心驱动力。随着新材料的开发，更便宜的阴极材料和高效能的阳极材料，电池的生产成本正在逐渐降低。此外，生产过程中的技术革新，如更高效的组装线和自动化制造技术的引入，不仅提高了生产效率，也显著减少了人工成本和制造缺陷率。同时，由于电池技术的商业化和大规模生产，规模经济效应开始显现，这进一步降低了单个电池的成本。市场对锂离子电池的高需求推动了这一趋势的发展，预计随着这些创新的不断实施和优化，锂离子电池在未来将变得更加经济实惠，使其在多个领域的应用更加普遍，特别是在电动汽车、便携式电子设备，以及能量存储系统等方面。

3. 安全性增强

在当前的能源存储解决方案中，锂离子电池因其较高的能量密度和较长的循环寿命而被广泛采用。然而，随着其应用范围的扩大，尤其是在电动交通工具和大规模储能系统中，安全问题变得越来越突出，促使研究者和制造商采取一系列措施来增强电池的安全性。目前的研发重点在于整合创新的化学材料、先进的电池结构设计、严密的电池管理系统，以及更精细的生产工艺来共同提高电池的稳定性和安全性。

为了提升安全性，电池管理系统的智能化和精确性正不断提高，它们能够实时监测和调整电池状态，及时响应过热、过充等潜在风险。此外，科研人员正通过改进电池的物理结构和化学组成来防止锂枝晶的形成，从而减少内部短路的风险。同时，固态电池技术作为一个充满前景的领域，其固态电解质相较于传统液态电解质提供了更好的安全性，因为它们几乎没有泄漏的风险，也不易燃烧。

　　新型电解质的开发，特别是那些化学稳定性和热稳定性更高的材料，可以进一步提高电池的安全使用温度范围，减少热失控事件的可能性。同样，电池封装技术的改进也在提高电池的物理抵抗力，使其能够承受更极端的外部冲击和环境条件。而在热管理方面，更加高效的冷却系统设计有助于维持电池在最佳工作温度下的性能，避免出现过热等问题。这些进展不仅依赖于技术革新，也需要严格的生产标准和测试协议以确保每个电池都达到高安全要求。随着这些综合性措施的实施，预见未来锂离子电池将成为更加安全可靠的能源存储设备，从而更好地服务于日益增长的能源需求，尤其是在对安全要求苛刻的领域中，如电动交通工具和关键基础设施。

第3章

钠离子电池

3.1 钠离子电池概述

钠离子电池是一种兴起的储能技术，与广泛应用的锂离子电池相似，它通过移动电池正负极之间的钠离子来存储和释放能量。尽管锂离子电池在能量密度、循环寿命和效率方面表现出色，但钠离子电池由于钠资源丰富、成本较低且更易于获取，因此在大规模储能市场中展现出巨大的潜力。

钠元素在地球上的分布相对广泛，这使得钠离子电池的原材料成本低廉，有助于降低整个电池的生产成本。此外，钠的化学性质与锂相似，使得钠离子电池能够利用与锂离子电池类似的电极材料和生产技术。在电池的工作原理上，钠离子在充电时从正极移动至负极，并在放电时返回正极。由于钠离子的尺寸比锂离子大，因此钠离子电池的电极材料需要有较大的孔隙结构来容纳这些较大的离子。这就导致了钠离子电池在能量密度上通常不如锂离子电池，但是对于需要大容量而能量密度要求不是非常高的应用场合，如电网储能，它依然是一个很好的选择。

钠离子电池在安全性方面也展现出一些优势，它们不像某些锂离子电池那样容易过热或引发热失控现象，这是因为钠离子电池使用的材料通常具有更好的热稳定性。不过，钠离子电池的研发相对于锂离子电池来说还处于较早的阶段，它的循环稳定性和充放电效率还需要通过进一步的材料和工艺创新来提高；钠离子电池以其低成本和较好的安全特性，正在成为一个有吸引力的能源存储方案，随着研究的深入和技术的进步，预期未来钠离子电池将在电网储能、电动交通及其他需要成本效益和环境可持续性的领域得到更广泛的应用。

钠离子电池的探索起步较早，在 20 世纪 80 年代便有研究展开，这是在锂离子电池还未实现商业化的年代。早期，美、日等国的企业就成功开发了完整的钠离子电池系统，这些系统在多达 300 次的充放电循环中表现出了良好的重复使用性能。然而，由于其平均放电电压不足 3.0 V，在性能上并不能与平均放电电压高达 3.7 V 的 $LiCoO_2$ 锂离子电池竞争，因此并没有在当时的电池市场上取得优势。加上早期电极材料性能不尽人意，以及锂离子电池的成功商业化，钠离子电池的研究最终未受到广泛关注，多数研究者逐渐放弃了这一方向的深入研究。

在最近几年，钠离子电池的研究获得了新的进展和广泛的关注。科学家们发现钠离子电池在工作原理上与锂离子电池极为相似，主要差异在于其使用钠离子作为电荷载体，而不是锂离子。由于钠离子的尺寸大于锂离子，钠离子电池在开发时必须特别注意电极材料的结构稳定性、离子传输效率和物相变化等关键问题。这种尺寸上的差异对电极材料的选择和设计提出了新的挑战，需要研究者们在材料研发上投入更多精力，以适应钠离子的特性。通过这样的努力，钠离子电池在电极材料的开发上取得了重要进展，有望实现性能上的突破。

尽管钠的原子量显著高于锂，导致其理论能量密度在钠离子电池中低于锂离子电池，但是在电池的整体组成中，钠的质量占比并不大。此外，电池的储能能力主要由电极材料的性能决定。钠相对于标准氢电极的氧化还原电位也高于锂，但这并不意味着在实际应用中钠离子电池的能量密度就会受到明显的限制。从根本上来看，电池的能量密度主要由其电极材料决定，而不仅仅是由所用金属的原子量所限制。因此，钠离子电池理论上可能达到与锂离子电池相媲美的能量密度水平，电池性能的优化并不完全受制于所用金属的原子量或氧化还原电位差异。

与锂离子电池相比，钠离子电池具有以下优势：鉴于钠盐具备较好的电导性，能够使用浓度较低的电解质，这样一来，可以有效减少制造成本。钠的储量广泛，成本较低，这使得在原料方面，钠离子电池比锂离子电池具有成本优势；钠离子电池具有无过放电的性质，能够安全放电到零伏特；由于钠离子不会在低于 0.1 V（针对 Li^+/Li 参比电位）的电压下与铝发生合金化反应，这使得在钠离子电池中可以使用铝箔代替成本更高的铜箔作为负极集流体，这样不仅可以减少成本，还能降低电池的重量。凭借其出色的稳定性、卓越的安全特性、经济的成本优势、简约的废弃物处理程序等，钠离子电池有希望替代现有的锂离子电池。

3.2　钠离子电池工作原理

钠离子电池的充放电过程基于钠离子在电极间往复移动。在充电期间，钠离子从正极的活性物质中释放并穿过电解质，迁移到负极并嵌入其中。这一过程伴随着电子通过外部电路从正极流向负极，以维持整个系统的电荷平衡。放电时，情况相反，钠离子从负极释放并迁回正极，释放储存的电能。这一"来回摆动"的能量存储方式是钠离子电池核心的工作机制。在放电阶段，钠离子从负极的材料中解离出来，穿越电解液进入正极的材料内部，这种过程导致钠离子在正极和负极之间不断往复，实现了电能的释放。关键在于，即便在连续的充放电循环中，这种离子的移动也不会对电极材料的结构造成损害，保持了电池的化学稳定性和长期使用寿命。

以 $Na_3Ti_2(PO_4)_3$—$Na_3Ti_2(PO_4)_3$[$Na_3Ti_2(PO_4)_3$]既为正极又为负极电池体为例。

在充放电时，电化学反应的主要方程式如下

正极

$$Na_3Ti_2(PO_4)_3 \rightarrow NaTi_2(PO_4)_3 + 2Na^+ + 2e \ （充电时）$$

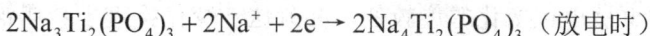

$$2Na_3Ti_2(PO_4)_3 + 2Na^+ + 2e \rightarrow 2Na_4Ti_2(PO_4)_3 （放电时）$$

负极

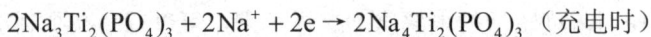

$$2Na_3Ti_2(PO_4)_3 + 2Na^+ + 2e \rightarrow 2Na_4Ti_2(PO_4)_3 （充电时）$$

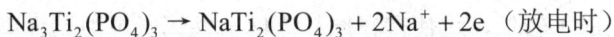

$$Na_3Ti_2(PO_4)_3 \rightarrow NaTi_2(PO_4)_3 + 2Na^+ + 2e （放电时）$$

总反应

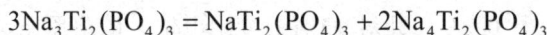

$$3Na_3Ti_2(PO_4)_3 = NaTi_2(PO_4)_3 + 2Na_4Ti_2(PO_4)_3$$

在钠离子电池的充放电过程中，正极和负极发生相对的电化学反应。以 $Na_3Ti_2(PO_4)_3$ 作为电极材料的例子，充电时，钠离子会从该化合物中释放并放出电子，这导致 Ti^{3+} 离子被氧化成 Ti^{4+}。反之，放电时钠离子重新进入 $Na_3Ti_2(PO_4)_3$ 并获取电子，使得 Ti^{4+} 还原为 Ti^{3+}。在负极，这一过程与正极正好相反：充电时钠离子被嵌入并接收电子，还原 Ti^{4+} 至 Ti^{3+}，而放电时钠离子释放并氧化 Ti^{3+} 回到 Ti^{4+}。这一系列的氧化还原反应支持电池存储和释放能量。显而易见，钠离子电池也是由正极材料、负极材料、电解液、隔膜、导电剂、黏结剂、集流体，以及电池外壳等几部分组成，见表3-1。

表3-1 钠离子电池部分组成表

组件	正极活性材料	负极活性材料	导电剂	粘结剂	集流体	隔膜	钠盐	电解质溶剂	添加剂
材料/特征	过渡金属氧化物/电池容量	碳/硫化物/电极可逆反应	碳/电子电导率	聚合物/黏结性能	金属箔/作为极板	聚合物/隔离正负极，防止短路	有机和无机的钠化合物/离子导电	非水有机溶剂/溶解钠盐	有机化合物/SEI膜形成和过充保护
例子	Na_xCoO_2 $(0.68 < x < 0.76)$ Na_xMnO_2 $(0.45 < x < 0.85)$	石墨烯、MoS_2	乙炔黑	PVDF/CMC	Cu（−）、Al（+）	玻璃纤维或者聚烯烃类树脂	高氯酸钠、六氟磷酸钠、双三氟甲烷硫酰亚胺钠	碳酸乙烯酯（EC）、碳酸丙烯酯（PC）	氟代碳酸乙烯酯（FEC）

正极、负极材料，以及电解质的物理化学性质在一定程度上决定着钠离子电池的性能。其中在选择电极上有以下要求：钠离子在进入和离开电极材料时引起的电极电位变化幅度较低，并且这一变化接近于金属钠本身的电

位，这样就确保了电池系统能够维持一个稳定的输出电压；钠离子在电极材料当中可逆嵌入量及充放电的效率高，能够保证电池的能量密度；为了确保电池的循环寿命和稳定性，钠离子电池设计需使得电极材料在钠离子嵌入与释放过程中的体积变化最小化。为确保电池能够承受大电流的充放电操作，其电极材料需要具有较高的电子和钠离子传导能力；电极材料需要与电解液具有良好的相容性，并且要具有高度的化学和热稳定性，以确保电池的持久性和安全性；钠离子电池的原料资源广泛且成本经济，制造过程环保，且材料制备简便。

钠离子电池的正极材料研究主要聚焦于多种类型，包括层状和隧道型的过渡金属氧化物，以及磷酸盐、焦磷酸盐、氟磷酸盐、六氰基金属化物和某些有机材料。图 3-1 所示为不同种类正极材料的电化学特性。目前，层状氧化物（Na_xMeO_2，其中 Me 代表 3 d 族过渡金属）仍然是钠离子电池研究中最常见的正极材料类型，并且它们具有最高的电压输出，达到了高达 4.4 V 的电压平台。目前，钠离子电池中表现最佳的正极材料是一种基于苯环和三嗪环构成的双极性多孔有机电极（BPOE）。在 1.3～4.1 V 的电压范围内，以 10 mA/g 的电流密度进行充放电，这种材料能提供最高 240 mA·h/g 的比容量，并能在经过 7 000 次循环后保持 80%的容量。由于钠在这种正极材料中的含量较低，并且在电化学属性上与锂类似，所以当使用 $LiCoO_2$ 和 $NaCoO_2$ 作为正极时，它们的理论比容量分别为 274 mA·h/g 和 235 mA·h/g，两者之间的差距仅为 14%。目前，部分钠离子电池正极材料的表现已接近锂离子电池的水平，要想进一步增强其性能，关键在于对高比容量的负极材料进行深入研究。

与锂离子电池类似，根据与电极材料的不同反应机制，可将电池材料分为如下 3 类：嵌入型、合金型和转化型。市场上流行的嵌入型电极材料，比如石墨、硬碳和层状钛酸盐（如 $Li_4Ti_5O_{12}$），在充放电过程中体积稳定性较好，循环寿命长。然而，它们的能量存储能力较低，因为这些材料的比容量普遍不高。合金型电极材料，如 Sb 和 Sn，虽然具备较高的储能容量，却因充放电过程中的大幅体积变化而容易导致材料粉化，这种情况可能会损害电池性能。与之相比，转化型材料，包括不同的金属氧化物和硫化物，尽管也会膨胀，但相对合金型材料的体积膨胀较少，同时提供了较高的比容量。在钠离子电池内，电解液承担着传递钠离子的重要角色，其离子传导性是判定其性能的核心指标。同时，电解液还需兼具良好的绝缘性，以防止电子在极间直接流动引发短路问题。

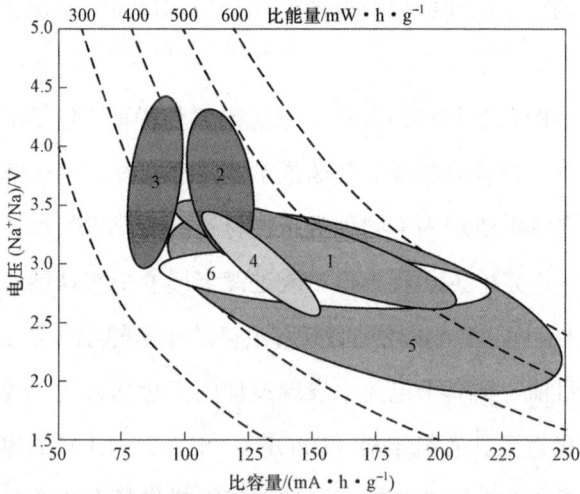

1—六氰基金属化合物；2—氟磷酸盐；3—焦磷酸盐；4—磷酸盐；5—有机物；6—氧化物
图 3-1　不同种类钠离子电池正极材料的电化学特性

除此外，电解液的选取还必须考虑以下因素：在整个电池的充放电过程中，关键是要维持化学成分的稳定，防止不必要的化学反应，并确保与电极材料、集流体和粘合剂无任何反应发生；电池在充放电期间应保持热稳定，以免因温度上升触发不必要的化学变化；电解液需在高低电压极限下维持电化学稳定，防止其分解。

钠离子电池的电解质根据相态可以分为四种类型：液态电解质（进一步细分为有机和水系）、离子液体电解质、凝胶态聚合物电解质以及固体电解质（细分为固体聚合物和无机固态电解质）。

液态电解质系统中通常包含钠盐，如 $NaClO_4$、$NaPF_6$、$NaAlCl_4$、$NaFeCl_4$，它们溶解在具备特定属性的有机溶剂中。这些溶剂的特性应包括较低的导电性、较高的介电常数、低熔点，以及高效的钠离子传输能力。常用的有机溶剂有碳酸乙烯酯（EC）、碳酸丙烯酯（PC）、碳酸酯二甲酯（DMC）、碳酸乙二酯（DEC）、乙二醇二甲醚（DME）、四氢呋喃（THF）和三乙烯醇二甲醚（Triglyme），这些通常会以特定比例混合使用，溶剂中钠盐的浓度大约为 1 mol/L。一种钠离子电池电解液采用 $NaPF_6$ 溶解在等比混合的 DEC 和 EC 中，浓度为 1 mol/L，但是，液态电解液存在一个问题，即随着充放电循环次数增加，有机溶剂的损耗会导致电解液浓度升高，进而影响钠离子的迁移率。这个问题可以通过添加具有黏性的有机物来改善。固态电解液主要基于高分子聚合物和无机盐陶瓷基质。常用的聚合物基质包括聚氧化乙烯、聚四氟乙烯、聚苯胺和聚吡咯等，而钠盐（如 Nacl、$NaBH_4$、$NaBF_4$、聚磷酸钠）也被广泛使用。这些聚合物基质的主要特点是它们有较宽的电压窗口，能与高分子基质形成低熔点的共聚物复合材料，并且它们的阴离子结构通常是对称的或者较为柔顺，具有较好的塑性。图 3-2 为钠离子电池电解质分类。

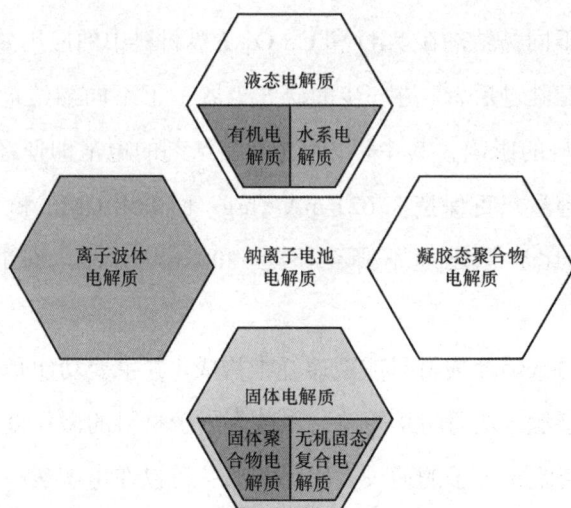

图 3-2　钠离子电池电解质分类

为了提升电池的工作效能，常通过向电解液中加入各种添加剂。这些添加剂的主要目的是构建更加坚固的固体电解质界面膜（SEI）、抑制电解液的分解和增强电池的安全性。在钠离子电池中，氟代碳酸乙烯酯（FEC）尤其受到青睐，因为它能在多种材料系统中有效提升电池的性能。FEC 被认为能促进更稳定的 SEI 膜形成，避免电解液的进一步分解，从而增强钠离子电池的电化学稳定性。

黏结剂在电池极片的制作中扮演着关键角色，主要负责将活性物质和导电材料固定在集流体上，确保它们不会脱落。选择合适的黏结剂时，需要考虑其黏接力、化学及电化学的稳定性、膨胀系数和分散能力等多个重要性能。

目前广泛使用的黏结剂一般可按分散介质的不同分为两类：油性黏结剂和水性黏结剂。其中油性黏结剂中的聚偏二氟乙烯（PVDF）是工业和实验研究中使用最为广泛的黏结剂，也是目前钠离子电池研究中使用最为频繁的黏结剂。相比锂离子电池，目前对钠离子电池的研究多集中在高性能电极材料的寻找及结构设计中，很少涉及黏结剂的研究。某些研究结果指出，钠离子电池性能在很大程度上受到黏结剂类型的影响。有研究比较了 PAA-CMC 和 PVDF 两种不同黏结剂在 NiO 和 Co_3O_4 负极材料中的应用效果，发现前者的电池性能明显胜过后者。进一步的研究也展示了不同黏结剂对 Sn 纳米颗粒作为负极材料的影响，其中以 PMF 为黏结剂的电池即便经历 10 次充放电循环，其比容量仍可保持在 621 mA·h/g，而采用 CMC 和 PVDF 作为黏结剂的电池，比容量迅速下降至不足 300 mA·h/g，有的甚至接近于 0 mA·h/g。

隔膜通常由聚烯烃类材料或玻璃纤维构成，其主要功能是避免电池中的正负电极直接接触，从而防止短路。这种高分子材料的微孔设计可以允许钠离子穿过，但会阻止电子的通过，确保钠离子可以在电解液中顺畅移动。在实验室中使用的电池外壳通常是扣式设计，比如 CR2032 和 CR2016 等常见的工业电池壳型号。

3.3　钠离子电池正极材料

3.3.1　正极材料的选择要求

钠离子电池的工作原理与锂离子电池类似，都是基于正极和负极间钠离子的浓度差进行作用，而这两个电极是由不同的化学材料组成的。

在充电过程中，钠离子从正极释放并通过电解质移动到负极，这时负极富含钠离子而正极缺乏钠离子。为了维持电荷平衡，电子会通过外部电路流向负极，放电时，这一过程则逆转进行。

钠离子电池正极材料通常为嵌入化合物，能够用作钠离子电池的关键材料，正极材料的选取一般遵循以下原则：拥有相对较高的比容量；具有较高的氧化还原电位，这样能够使电池的输出电压变高；具有良好的结构稳定性和电化学稳定性；嵌入化合物应当具有良好的电子导电率和离子导电率，从而减少极化，方便大电流的充放电；应当具有制备工艺简单、资源丰富等特点。

3.3.2　钠基层状氧化物

这类正极材料在钠离子电池领域非常流行，原因包括它们出色的电化学性质、广泛的原材料供应、经济实惠，以及可扩展的制造特点。在 Na_xMO_2 化合物中，P2 型和 O3 型结构从电化学的视角特别吸引人，这两者的主要差异在于钠离子与过渡金属层的堆叠方式不同。

P2 型结构相较于 O3 型在倍率性能和保持容量上表现得更优越，尽管仅在钠含量不超过 0.67 时稳定，限制了其容量。O3 型结构能够实现更完整的钠化，带来更高的容量，但由于 O3 到 P3 型的相变影响了钠离子的迁移路径，增加了扩散的能量障碍，这降低了结构的可逆性。实际上，层状钠基氧化物的一个主要问题是这些相变会引起显著的体积扩张（约 23%），从而影响材料的容量维持和循环稳定性。在含钠的 Mn 基层状氧化物中，结构稳定性尤其关键，因为其中的 Mn 离子可能由于 Jahn-Teller 效应而引起结构的扭曲和循环性下降。为了克服这一问题，通过掺杂或替代其他元素来稳定结构，减少 Mn 离子的浓度是一种有效的手段。例如，加入 Ni 可以增强 P2 型结构的稳定性和循环寿命，这是因为在这种情况下，Mn 仅作为结构稳定化元素，而不参与氧化还原反应，而 Ni^{2+}/Ni^{4+} 则活跃于氧化还原过程中。在结构中保持较高的钠含量（超过 2/3）有助于降低 Ni 的平均氧化态，从而在较低的充电电压下促进 Ni^{2+} 向 Ni^{4+} 的氧化，进一步增强了 P2 型结构的稳定性。

引入 Ni 作为氧化还原活性元素能提高电池的工作电压，但为避免超过 3.5 V 时产生不良的相变，需要控制充电电压。Ni 的加入也减少了材料对空气中污染物如 CO_3 的敏感性，从而增强了过渡金属层的抗污染能力。恰当选择掺杂的替代元素能显著提升性能。同时，加入与 Mn 具有相近离子半径的其他非活性元素，如 Li、Mg、Cu 或 Zn，可以在不影响电化学性能的前提下进一步稳定结构。此外，正确的成分优化可以进一步增加 P2 型材料中的 Na 含量（0.67~0.85），提供卓越的性能（提高可逆容量和增强循环稳定性），如 $Na_{7/9}Cu_{2/9}Fe_{1/9}Mn_{2/3}O_2$ 和 $Na_{0.85}Li_{0.12}Ni_{0.22}Mn_{0.66}O_2$。

二元 Mn/Fe 层状氧化物被认为是极具潜力的材料，它具有高工作电压（得益于 Fe^{3+}/Fe^{4+} 电对）和卓越的比容量。提高 Mn 的比例可以增强容量保持率，但同时可能降低电化学容量。研究表明，含量达 80% 的 Mn 可以实现能量密度与循环稳定性的最优平衡。通过合适的掺杂这类材料，可以实现出色的容量保持（经过 50 次循环后容量保持率超过 95%），以及更高的可逆容量。

在 C/10 和 1 C 的充放电倍率条件下，相应的比容量达到了 130mA·h/g 和 80mA·h/g。最新研究显示，在 P2 型材料中加入诸如 NaN_3、Na_3P 或 $Na_2C_4O_4$ 这类牺牲盐作为额外的钠源，能够减少首次循环中的不可逆容量损失，并显著增加了电池的可逆容量和容量保持率。O3 型结构由于钠含量较高,提供更大容量;具体来说,在 2.2～3.8 V 电压范围内,该结构能在 2.4 mA/g 和 4.8 mA/g 的电流密度下,分别提供大约 125 mA·h/g 和 105 mA·h/g 的比容量。除了具备高能量密度特性,通过适量掺入其他元素如 Fe、Co 或 Ti 作为共掺杂剂,还可以显著增进电池的长期循环稳定性,这一改进策略有助于实现高达 125 mA·h/g 和 105 mA·h/g 的比容量,从而提升了电池的整体性能和使用寿命。引入共掺杂剂的积极协同效应的一个明确证据是 Faradion Limited 公司在其商业钠离子电池原型中选择 $Na_aNi_{(1-xyz)}Mn_xMg_yTi_zO_2$ 材料作为正极。适度掺杂能够在循环使用中影响材料的结构变化,以此来增强其电化学性能。

采用碳、TiO_2、Al_2O_3 和各类聚合物等作为表面涂层材料,能有效抑制电池容量随循环而衰减的现象,延长电池的使用周期。这些涂层通过隔绝电解质与正极间不良的化学反应来增强电池性能。同时,在使用固态电解质时,这些涂层也有助于改进电极与电解质间的接触质量。该技术通过在 Al_2O_3 改性体系中创建一个灵活的正极/电解质界面,已被证实可以避免电极材料的脱落,提升了库仑效率和电池的循环稳定性。正极的形状和粒度同样是影响其电化学性能的关键,这使得精确控制合成过程变得极为重要。通过合成结合了 P2 型和 O3 型两种相的复合材料,能整合两者的特质,得到了具有高比容量、出色倍率性能及稳定结构的正极材料,其中 O3 型相作为钠的存储库,保证了循环中主要相的稳定,而 P2 型相则降低了离子扩散的势垒。

3.3.3　聚阴离子材料

钠离子电池的聚阴离子材料是一类电极材料,其中包括多种阴离子团簇,如硫氧团(如硫酸盐 SO_4^{2-})或磷氧团(如磷酸盐 PO_4^{3-})。这些聚阴离子团簇因其高的氧化还原电位、热稳定性和结构稳定性而在高能量密度和高安全性的钠离子电池研究中备受关注。

聚阴离子材料的氧化还原反应不涉及晶格氧的参与,这有助于减少循环过程中的氧释放，提高了电池的安全性。例如，钠超级磷酸盐[如 $Na_3V_2(PO_4)_3$]在钠离子电池中表现出优异的循环稳定性和速率性能，这得益于其 NASICON（钠超离子导体）类型的结构。这种结构具有开放的三维框架，使得钠离子能够在其内部快速迁移，从而实现良好的电化学性能。聚阴离子材料通常具有较低的体积膨胀率，这有助于维持长期循环过程中的结构稳定性。此外，它们通常具有较高的结合能，可以与钠离子形成稳定的化学键，进一步提高电池的循环寿命和安全性。

这些材料的挑战在于它们通常具有较低的电子和离子导电性。为了提高导电性，研究者们通常采用各种策略，包括纳米化、制备导电性碳涂层或引入掺杂元素来优化材料的电子结构。纳米化可以缩短电子和离子的传输路径，而导电性碳涂层则有助于形成有效的电子传输网络。掺杂元素如 Mg 或 Ti 可以提供额外的电子，从而增加材料的电子导电性。尽管存在挑战，聚阴离子材料的研究仍在不断进展。通过在材料设计上的创新和先进制备技术的应用，这些材料被不断改善，以满足未来钠离子电池在能量存储系统中的需求。最新的研究趋势包括开发混合型聚阴离子结构、引入杂原子掺杂或制备异质结构等，这些策略不仅旨在改善电化学性能，也为理解聚阴离子材料在钠离子电池中的作用机制提供了新的视角。

3.3.4 普鲁士蓝

钠离子电池作为一种具有巨大发展潜力的储能系统，其正极材料的选择至关重要。普鲁士蓝正极材料因其独特的化学和结构特性，在这一领域中显得尤为突出，普鲁士蓝这种最早被发现的人造无机颜料，不仅在艺术领域有着悠久的历史，在能源材料领域也展现出了其不同寻常的一面。其结构是由过渡金属离子和氰根离子交错连接构成的立方晶格，形成了具有多孔性的框架结构，允许钠离子在其内部自由移动。

在钠离子电池中，普鲁士蓝作为正极材料，其优势体现在多个方面。其开放的三维结构为钠离子提供了快速的传输通道，这有利于提高电池的充放电速率，即电池的功率性能；此外，普鲁士蓝材料内部的大尺寸孔隙可实现钠离子的高效嵌入和脱出，从而保证了较高的可逆容量和良好的循环稳定性。

普鲁士蓝的化学可调性也是其在钠离子电池中应用的一个重要因素。其结构中的金属离子可以通过不同的金属替代来调整，例如，使用铜、镍、锰等金属离子部分替代铁离子，这种可调性使得可以通过化学合成的方式来优化电池的工作电压和比容量。同时，这种替代还能改善材料的热稳定性和结构稳定性，从而在一定程度上提升电池的安全性。

普鲁士蓝材料也存在一些挑战。例如，其原生的电子导电性相对较低，这可能限制电池的功率输出，为了克服这一限制，通常需要通过添加导电剂或者通过复合材料的方式来提高整体电极的电子导电性。另外，氰根离子的存在可能引发安全问题，尤其是在电池过充或者受损的情况下，需要对电池管理系统进行精细的设计和控制，以确保安全运行。普鲁士蓝在钠离子电池中的应用研究正在快速进展，其独特的结构和性能使其在钠离子电池材料领域中占有一席之地，不断的研究和开发努力将可能使这种材料在未来的储能技术中发挥更加重要的作用。随着材料科学的发展，期待看到普鲁士蓝基正极材料在钠离子电池性能提升方面取得更多突破，从而为低成本、高效能的储能解决方案提供实际可行的选项。

3.3.5　基于转化的正极材料

还有通过转化反应与钠反应的正极材料，例如，过渡金属氟化物 MF_x（其中，M＝Fe、Ti、V、Co、Ni 和 Cu，$x=2$ 或 3）氟氧化物、硫化物（Fe_xS_y、Co_xS_y）、硒化物或 CuCl 和 $CuCl_2$。转化反应基的钠离子电池正极材料理论上提供了远超传统嵌入型材料的比容量和能量密度，有潜力显著提升电池性能。例如，FeF 和 FeS_2 展示了惊人的 731 mA·h/g 和 892 mA·h/g 的理论比容量，这些数字显著高于传统嵌入型化合物。不过，这些材料在实际电化学循环中表现出的显著体积膨胀、高过电位，以及钠离子扩散速率慢等问题严重限制了其应用。为了解决这些问题，研究者们正探索多种策略。尽管如此，将这些基于转化机制的材料应用于商用钠离子电池还需要克服重大挑战，目前这些努力仍然只处于初始阶段，离实际应用尚需进一步的材料优化和技术发展。

3.3.6　有机材料

有机材料作为正极材料在钠离子电池中的应用受到了广泛关注，特别是由于它们在成本效益、分子质量、环境友好性、结构可调性、安全性，以及机械柔韧性方面相较传统过渡金属正极材料所展现出的显著优势。这些有机正极材料为设计和构建更加轻盈、灵活和便于携带的钠离子电池提供了新的可能性，使得电池更加适用于未来便携式电子设备和可穿戴技术，由于这些独特的属性，有机正极材料被看作是未来钠离子电池领域中具有巨大潜力的候选材料之一。当前对于有机材料在钠离子电池中正极应用的探索主要致力于开发环境友好且可再生的电池系统，研究的热点包括了各种有机化合物，如导电聚合物、有机硫化物、自由基化合物及羰基化合物等。尽管羰基化合物在研究中被广泛关注，它们在实际应用中仍面临着一系列的挑战：容量因正极材料在电解质中溶解而迅速下降，电子电导率低下导致倍率性能不佳，以及较高的电极工作电位和密度限制了其在高能量密度电池中的应用。若能有效克服这些限制，并优化性能，那么成本低廉、可弯曲的有机电极将大有可为，有望在未来电池材料领域中占据重要地位，尤其是在追求绿色能源解决方案的背景下。

钠离子电池的正极有机材料是一种新兴的电池材料类别，因其具有结构多样性、可调性强、原材料来源广泛和环境友好等特性，在能源存储领域中备受关注。与传统无机正极材料相比，有机材料的最大优势在于其原子组成中丰富的碳、氢、氮、硫等元素，这些元素比金属元素更加丰富，且具有更低的摩尔质量，从而有潜力提供更高的比容量和能量密度。

有机正极材料通常通过 $\pi - \pi$ 堆积、氢键或者范德华力等非共价作用力形成稳定的结构，这使得它们具有一定的可设计性和可调控的电化学性能。例如，通过设计合成不同的有机分子，可以实现不同的氧化还原电位，从而调整电池的工作电压。

3.4 钠离子电池负极材料

钠离子电池对负极材料的要求与锂离子蓄电池的要求相似。负极材料需要允许钠离子重复地嵌入/脱出，结构不受到损害。钠离子在材料中扩散系数大，以提高倍率性能。与电解液相容性好，化学稳定性高，对环境无毒无害，价格便宜等。

3.4.1 碳质材料

基于锂离子电池的发展经验，碳素材料也被普遍采用作为钠离子电池的负极。石墨，作为锂电池负极材料的商业标准，在充电时锂离子嵌入其层间形成 LiC_6，从而达到 372 mA·h/g 的理论比容量。但是，钠离子的体积较大，其在石墨的层间迁移遇到较高的能量障碍，使得钠的嵌入与脱出过程变得更加困难。

与石墨相比，非石墨碳材料如硬碳在钠离子的嵌入与脱出性能上表现更佳。硬碳以其宽松的层间距和多样的无序结构成为有潜力的钠离子电池负极材料，能够有效支持钠离子的可逆嵌入和释放。自 2000 年 Dahn 研究团队通过热解葡萄糖制备的硬碳显示出室温下约 300 mA·h/g 的嵌钠性能后，该材料的电池应用受到了大量关注。尽管如此，硬碳仍面临如较大的首次充电不可逆容量、较差的倍率和循环性等挑战。通过对硬碳表面进行特定的修饰可以改进其界面特性，进一步提升其电化学性能。特殊纳米结构的碳材料，如空心碳纳米线、空心碳纳米球、碳纳米纤维、碳纳米管和石墨烯，因其出色的导电性和缩短的离子扩散距离，相较于硬碳材料，可以更有效地提升电化学性能。

纳米结构化的碳材料，如空心碳纳米线、纳米球、纤维、管和石墨烯，相对于硬碳，展现出更好的导电特性和更短的离子扩散路径，从而有效增强了其电化学性能。

3.4.2 合金材料

某些金属可以与钠形成储能合金，被用作钠离子电池负极材料，能够实现高比容量。但是，这样的合金负极在工作时会遭受剧烈的体积扩张，可能造成活性物质的粉化和从集流体上的剥落，与锂离子电池的挑战相似。钠离子由于半径较大，其引起的合金膨胀效应比锂离子电池更加明显。

尽管钠能够与第 IV 和 V 主族元素（如 Si、Ge、Sn、Pb、P 和 Sb）形成高理论储钠容量的合金，研究焦点依旧集中在 Sn 和 Sb 基合金上。尽管合金材料作为钠离子电池负极显示出巨大的发展前景，它们在电化学反应中遭遇的显著体积扩张问题（通常采用碳材料包裹方法来减缓）仍待解决。

3.4.3 金属化合物材料

金属化合物用作电极材料时，其多电子反应特性赋予了它们较大的理论比容量。钠离子电池的负极材料当前主要选用的金属化合物包括氧化物、硫化物和磷化物。

过渡金属氧化物因其高储能容量，已被广泛探究用作锂离子电池的负极材料。过渡金属氧化物同样被视为有前景的钠离子电池负极材料，通常，这些材料作为负极时，其反应机制可以通过嵌入和转化两种方式描述，涉及的过渡金属以 M 表示，而碱金属则以 A 表示。

嵌入机制

$$M_aO_b + cA^+ + ce^- = A_cM_aO_b \tag{3-1}$$

转化机制

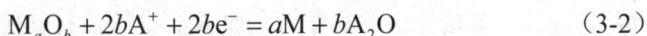

$$M_aO_b + 2bA^+ + 2be^- = aM + bA_2O \tag{3-2}$$

过渡金属氧化物已被实验性地作为钠离子电池的负极材料，通过烧结草酸盐前驱体来获得尖晶石型结构（$NiCo_2O_4$）。在电化学反应过程中，这种材料完全还原并生成了 Na_2O，但其实际的可逆容量大约只有 200 mA·h/g，这一数值大大低于其理论比容量 890 mA·h/g。

随后，多种过渡金属氧化物被相继提出用作锂离子电池的负极材料。这些转化型金属氧化物如 Fe_2O_3（1 007 mA·h/g）、CuO（674 mA·h/g）、CoO（715 mA·h/g）和 MoO_3（117 mA·h/g），通常展现出较高的理论比容量。然而，它们往往因为较差的导电性和在电池充放电过程中体积显著膨胀，导致电极材料结构损坏，从而影响其循环稳定性和倍率性能。为了克服这些问题，通常采取设计新型微观和纳米结构的金属氧化物或者将它们与导电材料结合的策略，这样可以减轻体积膨胀影响，并增强离子与电子的传导，进而提升材料的电化学表现。

金属硫化物和金属磷化物，如 FeS_2、Ni3S2、CoP、FeP 和 NiP，也因其在钠离子电池负极材料中的应用而受到研究者的关注。与此同时，因其结构可调性和对快速钠离子插入的适应性，有机化合物也成为了钠离子电池负极材料的热门选择，尤其是那些含羰基的小分子化合物，比如苯二甲酸钠及其衍生物。这些材料通过其羰基结构与钠离子的反应性，能够实现高达295 mA·h/g 的比容量。此外，通过引入电子吸引官能团来修饰，可以有效地提升材料的氧化还原电位和比容量。

3.5　钠离子电解质材料

钠离子电解质材料是钠离子电池中的关键组成部分，主要负责在电池内部进行钠离子的传输。这些材料通常由两部分组成：一个是用于传导钠离子的介质，另一个是提供钠离子源的钠盐。电解质材料的类型分为液态和固态两种，液态电解质通常由有机溶剂和钠盐组成，而固态电解质则由无机盐或聚合物构成。

在设计和选择钠离子电池电解质时，需要考虑多种关键特性，以确保电池能够在各种条件下安全、高效地运行。

高离子导电性是钠离子电池电解质材料的首要考虑因素。电解质的主要功能是在电池的负极和正极之间传输钠离子。因此，高离子导电性对于实现高效的充放电过程至关重要。电解质的离子导电性直接影响到电池的充电速度和放电效率，从而决定了电池的功率密度和能量密度。理想的钠离子电池电解质应当具备足够的离子传导通道，以便钠离子可以迅速、顺畅地移动。

化学稳定性是钠离子电池电解质材料的一个重要特性。一个稳定的电解质可以保证在电池的整个生命周期中性能不发生变化，不会因化学反应而退化。在电池充放电过程中，电解质可能会暴露于不同的化学环境和电压条件下。因此，电解质的化学稳定性直接影响电池的可靠性和使用寿命。理想的电解质材料应该能够抵抗电化学反应和分解，同时还需要与电池的正极、负极材料，以及其他组成部分保持良好的化学兼容性。

热稳定性也是钠离子电池电解质材料需要具备的关键特性之一。电池在运行过程中可能会产生热量，尤其是在快速充放电或在高温环境下使用时。一个具有高热稳定性的电解质可以保证电池在这些条件下安全运行。电解质的热稳定性不仅关系电池的安全性，还直接影响电池的使用范围和适用环境。高热稳定性的电解质可以承受更高的操作温度，从而使电池适用于更广泛的应用领域，如汽车、工业和便携式电子设备。

电解质的兼容性是保证钠离子电池高效运行的另一个重要因素。电解质需要与电池的电极材料及其他组件兼容，以避免在电池运行期间产生不良的化学反应。不兼容的电解质可能会导致电池的性能下降，甚至造成电池损坏。因此，在选择电解质材料时，需要充分考虑其与电极材料的相互作用，确保电解质可以在整个电池系统中稳定运行。

成本效益是推广钠离子电池的关键因素之一。电解质材料的成本直接影响整个电池的成本。因此，开发成本低廉且性能优越的电解质材料对于钠离子电池的商业化至关重要。在电解质材料的研发过程中，科研人员不仅要考虑材料的性能，还需要关注其生产成本，以及是否可以大规模生产。

3.6　钠离子隔膜材料

钠离子电池隔膜材料是电池技术中的一个重要组成部分，起着至关重要的作用。隔膜材料位于电池的正负极之间，其主要功能是隔离电极以防止短路，同时允许钠离子自由通过。这种材料的性能直接影响电池的安全性、效率和寿命。

钠离子隔膜材料的基本功能是防止电池内部的物理接触，同时保持高的离子导电性。理想的隔膜材料应当具备良好的化学稳定性、热稳定性，以及足够的机械强度。这些特性确保了电池在不同的操作条件下都能安全稳定地运行。

钠离子隔膜材料的一个主要优势是它们的高离子选择性。这种选择性允许钠离子通过，而阻止电子穿过，从而减少了电池自放电的风险并提高了能量效率。隔膜材料通常由多孔的聚合物制成，这些多孔结构使得钠离子可以在电解质中自由移动，而电子则不能通过，保证了电池的安全性和效率。

隔膜材料在保持物理隔离的同时，还需要具备足够的机械强度和柔韧性，以防止在制造过程或电池运行期间发生损坏。电池在充放电过程中会发生体积膨胀，这要求隔膜材料能够承受这种物理变化而不破裂或变形。高质量的隔膜材料可以有效减少电池的内部损耗，提高整体性能。

在热稳定性方面，隔膜材料需要在电池运行的整个温度范围内保持稳定。电池在充放电过程中可能会产生热量，尤其是在快速充放电或高负载下。高热稳定性的隔膜材料可以防止在这些极端条件下发生热失控现象，从而保证电池的安全运行。

钠离子隔膜材料的另一个关键特性是它们对电解质的化学兼容性。电池的性能不仅取决于隔膜材料本身，还受到与电解质相互作用的影响。隔膜材料必须能够在电解质环境中保持化学稳定，不与电解质发生不良化学反应，以免影响电池的性能和寿命。

3.7 钠离子电池主要应用与发展趋势

钠离子电池作为一种充电电池技术，因其使用丰富、廉价的钠元素，而被认为是未来可替代锂离子电池的候选技术之一。钠元素地壳丰度高，分布广泛，这使得钠离子电池在原材料成本上具有显著优势；而且，钠离子电池的工作原理与锂离子电池类似，这意味着现有的许多锂离子电池制造技术和设施可以在一定程度上转用于钠离子电池，为其商业化提供了便利。

3.7.1 钠离子电池的主要应用

钠离子电池的主要应用跟锂离子电池的某些应用相同，主要介绍一下钠离子电池的主要应用。

1. 储能系统

可再生能源的兴起带来了对高效储能解决方案的迫切需求，这是由于风能、太阳能等可再生能源的间歇性和不可预测性特点。在这种背景下，钠离子电池显示出在大规模能量存储系统中的巨大潜力。这些系统不需要极高的能量密度，而是侧重于长期的经济效益和可靠性，钠离子电池因其原材料广泛且成本低廉、循环性能稳定等特点，尤其符合大规模储能系统对成本效益的追求。此外，这种电池技术在可循环使用和维护方面的表现出色，进一步提升了其作为储能系统中长期能量存储解决方案的吸引力。未来，随着钠离子电池技术的不断成熟和优化，预期它们将在整个能源储存领域扮演越来越关键的角色。

2. 电网调节

钠离子电池技术由于其独特的能量存储特性，正逐步成为平衡电网负荷、提供关键的频率调节，以及实时需求响应服务的重要工具。通过储存过剩的电力并在高需求时释放，这些电池可以有效地优化电网运行，减少对昂贵的峰值电力的依赖。这不仅有助于降低电力成本，还能增强电网对可变和间歇性能源供给的适应能力，提高整体电力供应的稳定性和效率。钠离子电池在现代电网管理中的这些应用展现了其对未来可持续能源解决方案的巨大贡献潜力。

3. 电动交通工具

在电动交通工具的动力来源选择上，虽然锂离子电池因其卓越的能量密度和成熟的技术而在电动车领域占据了霸主地位，特别是在对续航里程和性能要求较高的乘用车市场。然而，对于那些不需要极端高性能，而是更关注经济效益的电动运输方式，比如在城市环境中广泛使用的电动自行车、电动三轮车，以及用于配送和短途运输的电动车辆，钠离子电池呈现出了它们独特的价值。由于钠资源丰富、成本较低，钠离子电池为这些应用提供了一个具有吸引力的经济高效替代方案。它们虽然在能量密度上可能无法与锂离子电池相提并论，但在成本和资源可持续性方面具有显著优势，这使得钠离子电池在低速电动车市场中具有不可忽视的潜力，能够为用户提供一个既环保又经济的移动解决方案。

4. 便携式电子设备

在当今的便携式电子产品领域，尽管锂离子电池以其优越的性能广受欢迎，但对于一系列低能耗和成本敏感的设备，如计算器、遥控器、电子钟表和某些儿童玩具等，钠离子电池正逐渐展现出其价值。这些设备通常不要求长时间的连续使用或者极高的能量输出，因而钠离子电池较低的能量密度不会成为使用上的限制。同时，由于钠资源丰富，成本较低，且钠离子电池的制造和回收流程相对更为简单环保，它们为这些应用提供了一个经济实惠、环境友好的能源选择。尤其是在推动绿色能源转型和可持续发展的大背景下，钠离子电池在便携式电子市场中的应用前景被广泛看好，有望为成本敏感型消费品提供长期的电力解决方案。

3.7.2　钠离子电池的发展趋势

1. 在材料上不断创新

钠离子电池性能的提升，尤其是提高比能量和循环稳定性，将在很大程度上取决于正负极材料的创新。正极材料的研究趋向于探索更高能量密度、更好的结构稳定性和更快的离子电导率的材料，如层状氧化物、普鲁士蓝类化合物和有机材料。负极材料的研究则更加集中于寻找能与钠离子更有效结合的材料，如硬碳、金属合金等。

2. 对电解质与隔膜进行优化

在电池技术中，电解质和隔膜的稳定性是确保电池长期可靠运作的关键因素。电解质必须能够在广泛的温度和电压条件下保持化学和热稳定性，以避免电解质分解或恶化，这可能导致性能下降、寿命缩短甚至安全事故。固态电解质因其高的安全性潜力，如更高的熔点和自熄性，而备受瞩目，它们不像传统液态电解质那样易燃，也减少了电解质泄漏的风险，进而提高了电池的整体安全性。此外，随着新材料和技术的发展，液态电解质也在不断改进。研究人员致力于开发新型液态电解质，以提升其在高温环境下的稳定性，降低有害化学反应的风险，从而延长电池的使用寿命并提高其性能。两种类型的电解质都在推动电池技术向更高的安全标准发展，以适应日益增长的电池应用需求。

3. 增强安全性

钠离子电池作为一种潜在的能量存储解决方案，由于钠的化学性质相对不活跃，特别是与锂相比，它在安全性方面显示出明显的优势。钠元素不会像锂那样在空气中或者与水接触时迅速反应，这减少了电池短路或过热时发生燃烧或爆炸的风险。然而，尽管钠离子电池在理论上更安全，但在实际应用中，尤其是当电池设计为大容量和高能量密度时，安全问题依然不容忽视。高能量密度电池在故障时可能会释放巨大的能量，这要求电池必须具备有效的内部保护机制。此外，电池管理系统的作用也至关重要，它监控电池的状态，确保电池运行在安全的工作范围内。研究人员和工程师正致力于开发更为稳定的电池材料，以及改进电池设计，从而使钠离子电池在大规模能源存储系统中的使用更加安全可靠。这些努力确保了即使在高负荷或极端条件下，钠离子电池系统也能维持其结构完整性，防止任何可能导致安全风险的事故发生。

4. 降低生产成本

要提高钠离子电池的市场竞争力，降低其生产成本至关重要，这不仅要求选择价格更低、供应更稳定的原材料，以减少对贵重金属和稀有元素的依赖，还需要在生产过程中引入高效的制造技术和自动化程度高的装备，从而减少人力成本并提升制造效率。此外，通过扩大生产规模来实现经济规模的效益也是降低单位产品成本的一个重要方面。这涉及建立更大的生产设施和供应链的优化，确保原料供应的稳定性和生产流程的连续性，从而在保证质量的同时，减少每个电池的直接和间接制造成本。

5. 可持续性与循环经济

钠离子电池在实现更加可持续发展的电池技术方面具有巨大的潜力，尤其是考虑电池生命周期结束后材料的处理问题。随着环保意识的增强和循环经济的兴起，钠离子电池材料的回收和再利用成为了研究领域的一个新热点。未来的研究将集中于如何有效地回收这些电池中的钠和其他有价值的材料，并将它们重新投入到新电池的生产中，以减少对原始资源的需求和环境影响。探索高效的回收流程和再生技术，不仅可以降低生产成本，还有助于构建更加环保的电池生产与消费模式，这对于可持续能源技术的长期发展至关重要。

6. 将多学科整合

在当今的科技进步中，材料科学、化学、物理学、计算机科学和工程技术的界限日益模糊，它们之间的交叉融合已成为推动创新的强大引擎。特别是在新材料的开发和优化过程中，这种多学科的融合正变得日益重要，未来的研究和发展趋势将深入这些领域的协同作用，以解决日益复杂的科技难题。例如，高通量实验策略正在被广泛采用来快速测试和评估大量潜在材料的性能。此外,机器学习和人工智能的算法正变得越来越先进,它们在材料设计和性能预测方面的应用使得材料科学家可以快速从庞大的数据集中发现模式和关联,大大加速了新材料的发现过程。这些技术的集成应用将促使材料研究进入一个新的时代,其中计算和数据驱动的方法将与传统实验和理论研究并驾齐驱,推动材料科学向更高效、更智能的未来迈进。

第4章
钾离子电池

　　钾离子电池因其成本低廉、资源丰富，在储能领域展现出巨大潜力。相比锂离子电池，钾离子电池具有较低的电极电势和更快的离子电导率，显示出替代锂离子电池的可能性。然而，由于钾离子半径较大，导致电极材料在嵌钾过程中会产生显著的体积膨胀和结构破坏，这对实际应用构成挑战。为了解决这一问题，研究人员致力于开发结构稳定、能够可逆嵌脱钾离子的新型正负极材料，以及相匹配的电解液。这些研究工作不仅聚焦于电极材料的改进，还包括对电解液配方的优化，目的是提高电池的循环稳定性和能量密度。钾离子电池领域的最新研究涵盖了正极材料、负极材料及电解液的开发。在正极材料方面，研究集中于寻找能够有效嵌入钾离子且不易破坏的材料。负极材料的研究则着重于寻找能够承受大量钾离子嵌入带来的体积变化的材料。电解液的研究则旨在找到能够提供稳定电化学窗口和良好离子传导性的溶剂和添加剂。这些研究的目的是提升钾离子电池的性能，使其成为一个实用且高效的储能解决方案。通过不断的材料创新和技术改进，钾离子电池有望在未来的储能市场中占据重要位置。本章主要从钾离子电池的正极材料、负极材料，以及电解液三方面来介绍钾离子电池在国内外最新研究进展。

4.1　钾离子电池发展简介

钾离子电池因其低成本、丰富的储量和相对较低的还原电位（约 2.936 V）在近年来受到了广泛关注。值得一提的是，钾离子在某些有机电解质中表现出的更低还原电位，为提高能量密度开辟了新的路径。这一特性，相比于锂离子和钠离子电池，展示了钾离子电池在电压窗口上的优势。钾离子电池的一个重要优点是其离子的路易斯酸性相对较弱，使得溶剂化离子的半径显著缩小，进而降低了去溶剂化能，加速了载流子在电解质和电极界面处的扩散。这一特性为钾离子电池的快速充放电提供了可能。独特之处在于，石墨可以作为高性能的钾离子电池负极材料，这与钠离子电池形成鲜明对比。例如，石墨插层化合物 KC_8 在作为钾电池负极时，几乎能完全发挥出其理论容量（约 279 mA·h/g），而在钠电池中，相同材料的放电比容量大大降低。

尽管钾离子电池拥有这些优势，但在开发过程中仍面临着挑战。电池在充放电过程中，较大的钾离子（半径 0.138 nm）频繁嵌入和脱出，容易破坏常规锂（钠）离子电池所用的正极材料，导致容量、倍率性能和循环稳定性降低，有时甚至发生电化学失活。此外，钾离子电池活性材料的相对较大的质量也是一大挑战，这可能导致较低的能量密度。为了克服这些挑战，钾离子电池的正负极材料的开发，以及电解液体系的优化显得尤为重要。目前的研究集中于寻找能够适应钾离子大小和性质的电极材料，同时探索适合这些材料的电解液。正极材料的研究着重于提高容量和稳定性，同时减少体积膨胀。负极材料的研究则侧重于提高能量密度和循环稳定性。在电解液方面，研究人员探索了不同类型的溶剂和添加剂，旨在提高电解液的稳定性和离子传导性。通过这些集中的努力，钾离子电池的性能有望得到显著提升，从而为能源存储领域提供一个更高效、成本更低的解决方案。

4.2 钾离子电池正极材料

钾离子电池的研究领域日益拓展，钾的存储能力被发现可以在多种晶体结构中实现，类似于锂和钠。一个引人注目的例子是层状的 TiS_2，它被证明是一种有效的钾离子电池正极材料。在醚基电解质中，TiS_2 正极在 20 C 的充放电条件下展现出 80 mA·h/g 的比容量，并在经历 600 次循环后依然保持着 63 mA·h/g 的性能。这一发现为钾离子电池的正极材料开辟了新的研究方向。尽管如此，目前大多数研究仍集中在几类特定材料上，包括普鲁士蓝类似物、聚阴离子化合物、层状氧化物和有机化合物等。这些研究的进展为钾离子电池技术的发展提供了重要的理论和实验基础。

4.2.1 普鲁士蓝正极材料

普鲁士蓝及其类似物因其独特的刚性开放式框架结构，成为钾离子电池正极材料研究的热点。这些材料具有较大的空隙，为钾离子的可逆嵌脱提供了充足的活性位点和离子/电子传输通道。普鲁士蓝类化合物的通式为 $K_xM[M'(CN)_6]_{1-y} \cdot \square_y \cdot mH_2O$，其中 M 可以是 Fe、Co、Mn、Ni、Cu、Zn 等金属或它们的组合，而 M′ 通常是 Fe，氰基空位由 x 的值决定，y 表示不完全配位的比例。其结构为面心立方，过渡金属 M 与亚铁氰根以 $Fe-C \equiv N-M$ 的形式排列，构成三维骨架结构。

普鲁士蓝类材料的成本低廉、制备简单、环境友好，为大规模储能应用提供了巨大潜力。在制备过程中，沉淀法是最常见的方法，包括直接和间接两种技术。直接法涉及单一步骤，通过混合前驱体溶液并用蒸馏水清洗来制备材料。例如，$KFe[Fe(CN)_6]$ 可以通过将 $FeCl_3$ 添加到 $K_4Fe(CN)_6$ 溶液中来直接沉淀。类似地，$[K_2Mn[Fe(CN)_6]]$ 材料也可以通过在 $Mn(NO_3)_2$ 和 $K_4Fe(CN)_6$

溶液中的相似操作得到。间接法则是一个两步过程，如从 $Fe_2^{II}[Fe^{II}(CN)_6]$（柏林白）出发，经过氧化剂处理得到最终产品。

普鲁士蓝类似物的主要挑战之一是结晶水含量的控制。在合成过程中，水分子可能替换 $[Fe(CN)_6]$ 分子或停留在间隙位点，影响电池的电化学性能。水含量的变化会改变化合物中电化学活性金属的数量，从而减少 K 离子的潜在活性位点。尽管通过受控合成可以最小化结晶水分子，但由于产物的快速沉淀，完全脱水通常较困难。

此外，除了沉淀技术，其他如电化学沉积、水热反应等方法也被用来制备高质量的普鲁士蓝类正极材料。这些方法的多样性为普鲁士蓝类似物的合成提供了更广泛的选择，有助于改进材料的性能和应用。

在电池应用中，普鲁士蓝类似物的性能受到多种因素的影响。除了水含量的控制外，晶体结构的完整性、电解质的选择，以及电池组装和测试条件等都对电池性能有显著影响。因此，实验设计的精确性和对制备条件的控制是优化这些材料性能的关键。

普鲁士蓝类似物在钾离子电池中的应用，不仅提供了一个成本效益高、环境友好的电池材料选择，也为电池科学领域带来了新的研究方向。随着更多关于这些材料的深入研究，普鲁士蓝类似物在高性能储能系统中的应用前景将更加明朗。通过不断的技术创新和材料改进，普鲁士蓝类似物有望在钾离子电池领域中发挥重要作用，为可持续能源存储解决方案做出贡献。

4.2.2　层状过渡金属氧化物类正极材料

层状过渡金属氧化物因其高理论能量密度、良好的结构稳定性、低成本，以及环境友好性，已在锂、钠二次电池电极材料中得到广泛应用，进而成为钾离子电池正极材料的合理选择。这类氧化物的通式为 K_xMO_2，其中 M 可以是 Fe、Co、Ni、Mn、V 等单一或混合的过渡金属。根据钾离子在层状结构中的排列方式，钾基层状氧化物可分为 O3 型（ABCABC 堆叠）、P2 型（ABBA 堆叠）和 P3 型（ABBCCA 堆叠）三类。在这些结构中，P、O 表示钾离子在不同的配位环境中（P 为棱形、O 为八面体），而 2、3 则表示由氧离子堆积方式决定的过渡金属离子所占据的位置数量。

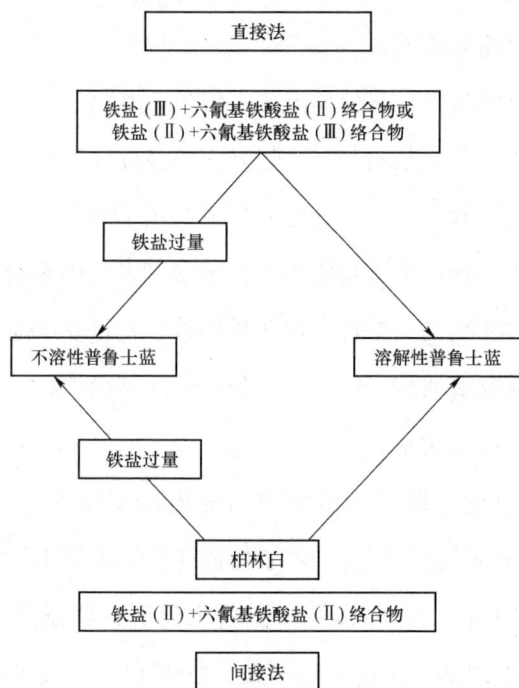

图 4-1　普鲁士蓝类材料的直接和间接沉淀技术

在钾基层状氧化物的研究中，KOH 水溶液处理后部分 K 离子可以通过离子交换重新嵌入材料，表明这些材料具有良好的电化学可逆性。与锂和钠基层状氧化物相比，钾基层状氧化物具有多方面的优势。例如，许多锂基层状氧化物在脱锂过程中会发生过渡金属离子迁移到锂层的现象，导致晶体结构永久性和不可逆的相变，进而引起容量衰减。而钾的大离子半径虽然会在层间形成扭曲的空间，但却能有效限制过渡金属的迁移，从而改善循环稳定性。

K_xMO_2 的研究进展尤其引人注目。最近的研究证实，当 $0.27 < x < 0.70$ 时，该材料能发生可逆的结构相变。特别是 P3 型 K_xMO_2，它表现出约 $100\ mA \cdot h/g$ 的放电容量和稳定的循环性能。通过原位 XRD 分析，研究人员进一步确定了 P3 型 K_xMO_2 在充放电过程中晶体结构的变化。研究中发现，存 K_xMO_2 在两个相变区间，即使在很窄的 K 含量范围内（如，x 为 $0.395 \sim 0.425$ 和 $0.316 \sim 0.364$）。在 K 脱出过程中，（003）和（006）峰向低角度移动，表明 MnO_2 层间的空间膨胀，这是层状碱金属材料的常见现象。更为显著的变化是在 $x \approx 0.41$ 时，（015）峰的消失伴随着新的（104）峰的形成，这表明材料经历了从 P3 到 O3 型的相变。随着更多 K 离子的去除，当 $x \approx 0.34$ 时，新的（003）和（006）峰出现并向更低的角度移动，指示了另一个相变的发生。

这些研究成果表明，层状过渡金属氧化物在钾离子电池中的应用具有巨大潜力。它们不仅能提供较高的能量密度，而且通过结构上的优化可以实现更好的循环稳定性和容量保持。钾离子在这些材料中的嵌入和脱出机制，尤其是伴随电化学过程发生的晶体结构变化，为电池设计和材料改进提供了重要的指导。未来的研究将集中于优化这些材料的合成方法、提高其性能，以及探索更多种类的层状过渡金属氧化物，以期在高性能钾离子电池的发展中发挥关键作用。通过这些努力，钾离子电池将有望成为一种高效、经济、环境友好的能量存储解决方案。

4.2.3　聚阴离子类正极材料

聚阴离子正极材料具有开放性的三维框架结构、强诱导效应和 X—O 强共价键，因此其作为钾离子电池正极材料具有离子传输快、工作电压高、结构稳定等优点。该类化合物的通式为 $K_xM(XO_4)_3$；（M 是 V、Ti、Tr.Al、Nb

等或其中的几种组合；X 是 P 或 S；$0 \leqslant x \leqslant 4$）。M 多面体与 X 多面体通过共边或者共点连接而形成多面体框架，而 K^+ 位于框架间隙中。因为 XO_4^{3-} 四面体会产生诱导效应，故此类材料中的过渡金属 M^{n+} 具有较高的氧化还原电对。

4.2.4 有机化合物类正极材料

近年来，有机化合物作为高性能二次电池正极材料的潜力受到了极大关注，这主要得益于它们的低成本、环境友好性和可回收性。有机材料的种类繁多，包括有机硫化合物、自由基材料、羰基材料、非共轭氧化还原聚合物和层状化合物等。这些材料由于具有较大的层间距，被认为有能力嵌入大尺寸的金属离子，这一特性使它们与层状金属氧化物和聚阴离子材料形成鲜明对比。不同于后者通过离子或共价键结合，有机化合物通常是通过范德华力组合在一起的。

有机材料在非水系电解质中的低溶解度是另一个值得关注的特点。这主要归因于 π−π 芳烃堆积形成的结构特性。此外，为了实现更高的工作电位，有机结构中的稠合芳环边缘通常被引入强吸电了基团。这样的设计可以在环内产生大量的电子缺陷，进而降低最低未占轨道的能级，从而有助于提高电池的能量密度和效率。

有机化合物作为正极材料的研究，不仅展现了它们在高性能电池领域的巨大潜力，而且还为电池材料的环境可持续性和经济可行性提供了新的视角。随着进一步的研究和开发，这些材料有望在未来的能量存储技术中扮演更加重要的角色。不断探索和优化这类材料的电化学性能和稳定性，将有助于实现更高效、更环保的能量存储解决方案。通过结合创新的材料设计和先进的电化学技术，有机化合物在二次电池领域的应用前景令人期待。

4.3　钾离子电池负极材料

4.3.1　嵌入型负极材料

嵌入型负极材料主要包括两种：石墨和其他碳基负极材料。其中最为典型的即为石墨材料，该材料成本低、环境友好并且兼具良好的安全性和循环稳定性。

1. 石墨

石墨作为一种晶体材料，拥有独特的平面六边形网状结构，这些结构通过范德华力形成互相平行的层状排列，层间距为 0.354 nm。其内部的 sp^2 杂化碳原子之间形成的离域化 π 键电子能够在石墨层间自由移动，这一特性赋予石墨优异的导电能力。正因为这种独特的结构，石墨成为了锂离子电池中应用最为广泛、技术最为成熟的负极材料之一，其理论容量可高达 372 mA·h/g。

随着锂离子电池技术的发展，石墨在钾离子电池负极材料的研究也日益增多。钾离子电池作为一种新型的能量存储系统，对电极材料有着独特的要求。不同于钠离子电池，石墨作为锂离子电池中的优秀负极材料，同样显示出在钾离子电池中作为嵌入型宿主材料的潜力。这主要得益于石墨独特的层状结构和较大的层间距，能够有效地容纳钾离子的嵌入和脱出，同时保持良好的结构稳定性和导电性。

石墨在钾离子电池中的应用，不仅扩展了其在能量存储领域的应用范围，而且为寻找更高效、更经济的储能解决方案提供了新的思路。石墨类材料的研究和开发，特别是在优化其结构和性能方面的努力，对于提高钾离子电池的能量密度和循环稳定性至关重要。通过深入理解石墨与钾离子之间的相互作用机制，可以进一步优化电极材料的设计，从而提升电池的整体性能。

此外，石墨作为一种成熟的电极材料，在商业化应用方面具有明显优势。这不仅包括其较高的能量密度和良好的电导性，还包括其成本效益高和环境友好等特点。因此，将石墨应用于钾离子电池，不仅是技术上的创新，也是向可持续能源转型的重要一步。

2. 其他碳材料

在电池材料领域，除了石墨之外，各种其他形式的碳材料也表现出了优异的电化学性能。这些碳材料的多样性包括非石墨软碳、硬碳微球、富氮硬碳、硬/软复合碳、碳纳米纤维、还原氧化石墨烯、掺杂和未掺杂石墨烯等。这些非石墨材料大多展现出优越的电化学性能，其中 N 掺杂石墨烯的可逆容量甚至高达 350 mA·h/g，几乎达到了用于锂离子电池的商业石墨的性能。

石墨烯中各种类型的氮缺陷，如石墨氮（N—Q）、类吡咯氮（N—5）和类吡啶氮（N—6），为材料的性能增强提供了新的途径。F 掺杂的石墨烯展现出约 4 nm 的厚度和具有互连介孔结构的晶体特征，其表面积高达 874 m^2/g。P 和 O 共掺杂的石墨烯则展现了在碳原子被超胞中的 P 原子取代时，石墨烯层的几何结构发生的明显变化。

与石墨材料相比，无序型负极材料大多显示出倾斜的电压特性，这可能导致钾离子电池的能量密度降低。然而，这种倾斜的特性在电荷状态控制方面表现得更加优异，尤其是在高电流密度下的镀钾风险大大降低。尽管如此，一些非石墨材料在初始循环中的库伦效率较低，这是一个需要解决的问题。

一些基于石墨烯的材料虽然展现出良好的电化学性能，但它们的生产成本较高，体积能量密度也相对较低。因此，从成本和体积能量密度的角度来看，非石墨材料在与石墨负极的竞争中仍面临一定的挑战。为了使这些材料更具竞争力，探索和开发低成本的生产技术，以及提高材料的开采密度显得尤为关键。

展望未来，非石墨碳材料在能量存储领域的应用潜力仍然巨大。通过持续的研究和技术创新，这些材料的性能和成本效益有望得到进一步的提升。特别是通过优化材料的微观结构、掺杂方式及生产工艺，可以在保持高能量密度的同时，降低制造成本并提高循环稳定性。此外，非石墨材料的多功能性和可定制性为其在特定应用领域提供了独特的优势。例如，硬碳和软碳的组合可以实现更好的电导率和结构稳定性，而掺杂石墨烯则可以通过改变电子结构来优化电化学性能。

4.3.2　合金类负极材料

合金类负极材料在电池技术中占有重要地位，特别是在钾离子电池的研究中。这类材料包括能与钾发生合金化反应的金属及其合金、中间相化合物及复合物。合金化反应通常伴随多电子转移，赋予这些材料较高的理论比容量。但是，这种反应的一个重要缺点是在循环过程中会产生巨大的体积膨胀。这种膨胀引发的结构应力可能导致活性物质的粉化和脱落，失去与集流体的电接触，从而引起电极材料比容量的快速衰减。

目前已经有几种材料如 Sn、Sb、P 和 Ge 等被证实可以作为合金型储钾材料。理论上，许多元素都有可能与钾形成可逆合金，但这一假设还需要更多实验证据来支持。例如，Si 可以形成 KSi 合金，但在基于有机电解质的钾离子电池中却未能表现出氧化还原活性。

近期的研究关注了 Sn_4P_3 在嵌钾/脱钾过程中的合金化反应步骤。在嵌钾过程中，Sn_4P_3 首先经历转化反应，转化为 Sn 单质和 $K_{3-x}P$ 基质。随后，继

续嵌钾形成 K_4Sn_{23}，最后通过合金化过程形成 KSn 合金。在脱钾过程中，首先 KSn 脱合金，产生 Sn 单质，然后这些 Sn 单质与 $K_{3-x}P$ 反应形成 Sn_4P_3。在放电阶段，产生的 K—Sn 和 K—P 合金形成相互缓冲，以最小化充放电循环过程中的体积变化。

向合金中添加导电碳是一种增强对体积变化缓冲作用的有效策略。导电碳的加入不仅可以提高材料的电导率，还有助于维持材料的结构稳定性，从而改善整体电池的性能和循环稳定性。综合考虑，合金类负极材料在钾离子电池领域的发展前景是积极的，但同时也面临着显著的挑战。未来的研究需要集中于解决体积膨胀问题，优化合金的组成和结构，以及探索更高效的合成方法。在持续的研究和技术进步下，合金类负极材料有望在钾离子电池中发挥更加重要的角色，为高能量密度、高稳定性的电池技术的发展贡献力量。通过这些努力，钾离子电池将在未来的能源存储系统中占据更为重要的位置，为可持续能源解决方案提供更多可能性。

4.3.3　转化类负极材料

与上述嵌脱反应明显不同的是，转化反应实质上发生的是置换反应。典型的转化反应过程如下

$$M_aX_b + (b \cdot n)A \leftrightarrow aM + bA_nX$$

式中，M——过渡金属；

　　　　X——阴离子；

　　　　n——X 的氧化态

　　　　A——碱金属

过渡金属硫族化合物（如 MS_x）作为储钾负极材料，基于其转化反应机制而备受关注。这类材料在电池充放电过程中涉及多电子转移反应，因此具有较高的比容量和能量密度。对于负极材料而言，嵌入型材料虽然循环性能

良好，但通常展示较低的可逆比容量。为了提高这类材料的理论比容量，研究者采用了材料微观结构调控和元素掺杂等手段。

相比之下，合金和转化型负极材料能够提供更高的理论容量。然而，这类材料在充放电过程中的主要问题是体积膨胀过大，这不仅会影响材料的结构稳定性，还可能导致活性物质的脱落和电池性能的衰减。为了解决这一问题，研究人员专注于采用结构纳米化、掺杂，以及表面包覆等策略来缓冲钾离子嵌脱过程中的体积变化。这些策略的目标是在保持高比容量的同时，提高材料的循环稳定性和使用寿命。

这些不同类型的负极材料各有其优势和局限性。嵌入型材料以其优异的循环稳定性和可靠性著称，而合金和转化型材料则以其高能量密度和高比容量而受到关注。材料科学家们正在努力通过创新的材料设计和先进的制备技术，实现这些材料的最佳平衡，以满足现代电池技术对高性能、高稳定性和高能量密度的需求。

4.4　电解液的发展

电解液在钾离子电池体系中扮演着至关重要的角色，它不仅是正负极之间的离子传输介质，也是保证电池电化学及安全性能的关键因素。电解液的特性，如分解电压、电导率和使用温度，直接影响着电池的工作电压窗口和整体性能。在选择电解质时，关键要考虑的特性包括电化学、化学和热稳定性、宽电化学电位窗口、良好的离子传导性和电子绝缘性、无毒性和经济性等。非水系钾离子电池的电解质主要是由无机盐作为溶质，以及有机碳酸酯类或醚类作为溶剂的溶液。常用的电解质盐包括高氯酸钾（$KClO_4$）、双氟磺酰亚氨钾（KFSA）等。而电解液溶剂通常选用碳酸乙烯酯、碳酸丙烯酯、碳酸二甲酯、碳酸二乙酯和乙二醇二甲醚等。为了满足高离子电导率、宽电化学窗口、高机械强度，以及电化学和热稳定性的需求，实践中常采用二元组合，例如 EC+PC、EC+DMC 和 EC+DEC 等。由于有机电解液容易腐蚀钾金属电极，影响电池的电化学性能，因此，常在电解液中添加如氟代碳酸乙烯酯等成膜添加剂来改善。这些添加剂有助于在电极表面形成稳定的固体电解质界面，从而提高电池的循环稳定性和安全性。然而，目前对其他潜在的电解液添加剂的研究还相对较少，这限制了电池性能的进一步提升。

第 5 章

超级电容器材料

5.1 超级电容器的概述

超级电容器,亦称为电化学电容器,是一种革新的储能设备,其工作原理主要基于电荷的双电层存储,以及赝电容的氧化还原反应。这种装置填补了传统电容器与充电电池之间的空白,具备电容器那样的快速充放电能力和电池那样的能量存储能力。相较于传统的化学电源,超级电容器显示出独特的优势,它结合了两者的特点,提供了一个介于电容器与电池之间的高效能量解决方案。

在 1954 年,全球见证了第一款双电层电容器的问世,这一开创性的发明主要采用了碳质电极和水溶液电解质。当这种超级电容器在美国成功获得专利保护后,立即成为研究界的焦点,并以惊人的速度进展和扩展。不久后的 1968 年,美国俄亥俄标准石油公司通过引入非水电解质,对超级电容器进行了关键性的改良,成功开发出了一个具有更高能量密度的双电层电容器版本。这些技术突破为后续的能量存储设备提供了宝贵的改进方向。基于先前的技术进步,日本电气公司于 1979 年在电动汽车的启动系统中引入了超级电容器技术,标志着这种技术的商业应用迈出了重要一步。与此同时,松下电器产业公司也启动了对有机电解质超级电容器的探索。到 1980 年,日本的研究工作又迈进了一步,开发出了高功率密度的超级电容器,逐步在全球市场上取得了主导地位。紧随其后,美国 Maxwell 公司在 1992 年投入了超级电容器的研发，并在 1995 年发布了其首个产品，这一产品在交通运输和可再生能源领域迅速获得市场份额。美国、俄罗斯和日本在超级电容器的研究与开发上走在了前列，并孕育了一些行业内领先的企业，如 Maxwell 公司和俄罗斯的 ESMA 公司，它们在技术创新和市场占有率上展现了领导力。表 5-1 为近年来部分国家超级电容器的发展水平。

表 5-1　近年来部分国家超级电容器的发展水平

公司	现有技术	电容器参数	能量密度/（Wh/kg）	功率密度/（W/kg）
美国 Maxwell	碳微粒电极有机电解液	3 V 800～2 000 F	3～4	200～400
	铝箔附着碳布电极有机电解液	3 V 130 F	3	500
俄罗斯 ESMA	混合型（NiO/碳电极）KOH 电解液	1.7 V 50 000 F	8～10	8～100
日本 Panasonic	碳微粒电极有机电解液	3 V 800～2 000 F	3～4	200～400
法国 Alcatel	碳微粒电极有机电解液	2.8 V 3 600 F	6	3 000

中国在超级电容器领域的研究起步于 20 世纪 90 年代末期，在政府政策的鼓励下，国内高校、研究机构、以及相关企业开始积极投身于超级电容器的研究与开发。一些知名的教育及研究机构，如清华大学、上海交通大学、以及天津电源研究所，还有宁波中车新能源科技有限公司等，均在此领域做出了显著的研究成果。特别值得注意的是，上海在公共交通领域采用了超级电容车辆，这标志着国内自主研发的超级电容公交车技术已迈入了世界先进行列。如今，这种公交车不仅在上海、宁波、哈尔滨等国内城市得到广泛推广，也成功进入了国际市场，如白俄罗斯和塞尔维亚。浙江中车电车有限公司生产的零排放超级电容车已经出口到奥地利格拉茨，这种环保的交通工具极大地保护了当地环境，同时也展示了中国在超级电容公交车领域拓展国际市场的潜力与实力。

5.1.1　超级电容器的基本概念

超级电容器凭借其卓越的瞬时充放电能力和高功率密度，成为储能领域的重要角色，其能量密度也超越了常规电容器。这种储能元件不仅具有超过90%的充放电效率，还能承受高达百万次的充放电循环，展现出非凡的耐久性。其宽广的工作温度范围进一步增强了其在极端条件下的应用潜力。因这些突出特点，超级电容器受到了广泛关注，并在众多领域获得了商业化应用，尤其在移动电子产品、电力系统的关键部件，以及新能源汽车的能量储存系统中的应用，均显示出其强大的实用价值。

5.1.2　超级电容器的分类

根据储能的原理、结构和材料等的不同，超级电容器有多种不同的分类方式。

（1）超级电容器按照其储能的原理可被划分为双电层电容器和法拉第电容器。双电层电容器的储能机制基于其内部电极和电解液之间形成的电化学双电层，它依赖于电解液中的离子在电极表面的静电吸附作用来存储能量。与此相对的是法拉第电容器，其储能过程涉及电极材料的氧化还原反应，该过程中电极表面会吸附或释放离子，从而实现电荷的储存和释放。这两种方式各有特点，都是实现能量存储的有效途径。

（2）从结构对称性角度，可以将超级电容器分为对称型和非对称型两种。对称型超级电容器特征在于它们使用完全相同的电极材料，且在充放电过程中电极材料参与的化学反应是对称的，比如在双电层电容器中使用的碳材料电极，或者在法拉第电容器中使用的贵金属氧化物电极。相对地，非对称型超级电容器采用不同材料的电极或者电极在化学反应上不对称，这种设计使得超级电容器的能量密度和功率密度得到提升，因此在实际应用中非对称型的性能表现更为出色。

（3）从溶液类型来看，可以将超级电容器分为水溶液和有机溶液这两种。水溶液型超级电容器，由于水溶液具有比其他溶液更低的电阻，因此用水溶液作为电解质的时候，他的出能量和功率密度相对更高；超级电容器的最大可用电压主要由电解质的分解电压决定，有机溶液的分解电压更高，因此电压高和比能量的优势更为突出。

（4）根据使用电极材料的不同，超级电容器通常被分类为碳基材料电容器、贵金属氧化物材料电容器，以及导电聚合物材料电容器等类型。

5.1.3　超级电容器的特点

作为一种先进的能量存储设备，超级电容器在多个重要性能指标上明显超越了传统的电池技术，表 5-2 对包括超级电容器在内的几种能量存储装置的性能进行了比较分析。

表 5-2　能量存储装置的性能比较

性能	铅酸蓄电池	锂离子电池	燃料电池	超级电容器
充电时间/s	600～1 000	1 000～6 000	3 000～5 000	0.1～30
能量密度/（Wh/kg）	30～45	130～150	200～300	5～80
功率密度/（W/kg）	150～400	100～200	250～350	100～30 000
循环寿命/次	300～500	1 000～1 500	3 000～5 000	105～106
工作温度/℃	−10～50	−10～60	600～700	−50～70

由表 5-2 可以看出，超级电容器具有一些突出的性能特点，具体表现如下。

（1）功率密度高。在与传统蓄电池类储能设备的比较中，超级电容器凭借其卓越的功率密度，可达到 10^4 W/kg 的水平，这一特性使得其能够实现极高的瞬时放电能力，从而能在需要大量电流的短时间内迅速释放能量。

（2）充电用时短。超级电容器具备极快的充电能力，能够在几秒至几分钟之内完成充电过程，这一特性使其非常适合于那些需要快速充电的应用场景，而这是普通蓄电池所无法比拟的。

（3）循环寿命长。由于双电层超级电容器的充放电循环不依赖于化学反应，材料的磨损相对较小，使得它们能够承受高达一百万次的充放电循环。

（4）环境适应性强。由于双电层超级电容器的充放电循环不依赖于化学反应，材料的磨损相对较小，使得它们能够承受高达一百万次的充放电循环。

（5）环境污染小。超级电容器由于使用的是环保材料，不含对环境有害的重金属化学物质，因此其对环境的污染非常有限，属于绿色环保的能量存储设备。

当然，超级电容器也存在一些不足。

（1）能量密度低

超级电容器的能量密度通常远低于锂电池等化学电源。其存储电荷主要依靠电极/电解液界面的双电层或法拉第准电容效应，电荷存储区域相对有限，难以在小体积、轻重量条件下储存大量电能，限制了在长续航便携式设备等场景的应用。

（2）电压放电特性

超级电容器放电时电压随电荷消耗呈较为线性的下降趋势，不像锂电池等有相对平稳的放电平台。在对电压稳定性要求高的电路中，需额外增加电压调节装置，增加了系统复杂度和成本；且放电后期电压快速降低，会导致可利用的有效能量区间相对较窄。

超级电容器由于使用的是环保材料，不含对环境有害的重金属化学物质，因此其对环境的污染非常有限，属于绿色环保的能量存储设备。

5.2　超级电容器的工作原理

超级电容器既拥有与传统电容器一样较高的放电功率，又拥有与电池一样较大的储存电荷的能力。但因其放电特性仍与传统电容器更为相似，所以仍可称之为"电容"。

5.2.1 双电层电容器的基本原理

双电层电容器这种储能设备，通过利用电极材料和电解液相接触时在它们之间的界面处产生的双电层来储存能量。这个双电层的形成，是因为固体电极与液体电解质的界面上，分子力、电荷间的库仑作用力或原子力等互相作用的结果。这种作用产生了一对带有相反电荷的稳定的电荷层，使得电容器能够在此双层中储存和释放电能。

在一个包含电极和溶液的系统中，由于电极具备电子导电性质，以及电解质溶液的离子导电特性，一个双电层会在其固体与液体的交界面形成。一旦施加外部电场于电极，溶液中的阴阳离子便根据电场的指引分别向相对的正负电极移动，并在各自的电极表面形成了称作双电层的结构。一旦外部电场移除，电极上的电荷将会与溶液中相对的离子相吸引，进一步稳固这个双电层。这个过程导致正负电极之间形成了一个持久的电位差，从而储存了能量。

在特定电极的表面区域内，会聚集等量但带相反电荷的离子，以保证电极表面的电荷中性。当外电源与电极连接时，电极上的电荷会转移，产生外部电路中的电流；同时，电解液中的离子会迁移以维持整个溶液的电中性，这个过程构成了双电层电容器充放电的基本机制。理论上，双电层区域的离子浓度是高于电解液本身的离子浓度的，这是因为这些浓度较高的离子在受到电极上异性电荷的吸引力作用的同时，也存在着一个向电解液本体中浓度较低区域扩散的动力。

电容器储存能量的方式是可逆的，这是由于它通过对电解质溶液施加电化学极化来实现，而整个储能过程不涉及任何电化学反应的发生。双电层电容器的工作原理如图 5-1 所示。充放电过程中的电化学反应如下。

正极 $\qquad Es + A^- \rightarrow Es^+ //A^- + e^-$ （充电）$\qquad$ (5-1)

$\qquad\qquad Es^+ //A^- + e^- \rightarrow Es + A^-$ （放电）$\qquad$ (5-2)

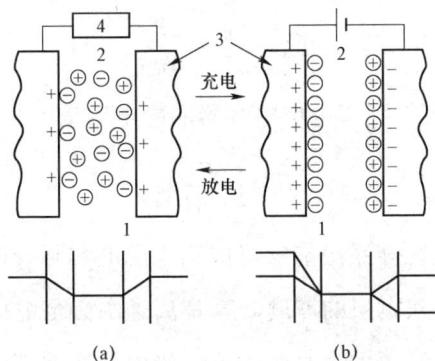

图 5-1　双电层电容器工作原理图

（a）无外加电源时电位；（b）有外加电源时电位

1—双电层；2—电解液；3—极化电极；4—负载

负极

$$Es + C^+ + e^- \rightarrow Es^-//C^+ \quad （充电） \tag{5-3}$$

$$Es^-//C^+ \rightarrow Es + C^+ + e^- \quad （放电） \tag{5-4}$$

总反应

$$Es + Es + C^+ + A^- \rightarrow Es^+//A^- + Es^-//C^+ \quad （充电） \tag{5-5}$$

$$Es^+//A^- + Es^-//C^+ \rightarrow Es + Es + C^+ + A^- \quad （放电） \tag{5-6}$$

式中，Es 代表电极表面；"//"代表积累电荷的双电层；C^+、A^- 分别代表电解质溶液中的正、负离子。

在双电层电容器的理论模型研究上，经常采用德国物理学家赫尔姆霍兹提出的理论来进行近似。该模型将电极表面的电子层和相邻的溶液中离子层视作一对电荷层，这对电荷层的构造与平板电容器相似，形成了电极和溶液间的双电层结构。

电极表面的多余电荷密度与溶液中的多余电荷密度相等，而产生的电荷密度 q 正比于双电层产生的电位差 V，并与双电层的厚度 d 成反比关系。即

$$q = \frac{\varepsilon}{4\pi d}V \tag{5-7}$$

则单位面积双电层微分电容

$$C_d = \frac{\partial q}{\partial V} = \frac{\varepsilon}{4\pi d} \tag{5-8}$$

由式（5-8）还可得到双电层电容器的静电容量

$$C = \int \frac{\varepsilon}{4\pi d} dS \tag{5-9}$$

式中，S 为电极在体系中能够形成双电层的实际表面积；ε 是电解质溶液的介电常数；d 是双电层的厚度，就是离子中心至电极表面的距离，d 的大小决定于电解质中离子的大小和浓度，当电解质溶液的浓度较高时，d 通常为 $0.5\sim1.0$ nm。

由式（5-9）可看出，电双层电容器（EDLC）的电容 C 与其双电层的厚度成反比，与电极的有效表面积 S 成正比。为了提高 EDLC 的电荷存储能力，需要尽可能增大电极的可用表面积，同时保证电解液中的离子能够尽量靠近电极表面进行极化，这样的配置有助于增强其储能性能。

5.2.2　法拉第准电容器的基本原理

准电容器是在双电层电容器的基础上发展出来的一种设备，常被简称为准电容。这种电容器的工作原理是电极活性材料在其表面或内部的二维或近似二维结构上发生了次电位沉积，引起化学的吸附—脱附作用或是进行了氧化还原反应。

对法拉第准电容来说，它的电荷储存过程包括双电层上的存储和由于氧化还原反应电解液中离子在电极活性物质中将电荷储存于电极中这两部分。法拉第伪电容现象会在电极表面出现，这个现象的电荷储存机制与双电层电容器的完全不同。造成这种差异的一个原因是电荷存储过程涉及法拉第反应，另外，伪电容的形成也与其他因素相关，如电极电荷接受能力（Δq）与电位变化（ΔV）的热力学关联。

在化学吸—脱附过程中，电解质中的 H^+ 或 OH^- 离子（通常是这两者）将在外部电场的驱使下移动到电极材料的表面，并通过电极与电解液之间的界面电化学作用进入电极活性材料的内部。当对其充电时，法拉第准电容器原理如图 5-2 所示。

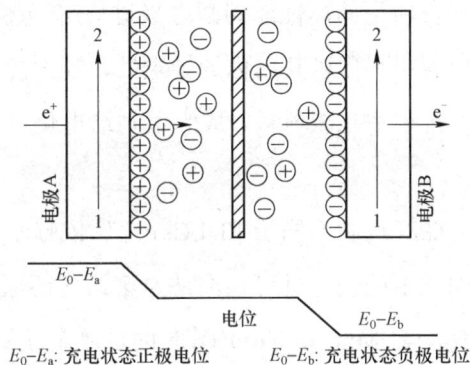

E_0-E_a: 充电状态正极电位　　　　E_0-E_b: 充电状态负极电位

图 5-2　法拉第准电容器充电时原理图

5.3　超级电容器电极材料

大部分现在市面上的商业超级电容器（SCs）是用碳材料制成的，它们因成本低和高耐腐蚀性而受到青睐。这些基于碳的超级电容器通过生成双电层电容来存储能量，在充放电过程中不涉及化学反应，因此它们展现出卓越的循环稳定性和较长的使用寿命。

尽管商用碳基双电层电容器成本低且循环寿命长，但其最大电容量受限于活性电极表面积及其孔隙结构通常在 $0.15 \sim 0.4 \ F/m^2$，大约 150 F/g。这些电容器的能量密度大概在 3 到 5 W·h/kg 之间，远低于电化学电池的能量密度，铅酸电池在 $30 \sim 40$ W·h/kg，而锂离子电池则在 $100 \sim 250$ W·h/kg。因此，这样的低能量密度无法满足汽车、风能或太阳能发电站等的能量储存需求。

大部分的碳材料，如多孔碳，虽然具备高的比表面积，但它们在超级电容器中的高功率应用受到了其本身导电性不足的制约。同时，碳纳米管（CNTs）尽管导电性强并且比表面积大，但在制作超级电容器时也存在问题，例如电极和集流体间的接触电阻较高，以及由催化剂和非晶态碳产生的杂质。此外，CNTs 的高制造成本也限制了它们在超级电容器中的广泛应用。最近的研究聚焦于开发新型的高性能碳基电极材料用于超级电容器，而石墨烯作为一种双电层电容材料，以其出色的导电性、较大的比表面积及独特的层间结构，显著优于传统多孔碳材料，成为了制造电化学双电层电容器的理想材料。

赝电容器的电荷储存机制不同于 EDLCs，它们依赖于电极表面与电解液中的电活性物质之间发生的快速且可逆的法拉第氧化还原反应。常用的电活性材料有三类：如 RuO_2、MnO_2、$Ni(OH)_2$ 等的过渡金属氧化物或氢氧化物；导电聚合物，包括聚苯胺、聚吡咯和聚噻吩；含有氧和氮官能团的表面活性材料。

赝电容器在与 EDLCs 的比较中显示出更高的比电容能力。但是，其使用的电活性材料在实际运用时面临着功率密度低和循环稳定性不足的挑战。这些问题主要源于这些材料较差的导电性，这降低了电子传输的效率，并且在氧化还原反应期间可能导致材料结构的损伤，进而影响到性能。

在锂电池中，离子会深入嵌入材料的晶体结构内部，而在赝电容器中，电荷的储存是由于离子在材料表面的弱吸附。材料的表面官能团、存在的缺陷以及晶体边界，都能作为有效的氧化还原活性点，参与电荷的储存过程。

过渡金属氧化物作为电极材料在电化学性能上远超传统的碳电极，尤其在较低的扫描速率或电流密度条件下，它们展现出极高的比电容和能量密度。例如，采用电沉积方法制备的 NiO 薄膜电极，在 1 mol/L 的 KOH 溶液中，以 1 mV/s 的扫速测量时，比电容可高达 1 776 F/g。但当扫速提高到 100 mV/s 时，其比电容大幅下降，只有最初值的约 23%。这表明金属氧化物电极的电化学性能受到扫速的显著影响。

所以金属氧化物由于以下缺点不能单独作为超级电容器电极用于实际生产。

（1）除了 RuO_2 以外，大多数金属氧化物的导电性都非常低。金属氧化物的高电阻率增加了电极的片层电阻和电荷转移电阻，特别是在大电流密度下引起了较大电压降，所以其功率密度和充放电能力较差，限制了其在实际生产中的大规模应用。

（2）纯金属氧化物在充放电过程中逐步增加的张力会引起电极的断裂，导致较差的循环稳定性。

（3）表面积孔径分布和孔隙率在金属（氢）氧化物中很难调整。

为提升电化学性能，采用碳材料与金属（氢）氧化物的复合电极结构成为一个有效策略。这种结构中，碳纳米材料既承载金属氧化物，又为电荷迁移提供路径，使得两者优势互补，综合提高了电极的工作效率。在高负荷充放电条件下，碳纳米材料的优异电导性显著提升了复合材料的充放电速率和功率密度，而金属（氢）氧化物则充当电荷和能量存储的主体。这种金属（氢）氧化物的高活性能显著增强了碳纳米结构/金属（氢）氧化物复合材料的比电容及能量密度。同时，在复合电极中，两种材料的结合产生了协同作用，这不仅提高了性能，还有效减少了材料成本。为了获得既有高功率密度又具有高能量密度、良好的循环寿命和快速的充放电性能的超级电容器电极，研究人员正在深入开发碳/金属（氢）氧化物复合电极材料。这些复合材料结合了碳材料在不同维度的结构优势和金属（氢）氧化物的高活性，形成多维复合体，作为出色的超级电容器电极材料。其中，石墨烯和 $Ni(OH)_2$ 的结合体已成为研究的热门方向。

5.3.1　碳基电极材料

碳基电极材料是现代能源存储和转换设备中的关键组成部分，特别是在电池和超级电容器技术中。这类材料由碳素原子组成，由于其独特的物理和化学性质，它们在电化学应用中展现出卓越的性能。

碳基电极材料在能源存储技术中扮演着至关重要的角色，尤其是在电池和超级电容器的开发上。这些材料由碳元素组成，拥有一系列引人注目的物理和化学特性，使它们成为电化学能源存储和转换领域的理想选择。

碳材料，特别是纳米级的石墨烯和碳纳米管，因其卓越的电子传输能力而广受关注。在电池和超级电容器中，这些材料能够高效地传输电子，提高整个电池系统的能量转换效率和功率密度。纳米碳材料的电导率高于传统的电极材料，这使得电池能够在更低的电阻下工作，从而提高其整体性能。

在多数化学环境中，这些材料展现出卓越的稳定性，不易与电解质发生反应。这种稳定性不仅确保了电池的长期可靠性，还显著延长了电池的循环寿命。例如，在锂离子电池中，使用石墨或其他碳材料作为负极时，可以避免与电解质的不必要反应，从而延长电池的使用寿命。

活性炭和其他类似的碳材料通常具有高比表面积，这意味着它们能提供大量的活性位点，从而促进电化学反应。对于超级电容器来说，这一特性尤为重要，因为其储能机制依赖于电极表面的电荷累积。高比表面积使得这些设备能够在较小的空间内存储更多的能量。

碳材料的多孔结构对于提高储能设备的性能至关重要。这种多孔结构有利于电解质的渗透和离子的传输，从而提高了储能设备的功率密度和充放电速率。这种结构的优势在超级电容器中特别明显，因为它们依赖于电极表面积来存储能量。

碳基材料的化学和物理性质可根据特定应用需求进行调节。通过化学活化、掺杂或其他方法，可以改变碳材料的表面化学性质或电子结构，从而优化其在特定应用中的性能。例如，将氮、硼或其他元素掺杂到碳材料中，可以改善其电化学活性，提高电池的充放电性能。

碳基电极材料在能量存储领域中的应用非常广泛。在锂离子电池中，石墨是最常用的负极材料之一，提供了稳定的充放电平台和良好的电化学性能。活性炭和其他高比表面积的碳材料则广泛应用于超级电容器，它们的多孔结构有助于储存大量的电荷。随着纳米科技的发展，碳纳米管和石墨烯等新型碳材料由于其独特的一维和二维结构，显示出在能量存储和转换设备中的巨大潜力。这些材料不仅具有高电导性和高比表面积，还展示出了独特的力学性能，这对于制造更轻、更高效的电池和超级电容器至关重要。未来的研究将继续探索新型碳基材料，以提高能量和功率密度，并减少成本。研究人员正致力于开发具有改进结构和性能的新型碳纳米结构，如异形碳纳米管和多孔石墨烯。同时，掺杂技术的进步，如将氮、硼或其他元素掺杂到碳格子中，为调节电化学性能提供了新的途径。

5.3.2　金属化合物电极材料

金属化合物电极材料在现代电池技术中占据了极其重要的地位，特别是在提高电池的能量密度、循环稳定性和安全性方面。这些材料通常由金属元素和其他化学元素（如氧、硫或氮）组成，它们以特定的化学和晶体结构存在，能够在电池中作为活性材料发挥作用。金属化合物电极材料的应用广泛，包括但不限于锂离子电池、钠离子电池和其他类型的可充电电池。

金属化合物电极材料的关键特性包括高的比容量、良好的电子和离子导电性，以及化学和热稳定性。这些特性使得它们能够在电池中有效地存储和释放能量，同时保持长期的循环稳定性和安全性。

在电池中，金属化合物通常被用作正极或负极材料。例如，锂离子电池中常用的正极材料如磷酸铁锂（$LiFePO_4$）、锰酸锂（$LiMn_2O_4$）和镍钴锰酸锂（$LiNiMnCoO_2$），这些材料的化学稳定性和安全性使它们成为理想的电极材料选择。在负极方面，金属化合物如硅基材料（如 $SiOx$）、钛基化合物（如 $Li_4Ti_5O_{12}$）和金属氧化物（如 SnO_2、MoO_3）等已经被广泛研究。

金属化合物电极材料的开发和优化是电池性能提升的重要方向。为了实现更高的能量密度和更好的循环性能，研究者不断探索新的材料组合和结构优化策略。例如，通过掺杂、尺寸缩减和表面修饰等手段，可以显著提高材料的离子扩散速率和电化学稳定性。此外，纳米技术的应用也在金属化合物电极材料的研究中扮演着重要角色。纳米结构化的电极材料由于其高比表面积和短的离子扩散路径，能够提供更快的反应速度和更高的功率密度。

在锂离子电池中，金属化合物电极材料的研究主要集中在提高比容量、改善循环稳定性和降低成本上。例如，磷酸铁锂作为一种安全且稳定的正极材料，因其良好的热稳定性和较高的理论比容量而广受欢迎。同时，它的生产成本相对较低，使其成为电动汽车和大规模储能应用的理想选择。

钠离子电池作为一种新兴的能源存储技术，也在积极探索适合的金属化合物电极材料。由于钠的丰富性和低成本，基于钠的电池系统有望成为未来可持续能源存储的重要解决方案。在这一领域，钠超级电容器和钠离子电池的研究正在迅速发展，而合适的金属化合物电极材料是实现高性能钠基电池的关键。

5.3.3　导电聚合物电极材料

导电聚合物电极这类材料结合了传统聚合物的柔韧性与金属或半导体的电导性，因此在为电池和电子器件提供创新解决方案方面显示出巨大的潜力。

导电聚合物的基本性质是它们可以在其分子结构中导电。这是由于聚合物链中的共轭双键系统，这使得电子能在分子链上移动。这些聚合物通常是通过化学或电化学聚合方法制备的，包括聚吡咯、聚苯胺、聚噻吩等。这些材料的独特性在于它们结合了塑料的加工易性与金属的电导性，这使得它们在许多高科技应用中非常有用。

在电池技术中，导电聚合物被广泛研究作为电极材料的一部分，尤其是在可穿戴设备和柔性电子产品中。这些材料的高导电性使得它们可以作为电极材料的一部分来使用，提高电池的充放电效率。此外，它们的机械柔韧性也使得电池设计更加多样化，能够制造出弯曲或可伸展的电池，适用于非传统形状的电子设备。

导电聚合物还在超级电容器中找到了应用。在这些应用中，它们不仅作为电极材料，而且有时还作为电解质的一部分。这些材料的高比表面积意味着它们能够存储更多的能量，这对于需要快速充放电的应用来说是至关重要的。

导电聚合物的另一个关键应用是在电化学传感器和生物传感器中。它们的高表面积和易于功能化的特性使得它们可以用于检测各种化学物质和生物分子，如葡萄糖、DNA 和蛋白质。这些传感器的应用范围从医疗健康监测到环境监测都非常广泛。

除了这些应用，导电聚合物还在能量收集器、太阳能电池、发光二极管和其他电子器件中发挥作用。例如，在有机太阳能电池中，导电聚合物可以作为活性层的一部分，用于吸收光能并将其转换为电能。

导电聚合物电极材料也面临一些挑战。其中最主要的是它们的稳定性问题，特别是在长时间的充放电循环过程中。此外，这些材料的制造成本相对较高，而且在某些情况下它们的电导性仍然不足以满足特定应用的需求。未来的研究将集中在提高这些材料的稳定性和导电性，以及降低其制造成本上。通过纳米技术和高级合成方法的应用，研究人员正在寻找方法来改进这些材料的性能。此外，开发新的导电聚合物材料，特别是那些具有特殊功能或改进性能的材料，将是未来研究的重点。

5.3.4　复合物电极材料

1. 石墨烯及石墨烯基复合电极材料

（1）石墨烯简介

石墨烯是一种由单层碳原子通过 sp^2 杂化形成的二维纳米片状材料，它被认为是构成更高维度碳材料的基础单元。这种材料因其独特的平面结构而展现出多种显著的化学和物理性质，包括极强的机械强度（接近 1 TPa）、出色的电导率和热导率，以及极大的比表面积（达到 2 675 m^2/g）。石墨烯因其出众的性质，如同或甚至超越单壁及多壁碳纳米管的性能，已被广泛运用于制作高性能的纳米复合材料、透明电极膜、传感器、动力元件、纳米电子设备，以及储能系统等。特别是在清洁能源技术领域，石墨烯的高强度、优良导电性和巨大比表面积等特性使其成为超级电容器电极材料的研究热点，吸引了大量科研人员的关注。

（2）制备石墨烯电极材料的方法

当前，已经开发出了多种快速而有效的制备石墨烯的技术，这些方法包括：在 SiC 和某些金属表面上通过外延生长和化学气相沉积（CVD）来生长石墨烯；利用微机械剥离法，如使用原子力显微镜（AFM）探针或胶带将石墨层剥离出来；使用有机溶剂剥离石墨；在无底座的等离子微波反应器中合成石墨烯片；使用电弧放电法来制备多层石墨烯；通过 Brodie、Staudenmaier、Hummers 等化学方法，以及这些方法的变种来还原氧化石墨（GO）制备石墨烯。

尽管制备石墨烯的技术日渐增多，最主要的方法依然是通过化学剥离制作氧化石墨，随后将其还原成石墨烯。主要原因如下：化学剥离法制备氧化石墨的过程既简便又低成本，产量高，这些特点是石墨烯在实际生产中的首选条件；GO 的表面含氧功能团让它在溶液中容易进行化学改性和处理；通过多种方法还原 GO 为石墨烯，能够恢复其原有的高比表面积和电导性，并创造出适宜的石墨烯纳米通道结构，这对超级电容器（SCs）的性能大有裨益。

（3）石墨烯/纳米多孔碳复合材料

最新研究探讨了纳米多孔碳与石墨烯复合材料在评估多孔性对超级电容器性能影响中的应用。多孔碳材料，通常由碳化过程产生，具有依赖于不同孔隙率的特殊结构。各种合成技术能够生产出具有微米和介米孔结构的材料，同时精确控制孔的体积和孔径分布。研究人员探讨了多孔性对多孔碳和石墨烯复合材料在电化学性能上的作用。在相关研究中，使用 5%的纳米多孔碳与 20%石墨烯复合，这些多孔碳是由聚丙烯酸钠制备而成。

实验结果显示，在 1 mol/L 硫酸和 0.5 mol/L 硫酸钠溶液中，孔隙尺寸小于 0.7 nm 的材料对双电层电容器的性能提升有显著影响，相比孔隙尺寸为 1 nm 和 2 nm 的样品，这种材料能产生最高的质量比电容。

研究还表明，在相同孔隙体积下，Na_2SO_4 的电容性能更优，这是因为在 Na_2SO_4 溶液中，该复合材料表现出更强的赝电容特性。在有大量孔洞的情况下，由于功能团的增多，赝电容对总电容的贡献更为显著。该研究提出了"活性孔隙空间利用率"的概念，用以评估小于 0.7 nm 的孔隙体积与电容之间的关系。发现随着复合材料中石墨烯含量的上升，活性孔隙空间的使用效率提高，这直接促进了复合材料的电导率增加。此研究强调了在设计超级电容器电极时，孔隙体积和石墨烯含量的关键作用。为了获得最佳的电容特性，需要将孔隙调整至小于 0.7 nm，而石墨烯的加入能增强复合物的导电性。尽管两者都对提升电容性能至关重要，孔隙体积在其中扮演了更为核心的角色。

近期，Le 团队探究了结合碳纳米管和碳纤维（CFs）的石墨烯/多孔碳复合材料，以创制新型复合物。这些复合物的开发旨在通过扩大有效表面积或增加石墨烯表面含氧功能团的数量来提升超级电容器的电容。防止石墨烯片团聚是增大有效比表面积的方法之一，因为团聚会妨碍离子穿透石墨烯层，进而阻碍电极/溶液界面双电层的形成，从而降低比电容。

近期研究表明，以 CNT 作为间隔物能够阻止石墨片的团聚。在干燥的过程中，由于范德华力作用，石墨烯片趋于团聚，所以离子很难进入石墨烯片层中，尤其是在高扫速的情况下。碳纳米管因其卓越的导电性能、广阔的表面积比、强大的机械稳定性，以及在降低电极内阻方面的潜力，被视为理想的隔离材料。此外，CNTs 还能作为粘合剂，把石墨烯片层紧密结合，互相纠缠，从而提高整体的导电率。

实验数据显示，由石墨烯和 CNT 组成的复合电极在比电容方面，超越了单一的 CNT 或石墨烯电极。具体来说，该复合电极在 KCl 和 TEABF4 电解液中展现出了分别为 290.4 F/g 和 201.0 F/g 的比电容，这一高比电容的优势主要来源于其较大的比表面积，达到了 421.3 m^2/g。通过在类似石墨烯的碳纤维纸上培养 CNT，成功解决了诸如界面电阻、表面积、孔隙度，以及边缘效应的多项挑战。碳纤维与 CNT 的优秀导电特性和稳固结构不仅减小了电阻，而且扩大了表面积和孔隙度，同时还引入了显著的边缘效应，这些特点共同作用，显著提升了复合材料的比电容。

（4）改性石墨烯材料

近期研究常采用改性石墨烯来提升超级电容器的性能。这些改性形式，包括多层石墨烯、波纹形石墨烯、掺杂氮的石墨烯，以及极薄石墨烯片等，都旨在通过减少石墨烯的聚集来扩大其有效表面积，进而增强电极的电容效率。

Hummers 法生产的氧化石墨烯存在一些明显的缺点，包括许多不可逆的缺陷，这些缺陷会降低电极的导电性。针对这些问题，研究转向了合成单层或多层石墨烯（FLG）的方法，并发现多层石墨烯的聚集倾向较小。在这项研究中，FLG 是通过将石墨嵌入并还原氧化石墨来制备的。在 1 mol/L 的硫酸钠溶液中测试时，所得到的单层或多层石墨烯表现出了优异的比电容性能，达到 180 F/g，同时其比表面积极为宽广，高达 1 400 m^2/g。鉴于这一发现，探索和开发无缺陷的单层及多层石墨烯生产新技术成为研究的一个重点。这些新方法的目标是大量合成高质量的石墨烯，以实现更高的导电性和电化学性能，为能量存储设备，如超级电容器，提供更有效的电极材料。

研究人员研究了波纹形状的石墨烯是如何形成褶皱的，并指出这种不光滑的表面有助于防止石墨烯片层的相互堆积。通过热膨胀和快速氮气冷却方法制备出的石墨烯展现了高达 518 m^2/g 的比表面积，这一显著的特性主要得益于其褶皱表面的存在，防止了片层间的聚集。这些引人注目的形态特征是合成过程中热应力作用的直接结果。由于有效面积的扩大，在 6 mol/L 氢氧化钾溶液中测得的石墨烯片的比电容达到了 349 F/g，这种制备方法既简便又高效，适合大规模应用。

三维石墨烯结构，比如石墨烯凝胶和氮掺杂的石墨烯水凝胶（NGH），成为研究的热点。研究表明，引入氮原子能有效提升石墨烯电极的电化学性能。采用水热法来合成氮掺杂的石墨烯水凝胶制作超级电容器的方法受到关注，因为这种方法的反应条件较为温和，并且允许反应过程以可控的方式进行比例放大。研究团队开发了一种新型氮掺杂石墨烯水凝胶，利用胺类有机化合物，如乙二胺，不仅作为氮的来源参与到掺杂过程中，还能够修改石墨烯的三维结构，以提升其电化学特性。实验结果显示，即使在高达 185 A/g 的充放电电流下，该 NGH 仍然展示出 113.8 F/g 的高比电容和 205 kW/kg 的功率密度。这种卓越的电化学性能使得它在需要快速充放电的高功率设备中有着广泛的应用前景。

随着消费者对柔性和高清晰度电子产品需求的上升，超薄透明石墨烯膜在现代电子设备中得到应用。采用真空滤除技术制得的 25 nm 宽电极，在 2 mol/L 升氯化钾溶液中展现了 135 F/g 的比电容。

这种优质的透明石墨烯薄膜被广泛用作手机、手持电脑及 MP3 播放器中的电极材料。它的优势主要包括：薄膜虽然只有 251 nm 厚，但展现出卓越的机械稳定性；其卓越的透明度让它非常适合用于透明电子设备；石墨烯的高载电子流量能够消除电荷收集器与电极之间的界面，从而简化电极结构；石墨烯的高溶解性意味着它可以在多种溶剂中溶解，这使得它可以印刷在多种介质上，非常适用于印刷电子产品。

（5）石墨烯/导电聚合物复合材料

为了开发性能更佳的超级电容器电极材料，石墨烯与导电聚合物的复合体吸引了广泛的研究兴趣。这些导电聚合物具有很高的比电容，这得益于它们的 π−电子共轭结构，该结构能够促成快速且可逆的氧化还原反应。尽管导电聚合物作为超级电容器的电极材料具有较高的比电容，但它们的机械强度不及石墨烯，并且在充放电过程中的体积变化可能导致聚合物的快速退化，从而影响其耐久性。因此，结合石墨烯的优良双电层电容特点和导电聚合物的赝电容特性，发展石墨烯/导电聚合物复合材料具有重要的研究价值。石墨烯/导电聚合物复合材料的电化学性能受多种因素影响，与单纯依赖于有效表面积的改性石墨烯不同，石墨烯与导电聚合物的相互作用对提高电容有积极效果。导电聚合物如聚吡咯（PPy）、聚苯胺（PANI）、聚噻吩（PT）和聚对苯撑乙炔（PPV）因其制备简单和高电容特性而在超级电容器中得到了广泛应用，特别是 PANI 因其卓越的电化学活性和热稳定性成为研究的焦点。

该研究通过在石墨烯的含氧功能基上原位聚合聚苯胺，成功制备了羧基功能化的氧化石墨烯（CFGO）/PANI 复合材料。这一过程首先将含氧功能团转换为羧酸基团，使石墨烯底面的含氧功能团能够更充分地与 PANI 结合，与之前只能利用边缘羧酸基团进行复合的方法相比，显著提升了材料的电化学性能。在 0.3 A/g 的电流密度下，CFGO/PANI 复合材料展现了高达 525 F/g 的高比电容，超过了以往石墨烯/导电聚合物的 323 F/g 的比电容。这种复合材料之所以性能卓越，是因为石墨烯提升了 PANI 的电导率，同时 PANI 避免了石墨烯片层的重叠，增加了电极的有效表面积。这两种材料相互作用，协同提高了复合材料的电化学性能。

在制备超级电容器的研究中，除了应用 PANI 作为石墨烯基导电聚合物外，科研人员也探索了其他导电聚合物，如石墨烯与聚吡咯的结合。尽管石墨烯/PPy 电极材料已广泛研究，通常应用的是 PPy 纤维。然而，Biswas 与 Bose 等研究者采用了 PPy 纳米管作为制作复合材料的新材料。这种石墨烯/PPy 纳米管复合材料相较于传统的纤维复合物显示出更高的比电容值（324 F/g），这主要得益于纳米管结构的大表面积和宽大的孔隙，这些特性增强了电极和电解液之间的接触，从而提高了离子的传输效率。探究石墨烯与导电聚合物复合材料的结构对电极功能的影响也是研究的关键部分。例如，研究人员发现氧化石墨烯片和导电聚合物间的分层结构有利于提升电化学性能。在这项研究中，通过正电荷表面活性剂与负电 GO 片之间的静电作用相互吸引，表面活性剂先插入到石墨烯片层形成 GO—表面活性剂胶束结构。随后，聚合物单体融入胶束的疏水核心，在引发剂的作用下发生聚合，再经过清洗去除表面活性剂，最终形成 GO 与导电聚合物的复合材料。

研究显示，GO/导电聚合物的特定结构赋予了其相较于市面上的复合材料更优越的电容特性。例如，在 2 mol/L 硫酸溶液中，GO/聚吡咯复合物在 0.3 A/g 的电流密度下能够达到 510 F/g 的高比电容，这个数值超过了 graphene/PPy 纳米管复合物的 400 F/g。这种结构的主要优点包括：溶液中分散的 GO 片提供了广阔的表面积以供聚合物加载在其两侧；复合物的三维层状结构增强了电极的机械稳定性，并对提升聚合物的稳定性起到了关键作用；此结构有效减少了电解液的扩散电阻；聚合物的引入促进了法拉第反应，进而产生了赝电容效应。

（6）石墨烯/金属（氢）氧化物复合材料

近期，作为超级电容器电极材料的石墨烯/金属（氢）氧化物复合材料受到了科研人员的广泛关注。这类复合材料结合了石墨烯的双电层电容和金属（氢）氧化物的赝电容优势，其电化学性能比单一的石墨烯或金属（氢）氧化物要好得多。独立的石墨烯电极有 135 F/g 的双电层电容，而石墨烯/金属（氢）氧化物复合材料不仅轻松实现了这一比电容值，还显著提升了金属（氢）氧化物单独存在时的电导和电容稳定性，克服了纳米结构聚集和副反应的负面效果。金属（氢）氧化物的不同晶态、形状、粒度和体积密度都会影响其电化学表现，因此，深入探究不同金属（氢）氧化物与石墨烯复合的机理和形态对提升复合材料电化学性能的作用至关重要。

在超级电容器的研究中，因其卓越的比电容和稳定的循环性能，RuO_2 已成为研究的热点金属氧化物电极材料。通过水热法，研究者们将无定形的水合 RuO_2 纳米颗粒与在氢气中剥离的石墨烯结合，形成了 RuO_2/graphene 复合电极。这项技术实现了 RuO_2 纳米颗粒在石墨烯上的均匀分散。在 1 mol/L 硫酸溶液中，这种复合材料在 1 A/g 的电流密度下展现了 154 F/g 的比电容和 11 W·h/kg 的能量密度。

尽管 RuO_2 在超级电容器中因其高比电容和循环稳定性受到青睐，但其高成本和毒性推动了研究向更经济、低毒性的金属（氢）氧化物替代品的转移，包括 NiO、Ni（OH）$_2$、Co3O$_4$、Co（OH）$_2$、Mn_3O_4 和 MnO_2。其中，Mn_3O_4 表现出比 Ni 和 Co 基复合物更优的性能，但其应用仅限于碱性电解液中，并且具有较窄的电势窗口（0.4～0.5 V）。电解液的小电势窗口限制了电池的能量密度和比电容，因为能量密度与电池电压成正比。

Mn_3O_4 的日益流行归因于其低成本、环境友好性及高电容特性。利用乙二醇作为还原剂，研究者通过水热法在石墨烯表面成功合成了 Mn_3O_4 纳米棒。在这一复合材料中，Mn_3O_4 纳米粒子实现了在石墨烯表面的均匀分布，其比电容达到了 127 F/g，并在经过 10 000 次循环后仍维持 100% 的电容率，这一数值是纯 Mn_3O_4 电极的三到四倍。

纯 Mn_3O_4 电极因其较低的导电性而限制了性能，但通过上述水热法合成的方法，将 Mn_3O_4 纳米棒均匀分布在石墨烯上，有效防止了聚集现象，提高了电解液与电极材料的接触面积，因此显著提升了 Mn_3O_4/graphene 复合物的电化学性能。此外，Graphene/NiO 复合膜最近通过电泳沉积法和化学浴沉积技术制备，当放电电流为 2 A/g 时，其赝电容达到 400 F/g。这种赝电容性能的增强主要是因为石墨烯的加入极大地提升了 Ni（II）向 Ni（I）转化的速率，提高了材料的电化学活性并加快了赝电容的反应过程。

通过一种柔和的化学过程，在水与异丙醇的混合溶剂中，研究人员成功制备 graphene/Co(OH)$_2$ 纳米复合物。使用 Na_2S 作为沉积 Co^{2+} 的前体，此过程还伴随着 GO 的还原作用。该复合物在 500 mA/g 的电流密度下表现出 972.5 F/g 的高比电容，这比单独的 graphene 和 Co(OH)$_2$ 的比电容大大提高。此复合物结合了还原的石墨烯片和 Co(OH)$_2$ 纳米晶，有效防止了纳米粒子的聚集，并提升了 Co(OH)$_2$ 的使用效率，从而显著增强了电化学性能。

Co_3O_4 因其经济性、较高的氧化还原反应活性、大的理论比电容（大约 3 560 F/g），以及良好的充放电可逆性，被视为极具潜力的超级电容器电极材料。采用微波辅助的方法，研究者成功制备了 graphene/Co_3O_4 复合电极材料，该材料在 6 mol/L KOH 溶液中的比电容可达 243.2 F/g，这远超过纯石墨烯的 169.3 F/g 的比电容。

复合物中的比电容显著提升主要是因为其特殊结构的优势：Co_3O_4 颗粒均匀地分布在石墨烯表面，不但避免了石墨烯片层的重叠，提供了高的双电层电容，也便于 Co_3O_4 进行必须的电化学反应；石墨烯片在充放电时作为高效的电子传导网络；并且 Co_3O_4 与石墨烯之间的增大接触面积极大地促进了与电解液离子的相互作用，减少了离子的扩散和迁移距离。

近来，研究者开始使用由多种金属氧化物纳米结构组成的复合材料来替代传统的单一金属氧化物纳米结构，以制备石墨烯/金属氧化物复合物。这种新颖的复合材料结构特点是 MnO_2 纳米结构表面被 Co_3O_4 纳米线所覆盖。

即使只向 Co_3O_4 中掺入一小部分 MnO_2，这两种金属氧化物的相互作用也显著增强了复合材料的比容量。进一步地，通过电泳沉积和化学还原方法，在 MnO_2/Co_3O_4 复合物表面加入还原氧化石墨烯（RGO），这不仅提升了双电层电容的性能，还扩大了与电解液的接触面积。这种创新的石墨烯/金属氧化物复合材料展示了组分间协同作用的新范式，并且其制备方法有望应用于其他类型的金属氧化物复合物。最终，采用 3D 导电层技术显著增加了石墨烯/金属氧化物复合材料的比电容值。石墨烯/MnO_2 和其他石墨烯/金属氧化物复合材料电极的主要设计挑战是要实现高负载量，以适应高能量密度设备的需求。然而，过量的金属氧化物负载可能减少有效的赝电容表面积并提高电极的电阻。

一种开发的 3D 导电层技术有效地解决了先前的性能限制，通过在石墨烯/MnO_2 复合材料中引入导电层，实现了 45% 的比电容增幅，达到了 380 F/g 的水平。此外，该复合材料还展现了出色的循环稳定性，在 3 000 次充放电循环之后，其比电容能够维持初值的 95%。无论是碳纳米管还是导电聚合物，都可以作为导电层，不仅增加了赝电容，还提供了另一条电子传输通道。

（7）用于组装非对称超级电容器的石墨烯基材料

在超级电容器的研究领域，非对称超级电容器常被用来评估基于石墨烯的电极材料的比电容大小。与那些采用相同电极的电容器不同，非对称超级电容器由两个不同的电极构成。这种结构的一个关键优势是，在保持高功率密度的同时，能够实现更高的能量密度。通过在同一电解液中使用不同类型的材料作为电极，可以获得更宽的电势窗口，进而扩大电解液电池的电压范围，并提高能量密度。特别是，那些基于离子或有机电解液的超级电容器表现出更大的电势窗口，其能量密度能够达到大约 80 W·h/kg。然而，离子液体成本高昂，而有机电解液则存在一些缺点，比如较差的导电性和不适用于所有实际应用设备等问题。

在非对称电容器中，活性炭因其极大的表面积和较低成本而被广泛使用。但活性炭的一个主要缺点是其细小的多孔表面（约 0.5 nm），这限制了主要尺寸为 0.6～0.7 nm 的水合离子的进入。与之相反，石墨烯因其具有灵活的孔隙结构、优异的导电性、高机械强度、出色的稳定性及较大的比表面积，使得水合离子能够在其表面高效率地传输，从而在含水电解液中有效促进优秀的双电层电容的形成。因此，石墨烯被视为一种优于活性炭的电极材料选择。

在一项研究中，相比于对称超级电容器，非对称超级电容器展现出了更高的能量密度。这种非对称超级电容器是通过使用还原氧化石墨和氧化钌作为正极，以及 RGO/PANI 电极作为负极来组装的。这些非对称超级电容器的能量密度达到了 26.3（W·h）/kg，这比对称的 RGO/RuO$_2$ 电容器［12.4（W·h）/kg］和对称的 RGO/PANI 电容［13.9（W·h）/kg］都要高出大约两倍。此外，这种非对称电容器还展现出了良好的循环稳定性，循环 1 000 次后其电容保持率为 80%，循环 2 000 次后保持率为 70%。在能量密度为 6.8（W·h）/kg 时，它还能够提供出色的功率密度，高达 49.8 kW/kg。

2. Ni(OH)$_2$ 及其复合物电极材料

在超级电容器的研究中，多种赝电容电极材料如过渡金属氧化物、金属氢氧化物和导电聚合物受到了广泛关注。特别是 Ni(OH)$_2$，由于其极高的理论比电容（2 082 F/g）、出色的氧化还原反应活性和经济实惠，被视为极具潜力的材料之一。Ni(OH)$_2$ 有两种晶型：α-Ni(OH)$_2$ 和 β-Ni(OH)$_2$。其中，β-Ni(OH)$_2$ 在化学稳定性和热稳定性方面表现更优，因此在充电电池中得到了广泛应用。在充电过程中，β-Ni(OH)$_2$ 常被氧化成 β-NiOOH，其最大理论比电容达到 289（mA·h）/g。制备纳米级 $Ni(OH)_2$ 的方法众多，包括化学沉积法、反胶束法、水热法、溶剂热法、辐射化学法、声化学法和电化学法等。

$Ni(OH)_2$ 的纳米级尺寸和形态对其电化学性能有着直接的影响。鉴于 $Ni(OH)_2$ 在潜在应用方面的重要价值，对其不同形态的纳米结构，如薄片、花状结构、纳米颗粒、微球、纳米管和纳米棒的研究日益增多。这些纳米级的 $Ni(OH)_2$ 结构在提升电化学性能方面发挥了关键作用，这主要是因为它们具有更高的比表面积、更快的氧化还原反应速率，以及更短的固相间扩散路径。这表明，$Ni(OH)_2$ 的晶体尺寸越小，其电化学性能就越出色。

研究显示，在普通微米级球形 $Ni(OH)_2$ 中添加 10% 的纳米 $Ni(OH)_2$ 可以提升 $Ni(OH)_2$ 电极活性物质的利用率 10%，从而增强其电化学性能。此外，一种由纳米纤维和纳米粒子组成的纳米—$Ni(OH)_2$ 也被制备出来，有效提升了阴极能量 20%。除晶体结构外，$Ni(OH)_2$ 的形态对其电化学性能的影响也非常显著。

通过水热法，科学家成功合成了带状和板状的纳米级 $Ni(OH)_2$ 材料。这些纳米板状 β—$Ni(OH)_2$ 显示出了卓越的电化学性能，其比电容达到 $260mA·h/g$，几乎接近 $Ni(OH)_2$ 的理论最大电容。在另一个研究中，将 α—$Ni(OH)_2$ 膜电沉积到镍片上，得到了具有极高电容值的材料。这些 α—$Ni(OH)_2$ 颗粒表现出了优异的电化学活性，其单电极比电容值高达 2 595 法拉/克。此外，使用溶胶/凝胶法制备的 $Ni(OH)_2$ 干凝胶展现出 696 法拉/克的比电容，远超其他碳基材料。还有研究展示了一种比电容为 710 F/g 的球形 $Ni(OH)_2$，这也表明了其优越的电化学性能。

$Ni(OH)_2$ 的分等级纳米结构不仅继承了纳米材料的优点，还因其结构特性，缩短了电解质离子和电子的扩散路径，从而在充放电过程中促进了电解质离子的有效扩散和迁移。这种结构的优势显著提升了 $Ni(OH)_2$ 的使用效率。这些由超薄纳米片组装而成的统一 $Ni(OH)_2$ 分等级纳米结构展现了极高的比电容（1 715 F/g）、出色的高倍率性能和良好的循环稳定性。研究人员还探究了将 $Ni(OH)_2$ 直接电沉积在泡沫镍上的过程，并发现沉积温度在晶体结构形态、比表面积及电化学性能方面起到了关键作用。

在 KOH 溶液中，$Ni(OH)_2$ 电极的最大比电容能够达到惊人的 3 357 F/g。然而，在充放电过程中，$Ni(OH)_2$ 的导电性较弱和体积变化较大的问题，严重制约了它在超级电容器中的应用。为了有效提升 $Ni(OH)_2$ 的能量密度和功率密度，改善其导电性、倍率特性和电容稳定性成为了关键。最近，科研人员为了解决这些挑战，已经做出了众多努力。这些努力包括加入导电碳材料、合成纳米级尺寸的材料、CoO 的掺杂、使用各种添加剂，以及进行表面改性等多种方法。这些措施在提高 $Ni(OH)_2$ 在超级电容器中应用的潜力方面显示了重要的进展。

科学家制备了一种由 $Ni(OH)_2$ 纳米颗粒、碳纳米管和石墨烯构成的三维纳米结构，其具有高达 1 235 F/g 的比电容，这远超过了单独使用 CoO 或 Ni(OH) 的性能。此外，$CoONi(OH)_2$ 展现出了更高的比电容，达到 1 340.9 F/g 和 11.5 F/cm，这同样显著优于纯 CoO 和 Ni(OH) 的结果。在这种结构中，CNTs 和嵌入的 $Ni(OH)_2$ 纳米颗粒共同支撑石墨烯，从而赋予该复合材料高达 1 235 F/g 的比电容。这种设计使得复合材料具有快速的离子和电子传输速率，高效的赝电容材料利用率和良好的可逆性。然而，经过 500 次循环后，其比电容有大约 20% 的明显损失。

最近的一项研究开发出了 CNTs 掺杂的 $Ni(OH)_2$ 纳米片复合材料，其低缺陷密度使得比电容达到了 1 302.5 F/g，这远超过单一组分的性能。另外，Huang 等研究者采用单步阳极氧化法成功合成了多价态的分级 $Ni(OH)_2$ 复合材料。这种三维纳米片结构提供了大量的电化学活性表面积和交错的纳米孔隙通道，显著提高了比电容。相比于之前报道的 $NiO—TiO_2$ 纳米管阵列电极，在相同厚度下，其性能提升了 70 倍。即使在扫描速率提高 50 倍的情况下，电容衰减也仅为 20%。

在这些研究方法中，将具有高导电性的石墨烯与 $Ni(OH)_2$ 结合成复合材料是一个高效且直接的策略。作为一种新兴的二维单原子层材料，石墨烯因其极高的比表面积和导电性成为了近期研究的焦点。但是，在制备和干燥过程中，石墨烯片倾向于不可逆地聚集在一起，这降低了它的表面积利用率，并导致基于石墨烯的纳米材料的比电容通常只有 100～200 F/g。

为了克服单一材料的局限性并创造出具有高比电容和出色循环稳定性的新材料，科学家们正积极研发能产生协同效应的复合材料。这一策略包括将具有极高导电性的石墨烯和具有赝电容性能的低成本 $Ni(OH)_2$ 结合起来，形成一种复合材料。通过精心设计这些材料的空间结构，可以最大限度地发挥它们之间的协同作用。结果，这种复合材料不仅具有超高的比电容和高倍率性能，而且还拥有卓越的循环稳定性。在这种复合材料中，石墨烯不仅为纳米级 $Ni(OH)_2$ 颗粒提供坚固的支撑基底，从而实现 $Ni(OH)_2$ 的有效利用，还能在充放电过程中有效减缓材料的膨胀和收缩。此外，加载在石墨烯表面的 $Ni(OH)_2$ 纳米颗粒还充当隔离剂，有效减少石墨烯片层的聚集，有助于保持较高的比表面积。因此，探究 $Ni(OH)_2$ 和石墨烯复合材料的制备方法及其电化学性能显得尤为重要。

科学家们已经开发出一种新型非对称电容器，其正极由 graphene/$Ni(OH)_2$ 组成，负极由 graphene/RuO_2 构成。在 1 mol/L 的 KOH 水溶液中，这种电容器在 1.5 V 电压下展现出了极高的比电容（153 F/g）和能量密度［48（W·h）/kg］。

研究团队成功在轻度氧化的石墨烯片上直接生长单晶六方形纳米片。该复合材料在电流密度为 2.8 A/g 和 45.7 A/g 时，分别展现出 1 335 F/g 和 953 F/g 的比电容。此外，通过简单且成本效益高的微波辅助方法，成功制备了含有花状 $Ni(OH)_2$ 粒子和石墨烯片的复合物。该研究还探讨了使用花状 $Ni(OH)_2$/石墨烯作为正极，多孔石墨烯作为负极的非对称超级电容器的组装。

花状 $Ni(OH)_2$/石墨烯复合物是通过微波加热法合成的，其过程中无需使用模板剂或沉淀控制剂。这种花状结构相比于其他结构如微球、纳米管和片状结构更为优越，因为它能缩短电解液中离子和电子的扩散路径，从而实现快速充放电。这种非对称电容器具有 0～1.6 V 的电势窗口，并显示出 218.4 F/g 的比电容和 77.8（W·h）/kg 的能量密度。经过 3 000 次充放电循环后，其电容保持率达到 94%，这一卓越的电化学性能主要是由于两个电极之间出色的协同效应所致。

3. FeOOH 及其复合物电极材料

FeOOH 及其复合物电极材料在当代能源存储技术中占据了重要的地位，特别是在超级电容器和电池领域的应用。这些材料之所以备受瞩目，主要归功于它们独特的电化学性能和结构特性，如高比表面积、良好的电化学稳定性及优异的电导性，这些特性使得 FeOOH 及其复合物在高效能量存储和转换领域表现出色。

FeOOH 是一种普遍存在的铁基氧化物，具有较高的比表面积和多孔性。这些特性不仅提供了大量的电化学活性位点，还使 FeOOH 在电极材料中能够实现良好的电容性能。FeOOH 的电化学性能还受到其合成方法的影响。例如，水热法、溶剂热法、化学沉积法等不同的合成方法会产生不同的微观结构和性能，从而影响其在电化学应用中的表现。在超级电容器中，FeOOH 电极材料表现出高比电容和优秀的电化学稳定性，这主要归因于 FeOOH 的高比表面积和有效的电荷传输能力，FeOOH 在电解液中进行氧化还原反应，提供良好的电容效果，这种高效的电荷存储和释放能力使其在快速充放电应用中尤为重要。

除了单一的 FeOOH 电极材料，FeOOH 的复合物也显示出了显著的性能改善。通过将 FeOOH 与其他材料如炭材料、导电聚合物或其他金属氧化物结合，可以进一步提高其电导率和电化学稳定性。这些复合物通常显示出比纯 FeOOH 更高的比电容和能量密度，以及更好的循环稳定性。例如，FeOOH 与石墨烯的复合材料可以提供更大的电极表面积和增强的电子传导性，从而在超级电容器中实现优异的充放电性能和循环稳定性。在电池应用中，FeOOH 基电极材料通过提供稳定的氧化还原反应，可以显著提高电池的能量密度和循环寿命。特别是在锂离子电池和钠离子电池中，FeOOH 的应用展现了良好的充放电性能和循环稳定性。FeOOH 的这些特性使其成为一种理想的电极材料，用于提高电池的总能量存储能力。

　　FeOOH 及其复合物作为电极材料，在提高能量存储系统的性能方面具有显著的作用。这些材料不仅提供了高效的电荷存储能力，还具有成本效益、环境友好性和优异的化学稳定性。随着材料科学的进步和技术的发展，FeOOH 及其复合物在未来的能源存储技术中将发挥更大的作用，特别是在实现更高能量密度和更长寿命的电池和超级电容器方面。

4. Co_3O_4/$Co(OH)_2$ 及其复合物电极材料

　　Co_3O_4/$Co(OH)_2$ 及其复合物作为电极材料在能源存储系统中的应用，尤其是在超级电容器和电池技术中，已成为近年来材料科学和电化学研究的热点。这些材料之所以受到广泛关注，主要是因为它们独特的电化学性能和结构特性，包括高比表面积、良好的电化学稳定性及优异的电导性。

　　Co_3O_4 是一种具有尖晶石结构的过渡金属氧化物，其特点是具有较高的比表面积和多孔性质。这些特性使得 Co_3O_4 可以提供大量的电化学活性位点，从而在电极材料中发挥出色的电容性能。而 $Co(OH)_2$ 作为一种层状结构的氢氧化物，其电化学活性同样显著，特别是在氧化还原反应中表现出良好的性能。

　　这些材料的合成方法多种多样，包括水热法、溶剂热法、化学沉积法和电化学沉积法。这些合成方法的多样性不仅提供了对材料微观结构的控制，而且还影响着最终材料的电化学性能。例如，通过水热法合成的材料通常具有更好的结构有序性和更高的比表面积，这对于电化学应用来说是非常重要的。在超级电容器中，Co_3O_4/$Co(OH)_2$ 电极材料表现出高比电容和优秀的电化学稳定性。这些性能的提升主要归功于材料独特的结构特性和电荷传输能力。在电解液中，Co_3O_4/$Co(OH)_2$ 通过其氧化还原反应，提供了良好的电容效果。这种高效的电荷存储和释放能力使其在快速充放电应用中尤为重要。

　　除了在超级电容器中的应用，Co_3O_4/$Co(OH)_2$ 及其复合物也在锂离子电池和其他类型的电池中显示出优异的电化学性能。这些材料能够提供稳定的电池性能，尤其是在能量密度和循环寿命方面。在锂离子电池中，Co_3O_4/

$Co(OH)_2$ 可以作为有效的电极材料，通过其与锂离子的相互作用，提高电池的总能量存储能力。

为了进一步提升这些材料的性能，研究人员还开发了多种 $Co_3O_4/Co(OH)_2$ 的复合材料。这些复合材料通常结合了 $Co_3O_4/Co(OH)_2$ 与其他材料，如炭材料、导电聚合物或其他金属氧化物，以增强其电化学性能，这种复合策略不仅提高了材料的电导率和电化学稳定性，还增加了其比电容和能量密度。例如，将 $Co_3O_4/Co(OH)_2$ 与石墨烯结合，可以提供更大的电极表面积和改善电子传导性，从而在超级电容器中实现优异的充放电性能和循环稳定性。$Co_3O_4/Co(OH)_2$ 及其复合物作为电极材料，在提高能量存储系统的性能方面扮演着重要角色。这些材料不仅提供了高效的电荷存储能力，而且还具有成本效益、环境友好和优异的化学稳定性的优点。随着材料科学的进步和技术的发展，这些材料在未来的能源存储技术中无疑将发挥更大的作用。

5.4　超级电容器电解液

5.4.1　水系电解质

水溶液电解液是超级电容器最初采用的电解液类型，其主要优势在于具有高电导率和低内部电阻。此外，水溶液电解质的分子直径较小，使其能够轻松渗透至微孔中，从而实现充分的浸润。目前，水溶液电解质主要应用于涉及电化学反应的赝电容器和双电层电容器中。它们的主要缺点是容易挥发和电化学窗口较窄。然而，水系电解液的优势在于其内部电阻低，且电解质分子直径小，因此能够轻松渗透至微孔中，实现充分的浸润。当前，水溶液电解质广泛应用于涉及电化学反应的赝电容和双电层电容器中。尽管它们存在易挥发和电化学窗口狭窄的缺陷，研究重点仍集中在酸性、中性和碱性水溶液上。其中，最常使用的水溶液类型包括 H_2SO_4 和 KOH。

1. 酸性水体系电解质

在酸性水溶液电解质中，H_2SO_4 水溶液由于其高电导率、高离子浓度和低内阻而被广泛使用。然而，H_2SO_4 作为电解液存在显著的腐蚀性，导致不能使用金属材料作为集流体。此外，电容器在受到压力破坏时可能会泄漏硫酸，造成严重的腐蚀问题。同时，其工作电压较低，使用更高电压时需串联更多单个电容器。此外，一些研究者也尝试使用 HBF_4、HCl、HNO_3、$H3PO_4$ 和 CH_3SO_3H 作为超级电容器的电解液，但这些电解液的性能并不十分理想。

2. 碱性水体系电解质

在碱性电解液中，KOH 水溶液是最常使用的类型。使用炭材料作为电容器电极时，通常采用高浓度的 KOH 电解液，而在金属氧化物作为电极材料的情况下，则使用低浓度的 KOH 电解液（如 1 mol/L）。

除了使用 KOH 水溶液外，也有研究探讨了以 $LiOH$ 水溶液为电容器电解液的性能。与 KOH 相比，$LiOH$ 水溶液在提高电容器的比电容、能量密度和功率密度方面表现出一定的优势，虽然这种提升并不是质的飞跃。然而，碱性电解液面临的一个重大问题是爬碱现象，这极大地增加了密封的难度。因此，碱性电解液未来的发展方向可能是朝向固态化转变。

3. 中性水体系电解质

中性电解液的显著优势在于对电极材料的腐蚀性较低。目前，中性电解液主要包括锂、钠、钾盐的水溶液。其中，KCl 水溶液是最初研究的中性电解液之一。例如，有研究使用 2 mol/L 的 KCl 水溶液替代硫酸水溶液，并以 MnO_2 等过渡金属氧化物作为电极材料，实现了超过 200 F/g 的比电容。然而，KCl 水溶液的一个缺陷是，电容器在过充的情况下，KCl 电解可能会产生有毒的氯气。当前，在中性电解液的研究中，锂盐水溶液受到了较多关注，特别是在以过渡金属氧化物为电极材料的赝电容器系统中。除了作为电解液的主要电解质外，锂离子由于其小的离子半径，能够"插入"到氧化物结构中，这样不仅充当支持电解质，还能增加电容器的总容量。

相较于酸性和碱性电解液，中性电解液在安全性方面具有一定优势。尽管它仍属于水溶液电解液，受限于水的分解电压，但近期的研究展现了新的可能性。例如，Fic 等人使用比表面积为 1 400 m²/g 的活性炭作为电极材料，并采用 1 mol/L 的 Li_2SO_4 水溶液作为电解液，实现了接近 2.2 V 的工作电压，从而颠覆了人们对水溶液电解液工作电压低的传统认知。

图 5-3 显示了活性炭电极在 1 mol/L Li_2SO_4 溶液中的循环伏安性能，其中工作电压能够达到 2.2 V，并且在经过 15 000 次循环后，其容量没有明显降低。这一现象表明，尽管水的理论分解电压仅为 1.23 V，Li_2SO_4 电解液在活性炭材料表面能够产生较大的超电位。因此，在目前的中性电解液体系中，Li_2SO_4 电解液被认为是性能最佳的选项。

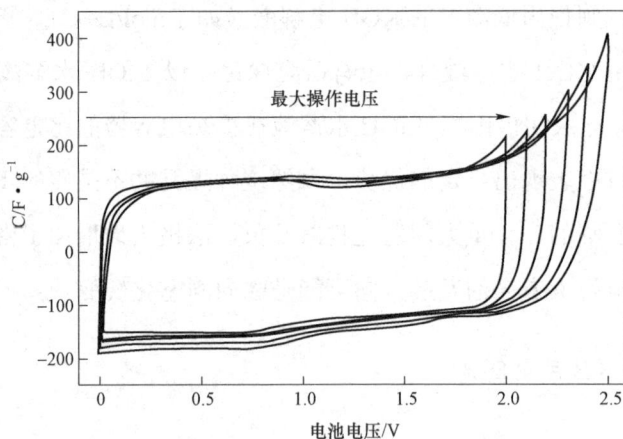

图 5-3　活性炭电极在 1 mol/L Li_2 SO_4 溶液中的循环伏安图
（扫描速率 10 mV/s）

5.4.2　有机电解质体系

超级电容器的工作电压受到电解液在电极表面高电位下的分解限制。因此，电解液的工作电压范围越广，超级电容器的工作电压也就越大。通过使用有机电解液替代水溶液电解质，电容器的工作电压能够从 0.9 V 提升到大约 2.5～2.7 V。当前，商业上广泛使用的超级电容器通常具有 2.7 V 的工作电压。由于超级电容器的能量密度与工作电压的平方呈正比关系，因此工作电压的提高将直接增加电容器的能量密度。目前许多研究正集中在开发具有高电导率、良好的化学与热稳定性，以及宽广电化学窗口的电解液上。

超级电容器的有机电解质体系主要由有机溶剂和电解质组成，这些有机溶剂包括碳酸丙烯酯（PC）、碳酸乙烯酯（EC）、r-丁内酯（GBL）、甲乙基碳酸酯（EMC）、碳酸二甲酯（DMC）等酯类化合物，以及乙腈（AN）、环丁砜（SL）、N，N-二甲基甲酰胺（DMF）。这些溶剂的主要特点是低挥发性、良好的电化学稳定性和较高的介电常数。

在电解质中，阳离子通常包括季铵盐和锂盐系列，同时也有关于季磷盐的研究。至于阴离子，则主要有 PF_6^-、BF_4^-、ClO_4^- 等。常用的盐类电解质如四氟硼酸锂（$LiBF_4$）、六氟磷酸锂（$LiPF_6$）、四氟硼酸四乙基铵（$TABF_4$）、四氟硼酸三乙基铵（$TEABF_4$）等，最近还报道了 TmABOB 季铵盐。这些盐类的主要特点是具有高电化学稳定性，并且在上述提到的酯类溶剂中具有良好的溶解性。

乙腈和碳酸丙烯酯由于其较低的闪点、良好的电化学和化学稳定性，以及对有机季铵盐的溶解性，被广泛用于超级电容器的电解液中。虽然 AN 在减少内阻方面的效果优于 PC，但由于其毒性，已经在日本的机动车中被禁用。因此，目前使用碳酸丙烯酯作为超级电容器电解液的做法更为普遍。

目前最常用的有机电解液是浓度在 0.5～1.0 mol/L 之间的 Et4NBF4/PC 溶液。在使用有机电解液时，应尽量减少水的含量，最好控制在 20 µg/g 以下。

水分的存在会对电容器的性能产生负面影响，导致自放电问题加剧。例如，Wang 等的研究显示，当有机电解液中的含水量达到 2 000 µg/g 时，使用该电解液组装的电容器在经历多次充放电后，活性炭电极的电能存储能力会显著下降。此外，电容器的过充也可能导致有害挥发性物质的产生，并且会降低甚至完全丧失电容器的存储能力。因此，通过对不同有机溶剂进行混合优化，并使其与支持电解质和电极材料相适配，以实现最佳的配比，成为了当前有机电解液研究的主要发展方向。

5.4.3　离子液体体系电解质

离子液体作为一种新兴的环保电解液，因其具有广泛的电化学窗口、较高的电导率和离子迁移率、宽泛的液态范围、极低的挥发性和低毒性等特点，在超级电容器领域，尤其是在双层电容器的应用中，已经获得了广泛的使用。

使用离子液体的超级电容器以其稳定性、耐用性、无腐蚀性电解液和高工作电压等特性而著称，但其主要缺点是离子液体的黏度较高。离子液体型超级电容器是电容器研究中最活跃的领域之一。自 2008 年李凡群等综述了离子液体在超级电容器中的应用以来，这一领域发展迅速。特别是随着新理论的出现和离子液体型超级电容器产业的快速发展，离子液体在超级电容器应用中已达到新的高度。

1. 离子液体作为超级电容器液态电解质

离子液体作为超级电容器液态电解质的应用，代表了电化学能量存储领域的一项重要进展。这些独特的盐类物质在常温下呈液态，由于它们仅由阳离子和阴离子组成，故被称为"离子液体"。离子液体的独特性质使它们在超级电容器领域尤为突出，其主要优势包括宽广的电化学窗口、较高的电导率和离子迁移率、宽泛的液态范围、极低的挥发性和低毒性。

宽广的电化学窗口是离子液体最显著的特点之一。这意味着在电解液中，电容器可以在更高的电压下安全运行，从而显著提高其能量密度。较高的电导率和离子迁移率则保证了电容器在高电压下的高效性能。此外，离子液体的低挥发性和低毒性使得它们比传统的有机电解液更为环保和安全。然而，离子液体也有其局限性，其中最显著的是其相对较高的黏度。高黏度可能导致离子传输速率降低，从而影响超级电容器的充放电速率和功率密度。因此，优化离子液体的黏度是当前研究的一个重要方向。

自 2008 年起，离子液体在超级电容器中的应用得到了迅猛发展。新的理论和技术的出现，以及离子液体型超级电容器产业的快速推进，使得离子液体在这一领域的应用达到了新的高度。研究人员正在探索不同类型的离子液体，以找到最佳的电化学性能和物理特性的平衡点，从而提高超级电容器的整体性能。离子液体作为超级电容器的液态电解质，不仅展现了其在提高电容器性能方面的潜力，而且也指明了未来环保和高效能量存储技术的发展方向。随着进一步的研究和技术创新，离子液体有望在电化学能量存储领域扮演更加重要的角色。

2. 离子液体有机溶剂混合电解质

离子液体与有机溶剂混合电解质是超级电容器领域中的一项创新技术，它结合了离子液体和传统有机溶剂电解质的优势，以期提高超级电容器的整体性能。这种混合电解质的研发源于对提高超级电容器能量密度和功率密度的不断追求，同时也考虑到安全性和环境友好性的要求。

离子液体自身具有许多引人注目的特点，如宽的电化学窗口、低挥发性和高化学稳定性。然而，它们也有明显的缺点，如高黏度和低电导率，这些特性限制了其在高功率应用中的效率。为了克服这些限制，研究人员开始将离子液体与传统有机溶剂（如碳酸酯类化合物）混合，以降低整体电解液的黏度，同时保持离子液体的优良特性。

这种混合电解质的主要优势在于它能够显著降低超级电容器的内部阻抗，从而提高其功率密度。同时，由于混合电解质保留了离子液体宽电化学窗口的特性，它还能够提高超级电容器的能量密度。此外，混合电解质通常具有比单一离子液体更好的热稳定性和安全性，这使得超级电容器在极端温度下或在应对短路等危险情况时更为稳定可靠。在实际应用中，混合电解质的配比需要根据超级电容器的具体要求来调整，例如，对于需要高能量密度的应用，可能需要更高比例的离子液体来扩大电化学窗口；而对于需要快速充放电的应用，则可能更多地依赖于有机溶剂以降低黏度和内阻。

离子液体与有机溶剂混合电解质在超级电容器领域的应用，提供了一种平衡高能量密度、高功率密度和良好安全性的有效途径。随着材料科学和电化学的进一步研究，这种混合电解质有望在未来的能量存储技术中发挥更加重要的作用。

3. 离子液体固态聚合物电解质

离子液体固态聚合物电解质是一种先进的电解质材料，它结合了离子液体和固态聚合物的特性，为电化学能量存储设备，特别是超级电容器和电池，提供了一种新型的高效能量存储解决方案。这种材料的研究和应用在现代能源科学领域备受关注，主要因为它在提高能量存储效率和安全性方面展现出巨大潜力。

离了液体固态聚合物电解质通常由离子液体和某种高分子材料（如聚乙烯氧化物、聚丙烯腈）组合而成。离子液体在这种组合中提供了良好的电化学稳定性、较宽的电化学窗口和较低的挥发性，与传统液态电解质相比，这种固态电解质的一个显著优点是其更高的安全性，因为固态材料不易泄漏或燃烧。

固态聚合物基质则增加了电解质的机械稳定性，同时允许更灵活的电池和超级电容器设计。聚合物基质的选择对电解质的离子传导性能至关重要，因为它需要为离子提供有效的迁移通道。优化聚合物的化学和物理结构可以进一步提高离子迁移率和降低内部电阻。

此外，离子液体固态聚合物电解质还具有优异的热稳定性，使其能在更广泛的温度范围内工作。这种电解质对超级电容器和电池的性能、寿命，以及工作温度范围的提升具有重要意义。离子液体固态聚合物电解质不仅为能量存储设备提供了更高的安全性和稳定性，而且通过改善离子传导性能和扩大工作温度范围，为能源存储技术的进步开辟了新的可能性。随着进一步的材料科学研究，这种电解质有望在未来的能源存储和转换技术中扮演更加重要的角色。

5.4.4　聚合物电解质

液体电解质电容器由于容易发生漏液、溶剂挥发和适用温度范围有限等问题，目前越来越多的研究致力于使用凝胶聚合物电解质和固态聚合物电解质来提升电容器的稳定性并避免漏液。在超级电容器中使用的聚合物电解质基体材料主要包括聚氧化乙烯、聚偏氟乙烯—六氟丙烯、聚甲基丙烯酸甲酯、聚丙烯腈和聚吡咯等。

1. PEO 基聚合物电解质

采用 PAN、PMMA 和 PEO 作为基体材料，碳酸乙烯酯和碳酸丙烯酯作为增塑剂，以及 $LiClO_4$ 作为电解质盐，制备的凝胶电解质展现了较高的离子电导率。在常温条件下，不同基体的凝胶电解质离子电导率表现为：基于 PAN 的凝胶电解质最高，其次是基于 PEO 的，再次是基于 PMMA 的，均超过 10^{-4} S/cm。当使用各向同性的高密度石墨作为电极材料时，基于 PMMA 的凝胶电解质电容器显示出良好的循环稳定性。

PEO—LiCF3SO3/聚乙二醇（PEG）全固态氧化还原超级电容器的性能表现显著。其中，不对称的 II 型电容器，使用 PPy 和聚 3—甲基噻吩（PMeT）作为电极，显示了 $2\ mF/cm^2$ 的电容密度（相当于电极中活性物质的比电容为 18 F/g），并能在最高 1.7 V 的充电电压下工作。而对称的 I 型电容器，无论是 PPy|PEO—LiCF3SO3/PEG|PPy 还是 PMeT|PEO—LiCF3SO3/PEG|PMeT 配置，虽然电容较高，但工作电压低于 1.0 V。

使用 PEO—KOH—H$_2$O 碱性聚合物电解质和活性炭粉末作为电极材料，制备了一种全固态双电层电容器。这种电容器具有三层结构（电极—电解液—电极），其厚度仅为 1.5～2.0 mm，直径为 1.8 cm，面积为 2.5 cm^2，总质量在 300～500 mg 之间。在 1V 的电压范围内，其电容介于 1.7～3.0 F 之间。另外，将聚乙烯醇与 PEO 溶解在 20%的 KOH 溶液中，制成一种碱性聚合物凝胶电解质，其厚度为 3 mm，室温下导电率达到 10^{-2} S/cm，比电容为 9 F/g，并且循环寿命超过 8 000 次。

2. P（VDF-HFP）基聚合物电解质

将 P（VDF-HFP）/PC＋EC/四氟硼酸四乙胺（TEABF$_4$）凝胶电解质与活性炭电极结合，组装成电化学电容器。当电解质中 P（VDF-HFP）、PC、EC 和 TEABF$_4$ 的比例分别为 23、31、35 和 11 时，电容器的离子电导率可达 5×10^{-3} S/cm，并表现出较高的机械强度和较大的比容量。当活性炭电极使用凝胶电解质作为黏合剂时，其比容量更高，且电极内部离子扩散电阻低于使用 P（VDF-HFP）作为黏合剂的情况。采用比表面积达 2 500 m^2/g 的活性炭作为电极材料，电容器的比电容可以达到 123 F/g。

扣式电容器，在 1.0--2.5 V 的电压范围内以 1.66 mA/cm^2 的恒定电流进行了 10，000 次充放电实验，其充放电效率依然接近 100%。对于 PAN 和 P（VDF—HFP）/LiCF$_3$SO$_3$/EC—γ—丁内酯（γ—BL）基凝胶聚合物电解质，进行了关于其热性能、离子电导率和电化学稳定性的研究。PAN 基凝胶聚合物电解质的电化学稳定窗口大约为 4.7 V，而 P（VDF—HFP）基凝胶聚合物电解质的电化学稳定窗口为 4.5 V。

3. PMMA 基聚合物电解质

PMMA 基聚合物电解质是一种重要的电解质材料，广泛应用于电化学能量存储系统，特别是在超级电容器和电池领域。这种材料因其独特的物理和化学特性，如良好的电化学稳定性、适中的离子电导率和优异的机械性能而备受关注。

PMMA 基聚合物电解质的主要优点包括其卓越的化学稳定性和优良的机械性能,这些特性使其能在较宽的温度范围内稳定运行,并具有较强的耐用性,能够承受反复的充放电过程。PMMA 的透明性和加工易性使其在电子设备中有着广泛的应用。在电化学特性方面,PMMA 基电解质通过添加各种离子盐,如 $LiClO_4$ 和 $LiPF_6$,来提升其离子电导率。这些离子盐不仅增加了电解质的离子迁移率,还有助于减少内部电阻,进而提高电容器或电池的充放电性能。此外,PMMA 还可以与 PVA、PAN 等其他聚合物混合使用,以进一步优化其电化学性能和物理属性。然而,PMMA 基聚合物电解质也存在一些局限性,其主要缺点是较低的离子电导率和较高的玻璃化转变温度,这可能限制其在高性能电化学应用中的使用。因此,优化 PMMA 基电解质的组成,以及开发新的掺杂技术和复合材料策略,是目前研究的重点。

PMMA 基聚合物电解质在提高电化学能量存储设备的稳定性、耐用性和效率方面展现了巨大的潜力。随着进一步的材料研究和技术创新,预计这类电解质将在未来的能量存储和转换技术中发挥更加重要的角色。

4. PAN 基聚合物电解质

P. SivaramAn 团队构建了一种由聚苯胺(PANI)和聚氧化乙醚酮磺酸盐(SPEEK)组成的全固态超级电容器。该电容器的电极由 PANI、SPEEK、导电炭黑和聚四氟乙烯(PTFE)组合而成。SPEEK 不仅作为电解质,还充当隔膜。由于两个电极均由 p 型掺杂的 PANI 构成,这使得该电容器属于第 I 类(p—p 型)电容器。其单体电容为 0.6 F,相当于活性聚合材料的比电容为 27 F/g。

PANI—$LiPF_6$|PVDF—HFP|PANI—HCl 构成的 PANI 基氧化还原超级电容器具有初始比电容约 115 F/g,经过 5 000 次循环后,比电容仍维持在 90 F/g。使用 0.5 mol/L 四氟硼酸四乙基铵(TEATFB)/EC/碳酸二乙酯增塑

的 PAN/EVA 共混膜，电导率为 7.35×10^{-4} S/cm，电化学稳定窗口超过 4.5 V，放电时比电容可达 27.3 F/g。该膜构成的双电层电容器在循环伏安测试中显示出不对称性，这主要由于离子在聚合物中扩散时遇到的黏滞性阻力所致。活性炭被用作电极材料，而丙烯腈则作为聚合物单体。为了增塑，分别选用了 PC＋EC、DMC＋EC 和 EMC＋EC，同时采用 LiClO 作为电解质盐，通过内聚合法，制备了以 PAN 为基础的凝胶聚合物电解质双电层电容器（GPE—EDLC）。

在室温条件下，PAN 基凝胶聚合物电解质的电导率介于 6.51～8.94 mS/cm。基于 PAN 的 GPE—EDLC 超级电容器的工作电压可达 2.5 V，其比电容范围在 43.9～47.4 F/g（电流密度为 0.5 mA/cm^2），能量密度则在 128.8～148.1 J/g 之间。

5. PPy 基聚合物电解质

聚吡咯基聚合物电解质是一种在电化学领域广泛研究的导电聚合物，尤其在超级电容器和电池技术中有着重要的应用。它具有良好的电导性、稳定的化学性质，以及可通过化学或电化学方法简便地合成等特点，这些特性使其成为理想的聚合物电解质材料。PPy 基电解质的优势在于其高的电导率，这对于提高电化学装置的能量和功率密度至关重要。除此之外，PPy 还拥有良好的环境稳定性，能够在多种温度和湿度条件下保持其性能；PPy 电解质的这些特性使得它们在可充电电池和电容器中尤为有用，尤其是在需要长期稳定性和可靠性的应用中。

PPy 电解质的制备通常通过化学氧化聚合法进行，这种方法可以在室温条件下简便地进行。通过选择合适的单体和氧化剂，可以控制聚合物的分子量和结构，进而优化其电化学性能。此外，PPy 电解质的性能也可以通过掺杂来改善，掺杂剂的类型和浓度会影响 PPy 电解质的电导率、机械强度及电化学稳定性。

6. 其他聚合物电解质

通常在燃料电池中作为质子交换膜使用的 Nafion 膜被转用作超级电容器的聚合物电解质。使用 Nafion 115 作为隔膜及电解质的超级电容器，其性能表现超过了传统采用硫酸作电解质的电容器。

根据活性炭在电极中的质量计算，当活性炭的比表面积为 $1\,000\ m^2/g$ 时，其比电容能达到 $90\ F/g$；而活性炭比表面积提升至 $1\,500\ m^2/g$ 时，比电容增加至 $130\ F/g$。同时，还有研究关注了使用聚氨酯（PU）/EC—PC/LiClO$_4$ 聚合物电解质［配比为 $n(PU){:}n(EC){:}n(PC){:}n(Li^+)=1{:}2{:}2{:}0.1$］的双层超级电容器的性能。使用高比表面积的碳布和碳复合材料作为电极时，电容器的比电容可达 $35\ F/g$，并且在经历 $1\,000$ 次循环后，其电容保持率仍为 80%。

离子液体由阴阳离子组成，能在常温下存在，具备高电导性、宽电化学窗口、在广泛温度范围内的低挥发性和低易燃性等特点。这使得离子液体可用于制备离子液体/聚合物电解质，适用于作为双电层电容器和电池的电解质。

5.5　超级电容器主要应用与发展趋势

超级电容器，作为一种高效的能量存储设备，正在各行各业中发挥着越来越重要的角色。它们不仅是一种简单的电容器，还代表着能源存储技术的一次重大突破。以下是从不同角度对超级电容器的应用和发展趋势的探讨。

5.5.1　超级电容的主要应用

1. 电动汽车和混合动力汽车

超级电容器在电动汽车和混合动力汽车中的应用是当今汽车工业创新

135

的一个亮点，它们在提高能源效率和性能方面发挥着重要作用。这些设备因其能够快速充放电和高功率密度而受到重视，这对于电动和混合动力汽车的性能至关重要。

在电动汽车中，超级电容器通常与传统电池（如锂离子电池）配合使用。电池提供了长期的能量存储，而超级电容器则用于应对短期的高功率需求，如加速或爬坡时。这种组合使得电动汽车能够更有效地使用能量，同时减少电池的负荷和磨损。此外，当车辆制动时，超级电容器可以快速吸收能量，实现再生制动，这进一步提高了车辆的整体能效。对于混合动力汽车，超级电容器的作用更加显著，在这些车辆中，内燃机和电动机共同工作，提供动力。超级电容器在这里发挥着调节能量流动的作用，帮助平衡内燃机和电动机之间的能量转换。这不仅提高了燃油效率，也降低了排放，因为内燃机可以在最优的工作状态下运行。

超级电容器还有一个关键优势是它的耐用性，与传统电池相比，超级电容器能够承受更多次的充放电循环而不会显著降低性能。这意味着在电动汽车和混合动力汽车的整个使用寿命中，超级电容器可以保持高效的性能，减少了维护和更换成本。超级电容器在电动汽车和混合动力汽车中的应用，不仅提高了这些车辆的能源效率和性能，还有助于减少环境影响，并优化驾驶体验。随着电动车辆技术的不断进步和消费者对环保汽车的需求增加，超级电容器在这一领域的应用和发展前景看起来非常广阔。

2. 可再生能源系统

超级电容器在可再生能源系统中的应用主要体现在其独特的能量存储和快速放电能力。与传统电池相比，超级电容器能够在几秒至几分钟内快速充放电，这一特性使其非常适合作为短期能量存储解决方案。在可再生能源领域，如太阳能或风能，能源的产生往往不是恒定的，而是依赖于天气条件，这就导致能源供应的不稳定性。超级电容器可以在能量过剩时迅速储存能量，并在需求增加时迅速释放，从而有效地平衡能源供需。

　　此外，超级电容器的寿命通常比传统电池更长，能够承受成千上万次的充放电循环，这使得它们在长期运营的可再生能源系统中更为经济和可靠。例如，在太阳能发电系统中，超级电容器可以在白天快速储存太阳能并在夜间或阴天快速提供能量，确保电力供应的连续性。

　　超级电容器还具有较高的功率密度，这意味着它们能够在非常短的时间内提供大量的能量。这一特性对于需要快速响应的系统特别重要，如用于调节电网频率的储能系统，或者在风力发电中作为应对突发强风的缓冲机制。超级电容器在可再生能源系统中的应用，提供了一种高效、可靠且经济的方式来优化能源管理和提高系统的整体性能。随着技术的发展和成本的降低，预计超级电容器在未来的能源解决方案中将扮演更加重要的角色。

　　3. 在公共交通的应用

　　超级电容器在公共交通领域的应用体现在其提供了一种高效和环保的能源解决方案，特别是对于城市公交系统。这些设备的独特之处在于它们能够快速存储和释放能量，这对于频繁启停和加速减速的交通工具来说非常有利。

　　在公共交通系统中，尤其是电动公交车和电动轨道交通系统中，超级电容器的应用主要是作为辅助能源存储设备。它们可以在车辆制动时快速吸收能量（再生制动），并在需要快速加速时迅速释放这些能量。这种能量的回收和再利用提高了能源效率，减少了对电网的依赖，并降低了运营成本。

　　超级电容器的另一个优势是它们的长寿命和高可靠性。与传统电池相比，它们能够承受更多的充放电循环，这意味着在公共交通系统中，它们能够承受长时间的日常使用，而不会像传统电池那样快速降低性能或需要频繁更换。这种耐用性使得超级电容器在维护成本和整体运营效率方面非常有吸引力。超级电容器的高功率密度使得它们能够在短时间内提供大量能量，在城市快速公交系统中，快速的加速和减速对于保持严格的时间表和提高通行效率至关重要。

超级电容器在公共交通中的应用提供了一种提高能源效率、降低运营成本并减少环境影响的有效方式。随着城市交通对可持续和环保解决方案需求的不断增长，预计超级电容器在这一领域的应用将会持续扩大。

5.5.2 超级电容器的主要发展趋势

超级电容器，作为能量存储技术的前沿产品，正在经历一系列创新和发展。这些发展趋势反映了超级电容器在提高能量密度、降低成本、扩展应用领域及环境可持续性方面的进步。

能量密度的提高是超级电容器发展的核心，虽然超级电容器在快速充放电和高功率密度方面已经表现出色，但其相对较低的能量密度限制了它们在某些长期能量存储应用中的效用。因此，研究人员正在探索新的材料和技术，比如使用纳米技术和高级电极材料来提高超级电容器的能量存储能力；通过这些创新，超级电容器未来可能会达到甚至超越传统电池的能量密度，同时保持其快速充放电的特性。

降低成本是推动超级电容器广泛应用的关键，目前，高成本是限制超级电容器大规模商业应用的主要障碍之一，为了解决这个问题，研究和发展正集中于寻找更经济的材料和制造方法。例如，通过使用更便宜的碳基材料或简化生产流程，可以显著降低超级电容器的成本，应用领域的扩展也是超级电容器发展的重要方向，随着能量密度的提高和成本的降低，超级电容器将不再局限于特定的工业应用，而是能够进入更广泛的市场，如电动汽车、可再生能源系统、便携式电子设备，这不仅会创造新的商业机会，也将推动相关领域的技术进步。

　　环境可持续性是未来超级电容器发展的一个重要考虑因素，随着全球对环境问题的日益关注，开发更加环保的能量存储解决方案变得至关重要，在这方面，超级电容器具有天然优势，因为它们不像某些电池那样依赖于有害化学物质，未来的发展将可能进一步强调使用可回收材料和生产过程中的环境友好性。超级电容器的未来发展看起来既充满挑战又充满希望，随着技术的不断进步和市场需求的增长，可以预见超级电容器将在能源存储领域扮演越来越重要的角色。

第 6 章

燃料电池材料

6.1　燃料电池概述

6.1.1　燃料电池的特点

燃料电池具有许多独特的优越性，体现在以下几个方面。

（1）能量转换效率高。燃料电池通过电化学反应将化学能直接转换为电能，这一过程是等温的并且不受卡诺循环的限制，使得其理论上的能量转换效率高达 83%。然而，由于各种极化现象的影响，实际的电能转化效率通常在 40%～60% 之间。如果将余热回收利用，效率可以提升到 80% 以上。在单位质量燃料产生的电能方面，燃料电池的性能超过了除核能发电之外的其他发电技术。

（2）清洁污染小。燃料电池在发电过程中无需燃烧，因此具有高效的能量转换效率，特别是当使用纯氢气作为燃料时，燃料电池仅产生水作为排放物，几乎不会排放硫氧化物、氮氧化物，以及二氧化碳污染物，从而显著减少大气污染。

（3）噪声低。燃料电池由于其结构简洁，并且不需要像其他发电技术那样使用大型涡轮机，运动部件较少，使得其在运行时产生的噪声非常低。

（4）可靠性高。燃料电池在运行时展现出高度的稳定性和可靠性，无论是在低于额定功率还是在超过额定功率的过载条件下，碱性燃料电池和磷酸燃料电池的有效运行已经证实了这一点。

（5）燃料来源广。燃料电池能够使用多种燃料，包括氢气、天然气、石油和煤炭的气化产物，以及醇、醛和烷烃，这有助于减少对化石能源的依赖。

（6）长时间持续运行。燃料电池能够持续运行较长时间，期间无需更换任何部件或对电池进行充电。

（7）用途广泛。燃料电池的输出功率覆盖了从 $10 \sim 1\,000\,MW$ 的广泛范围。这使得燃料电池在多个领域具有广泛的应用潜力，既可以为便携式设备提供持续的电力，也适用于电动汽车的动力源、小型的分布式发电系统，以及大规模的集中式发电设施。

6.1.2　燃料电池的工作原理

不同于锂离子电池等储能设备，燃料电池主要作为能量转换装置，专注于将能量转换过程进行，但本身不具备储存能量的功能。燃料电池的核心组成包括燃料和氧化剂，其中以氢气作为燃料、氧气作为氧化剂的类型被称为氢氧燃料电池。

在燃料电池中，氢气作为燃料持续被送至阳极，在阳极催化剂的帮助下进行电化学氧化反应，从而产生质子并释放两个自由电子，见式（6-1）。质子通过电解质从阳极移动至阴极，而自由电子则经过外部电路，从阳极流过负载，最后到达阴极。

在燃料电池的阴极部分，氧气在催化剂的帮助下与电解质中传来的质子以及通过外部电路来的电子结合，从而产生水，见式（6-2），电池反应见式（6-3）。由于阳极和阴极反应的电势有所不同，因此在两个电极之间形成了电势差，从而产生并释放出能量。

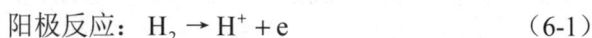

$$阳极反应：H_2 \rightarrow H^+ + e \qquad (6-1)$$

阴极反应：$\qquad\qquad 1/2O_2 + 2H^+ + 2e \rightarrow H_2O$ $\qquad\qquad$ （6-2）

电池总反应：$\qquad\qquad H_2 + 1/2O_2 \rightarrow H_2O$ $\qquad\qquad$ （6-3）

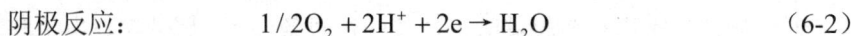

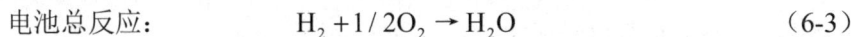

燃料电池通常在稳定的温度和压力条件下运行，因此其反应过程可以被视为在恒温恒压环境中进行，Gibbs 自由能变化量可以表示为

$$\Delta G = \Delta H - T\Delta S \qquad\qquad (6\text{-}4)$$

在标准条件下（25 ℃，0.1 MPa），燃料电池的理论效率，即可能实现的最大效率（f_r）为

$$f_r = \Delta G_r / \Delta H_r = -237.2 / -285.1 = 83\% \qquad\qquad (6\text{-}5)$$

在实际运行的燃料电池中，效率会因为极化导致的电势下降和燃料利用不完全等非理想因素而降低，尤其是在高温燃料电池中，运行过程会产生一定量的废热。如果通过恰当的转换系统回收这部分废热，可以显著提升整个系统的能量转换效率。例如，尽管一般燃料电池的效率在 40%～60% 之间，但结合废热回收，整个燃料电池系统的总能效可以达到大约 90%。

燃料电池的理论电动势 E 由阳极和阴极两个半反应的电极电势差所决定，在标准条件下为 1.23 V。然而，在实际运行时，电池的实际输出电压 U 通常低于理论电动势 E，且随着输出电流增加而减少。

实际输出电压 U 与理论电动势 E 之间的差异被称为过电位。当电流密度增加时，过电位也会随之增大，导致还原电势上升而氧化电势下降，进而导致电池的电动势降低。

极化产生于电池在动态工作过程中偏离热力学平衡状态，其形成依赖于控制电化学反应的步骤。这包括两种主要机制：一是由传质过程控制的浓差极化，二是由电极反应过程控制的电化学极化。当整个电化学反应由电极反应控制时，产生的极化为电化学极化，极化曲线由 Buler-Volmer 方程给出

$$j = j_0 \left[\exp\left(\frac{\alpha_A n\eta F}{RT} \right) - \exp\left(\frac{\alpha_C n\eta F}{RT} \right) \right] \qquad\qquad (6\text{-}6)$$

式中，j_0 为交换电流密度，由在平衡电势下的电极反应速率给出；α_A、

α_C 分别为阳极和阴极的传递系数，$\alpha_A + \alpha_C = 1$。

电化学极化通过改变两个电极反应的活化能，进而影响反应速率，从而影响输出的电流密度。

在输出电流较大的情况下，电极附近溶液中的反应物和生成物浓度与溶液本体存在显著差异，导致浓差极化，这种电化学反应受传质过程的控制。引起浓差极化的过程主要包括扩散、对流和电迁移等因素。由扩散引起的浓差极化造成的极化曲线为

$$U = E + \frac{nF}{RT} \ln\left(1 - \frac{j}{j_d}\right) \tag{6-7}$$

因此，为了减少浓差极化，关键在于减小扩散层的厚度和提升极限电流密度。

6.1.3 燃料电池的类别

燃料电池根据工作温度可分为高温、中温和低温燃料电池。而基于所用电解质的类型，它们又可分为碱性燃料电池、熔融碳酸盐燃料电池、磷酸燃料电池、质子交换膜燃料电池，以及固体氧化物燃料电池。

1. 碱性燃料电池

碱性燃料电池通常以氢气作为燃料气体，以氢氧化钾或氢氧化钠溶液作为电解液，其中，导电离子为 OH^-。这种电解液效率在 $60\% \sim 90\%$，但对 CO_2 等杂质非常敏感，易生成杂质，严重影响电池的性能，因此，需使用纯态的 H_2 和 O_2，其应用被限制在航天及国际工程等领域之内。

碱性燃料电池中的电化学反应方程式分别如下。

（1）阳极反应

$$H_2 + 2OH^- \rightarrow 2H_2O + 2e^- \tag{6-8}$$

（2）阴极反应

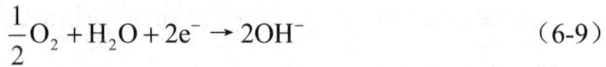

$$\frac{1}{2}O_2 + H_2O + 2e^- \rightarrow 2OH^- \tag{6-9}$$

（3）总反应

$$\frac{1}{2}O_2 + H_2 \rightarrow H_2O \tag{6-10}$$

在碱性燃料电池中，通常使用的催化剂包括贵金属如铂、钯、金、银，以及过渡金属如镍、钴和锰。

2. 熔融碳酸盐燃料电池

熔融碳酸盐燃料电池，作为第二代燃料电池，得名于其使用的电解质——一种融合在偏铝酸锂（$LiAlO_2$）陶瓷基膜中的熔融碱金属碳酸盐混合物。

熔融碳酸盐燃料电池的主要组成包括多孔陶瓷阴极、多孔陶瓷电解质隔膜、多孔金属阳极，以及金属极板。它的电解质为熔融状态的碳酸盐，通常是碱金属（如锂、钾、钠）碳酸盐的混合物，该电池的正极材料是添加了锂的氧化镍，而负极则由多孔镍构成。

熔融碳酸盐燃料电池中的电化学反应方程式分别如下。

（1）阴极反应

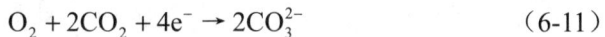

$$O_2 + 2CO_2 + 4e^- \rightarrow 2CO_3^{2-} \tag{6-11}$$

（2）阳极反应

$$2H_2 + 2CO_3^{2-} \rightarrow 2CO_2 + 2H_2O + 4e^- \tag{6-12}$$

（3）总反应

$$O_2 + 2H_2 \rightarrow 2H_2O \tag{6-13}$$

熔融碳酸盐燃料电池，一种在高温（$600\sim700\ ℃$）下工作的电池，拥有众多优点，如超过 40%的高效率、运行时低噪声、不造成环境污染、可使用多种燃料、具备高价值的余热回收能力，以及使用成本较低的电池材料等。

在 20 世纪 50 年代初，熔融碳酸盐燃料电池因其在民用大规模发电领域的潜在应用而引起全球范围内的高度关注。此后，这种燃料电池技术迅速发展，虽然在电池材料、生产工艺和设计结构上取得了显著进步，但其使用寿命仍未达到理想状态。进入 20 世纪 80 年代，将熔融碳酸盐燃料电池推向兆瓦级商业电站成为了一个关键研究领域，研发活动因此得到加快。目前，这项技术主要在美国、日本和西欧等地发展，并已接近商业生产水平，尽管如此，其高昂的制造成本依然限制了它的广泛应用。

3. 磷酸型燃料电池

磷酸燃料电池使用磷酸作为电解质，通常嵌入在碳化硅基质中，并使用贵金属作为催化剂，当使用氢气作为燃料和氧气作为氧化剂时，电池中会发生特定的电化学反应。

（1）阳极反应

$$H_2 \rightarrow 2H^+ + 2e^- \tag{6-14}$$

（2）阴极反应

$$O_2 + 4H^+ + 4e^- \rightarrow 2H_2O \tag{6-15}$$

（3）总反应

$$O_2 + 2H_2 \rightarrow 2H_2O \tag{6-16}$$

磷酸燃料电池属于中低温型燃料电池，工作温度范围在 150～220 ℃。这种电池不仅具有高效率发电、无环境污染、对燃料适应性强、无噪声、使用场所灵活、电解质稳定性好、磷酸浓缩易处理、水蒸汽压力低、阳极催化剂对 CO 的耐毒性强等优点，还能以热水的形式回收大部分热量。磷酸燃料电池已经接近商品化，适用于民用领域。

最初，磷酸燃料电池的开发目标是管理发电厂的峰谷电力需求平衡。然而近年来，这类燃料电池的研发重点转向了作为向公寓、购物中心、医院和宾馆等提供电力和热能的集中式电力系统。

4. 固体氧化物燃料电池

固体氧化物燃料电池，作为第三代燃料电池的典型，是一种在中至高温环境中运行的全固态电力发生装置。它能够以高效且环保的方式，直接将燃料和氧化剂中的化学能转换为电能。

当使用重整气（H_2 和 CO）作为燃料，固体氧化物燃料电池通过内部的电化学反应进行作用。

（1）阴极反应

$$O_2 + 4e^- \rightarrow 2O^{2-} \tag{6-17}$$

（2）阳极反应

$$H_2 + O^{2-} \rightarrow H_2O + 2e^- \tag{6-18}$$

$$CO + O^{2-} \rightarrow CO_2 + 2e^- \tag{6-19}$$

（4）总反应

$$H_2 + CO + O_2 \rightarrow CO_2 + H_2O \tag{6-20}$$

固体氧化物燃料电池拥有极其广泛的应用潜力，涉及家庭、商业与工业热电联产、分散式发电和交通运输领域的备用电源设备。它既能作为便携式电源，也适用于大型车辆的辅助动力系统。

5. 质子交换膜燃料电池

质子交换膜燃料电池使用固态聚合物膜作为电解质，并采用铂等贵金属作为催化剂。它的电化学反应与其他类型的酸性燃料电池相似，特别是在使用氢气作为燃料、氧气作为氧化剂的情况下，电池内部的电化学反应过程如下所示。

（1）阳极反应

$$H_2 \rightarrow 2H^+ + 2e^- \tag{6-21}$$

（2）阴极反应

$$O_2 + 4H^+ + 4e^- \rightarrow 2H_2O \qquad （6-22）$$

（3）总反应

$$O_2 + 2H_2 \rightarrow 2H_2O \qquad （6-23）$$

作为一种新兴的发电技术，质子交换膜燃料电池拥有极为广泛的应用潜力。经过多年的基础研究和应用开发，这种燃料电池在作为汽车动力源方面已实现了重要的进展。同时，微型和小型的质子交换膜燃料电池便携式和移动电源产品已经商业化，而中型和大型的质子交换膜燃料电池发电系统的研发也取得了显著成果。使用质子交换膜燃料电池能显著增强设备和建筑电气系统的供电稳定性，推动重要建筑从传统的市电和集中柴油电站供电模式转向更灵活的系统，该系统结合了市电、中小型质子交换膜燃料电池发电装置、太阳能和风力发电等分布式备用电源。这种转变将大幅提升建筑的智能化水平、节能效果和环保效益。

上述燃料电池分类及特性总结见表 6-1。

表 6-1 燃料电池的分类及特性

电池类型	AFC	MCFC	PAFC	SOFC	PEMFC
电解质	氢氧化氯溶液	熔融碳酸盐	磷酸	固体氧化物	质子交换膜
工作温度/℃	室温～90	620～650	160～220	600～1 000	室温～80
燃料	H_2	H_2、天然气、煤气	H_2、天然气	H_2、天然气、煤气	H_2、甲醇
效率/%	60～70	65	55	60～65	40～60
主要应用	航天及特殊地面应用等	区域性供电	分布式电站等	住房能源及发电厂	电动车及潜艇等

综上所述，燃料电池与其他能源装置相比较有它独特的优点。

（1）能量的转化效率高。燃料电池通过直接转化燃料和氧化剂中的化学能为电能，而不需经历燃烧过程，避免了卡诺循环的限制。其能量转化效率在 40%～60% 之间，而当采用热电联产方式时，效率可提升至超过 80%。

（2）清洁无污染。使用 H_2 作为燃料的燃料电池只产生水，达到零污染排放。而使用碳氢化合物作为燃料时，其产物是水和二氧化碳，但这种方式的二氧化碳排放量比传统热机低40%以上，从而有效减少环境污染。

（3）构造简单。燃料电池发电系统的模块化设计使得其规模和安装位置具有高度灵活性，同时也方便进行维护。

（4）燃料选择性光。燃料电池能够使用多种燃料，包括氢气、煤气、天然气、甲醇、乙醇和液化石油气。

当前，燃料电池研究主要聚焦于固体氧化物燃料电池和质子交换膜燃料电池，这两个领域都已实现了显著进展，并正朝向商业化应用迈进。

6.1.4 燃料电池的研究情况

1. 碱性氢氧燃料电池

碱性燃料电池（AFC），由法兰西斯·汤玛士·培根发明，采用碳作为电极材料，以 KOH 作为电解质。其电能转换效率在所有燃料电池中最高，可达70%，是最早被实际应用的燃料电池之一，也是首批用于车辆的燃料电池类型。AFC 通过使用强碱性溶液如 KOH、NaOH 作为电解质，实现电极间的离子传导，与 PEMFC 不同的是，它内部传输的离子导体是 OH^-。

在常规情况下，氢气作为燃料，而纯氧或净化过的空气（去除微量 CO_2）作为氧化剂。氧电极的电催化剂，如 Pt/C、Ag、Ag—Au 和 Ni，由于其对氧电化学还原的高催化活性，被制成多孔的气体扩散电极。氢电极使用 Pt—Pd/C、PV/C、Ni 或硼化镍等作为电催化剂，这些材料对氢的电化学氧化具有优异的催化性能，并被制成多孔气体电极。双极板材料包括无孔碳板、镍板或者经过镀银、镀金处理的各种金属板（如铝、镁、铁），在板面上可以加工出不同形状的气体流动通道，构成双极板。

以氢和氧作为燃料的 AFC，这种电池设计包括两个燃料进气口，一个用于氢气进入，另一个用于氧气。中间部分设有一组多孔性石墨电极，而电解质位于碳质阴极和阳极的中心位置。在阳极处，氢气在电催化剂的帮助下与电解液中的 OH^- 发生氧化作用，产生水和电子。这些电子经由外部电路流向阴极，在那里它们在电催化剂的作用下参与氧的还原反应。生成的 OH^- 随后通过浸有碱液的多孔石棉移动至阳极。其阳极和阴极发生的电化学反应为

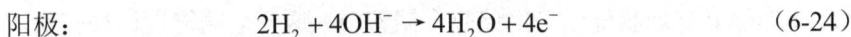

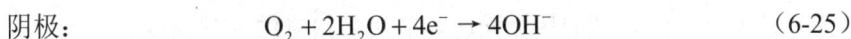

$$阳极：\qquad 2H_2 + 4OH^- \rightarrow 4H_2O + 4e^- \qquad (6-24)$$

$$阴极：\qquad O_2 + 2H_2O + 4e^- \rightarrow 4OH^- \qquad (6-25)$$

$$总反应：\qquad 2H_2 + O_2 \rightarrow 2H_2O \qquad (6-26)$$

研究人员发现，氨气这种有特殊气味的无色气体，能够通过裂化过程分解为氮气和氢气。来自英国科学与技术设施理事会的研究团队已经找到了一种不需昂贵催化剂的方法来裂化氨气，关键在于使用氨基钠这种物质，它能够轻松分离氢气和氮气，以氨气为燃料的燃料电池可以分为直接供氨和间接供氨两种类型。

2. 直接供氨燃料电池

在直接供氨燃料电池系统里，氨气直接被引入燃料电池的阳极，并在那里在催化剂的促进下发生氧化反应。

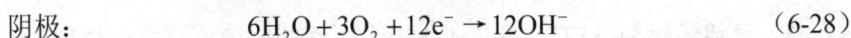

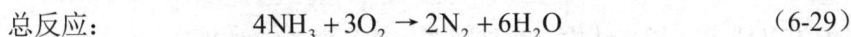

$$阳极：\qquad 4NH_3 + 12OH^- \rightarrow 2N_2 + 12H_2O + 12e^- \qquad (6-27)$$

$$阴极：\qquad 6H_2O + 3O_2 + 12e^- \rightarrow 12OH^- \qquad (6-28)$$

$$总反应：\qquad 4NH_3 + 3O_2 \rightarrow 2N_2 + 6H_2O \qquad (6-29)$$

因为氨易于与水分子结合，导致在含水电解质中会出现一定的质量损失，而且在运行时，如果氨的供应速度不够快，还会造成大量的活化损失。所以，与氢燃料电池相比，当前直接供氨燃料电池在效率和功率密度方面都较为低下。

3. 间接供氨燃料电池

在间接供氨燃料电池系统中，氨气首先通过重整装置分解为氮气和氢

气，然后这些气体被输送到燃料电池进行使用。氨分解一般是在催化剂的作用下加热后实现

$$2NH_3 + 43.5\,kJ \rightarrow 2N_2 + 3H_2 \qquad (6\text{-}30)$$

用于加热氨分解的燃料可以是存储在罐中的原料氨或者是含有氨的废气。这个分解过程通常能一步完成，且控制起来相对简单。氨的分解过程通常发生在填充有球状催化剂的绝热金属管中。这些金属管设计得较长，目的是为了扩大氨与催化剂的接触面积，从而加快氨的分解速度。

作为氢能的载体，氨在燃料电池中的应用具有结构简易、效率较高、便于携带、成本低廉和技术成熟等优势，适合用作车辆燃料电池的氢源。然而，氨燃料电池的成本仍高于内燃机，且实际效率尚未达到理想水平。此外，如何在燃烧过程中不产生氮氧化物（NO_x）也是一个重要的技术挑战。

6.1.5 AFC 分类

（1）**循环式电解质 AFC**　电解质溶液通过泵送进入燃料电池的碱腔，并在其中循环使用，这种设计的一个主要优点是电解质可以随时被替换。

（2）**固定式电解质 AFC**　在电堆中，每个电池单元都配备了自己的独立电解质。由于这种设计的结构简单，它已被广泛用于航天飞行器。

（3）**可溶解燃料 AFC**　电解质中混合了诸如肼或氨这样的燃料。这种设计具有低成本、紧凑结构、简易制造，并且便于燃料补充。

6.1.6 AFC 的特点

AFC 之所以效率高，是因为在碱性介质中氧的氧化还原反应速度超过酸性介质，使得反应动力学过程加快。这样，AFC 能够使用如铁、镍等非铂系、更经济的催化剂，替代成本更高的贵金属催化剂，如铂，进而减少燃料电池的制造和运行费用。由于 AFC 的工作温度较低，镍板可以用作双极板材料。

碱性环境中快速的反应动力学使得甲醇和乙醇等物质可作为燃料。同时，碱性环境对金属催化剂的腐蚀性小于酸性环境，这有助于提高燃料电池电堆的使用寿命。

AFC 操作的温度范围为 70～100 ℃，但根据不同的催化剂，如 Pt 或 Ni，其有效的温度操作区间相当有限。此外，燃料必须是高纯度的氢，并且不能含有 CO_2，以保持碱性 pH。

CO_2 与 OH^- 的反应会产生碳酸盐（如 K_2CO_3、Na_2CO_3），导致电解质中离子生成和传导减少，从而显著影响电池性能。因此，去除 CO_2 是必要的，但这也使得 AFC 在常规环境下的应用变得复杂。最近的研究显示，可以通过多种方法解决 CO_2 中毒问题，包括电化学方法消除 CO_2、使用循环电解质、液态氢，以及发展先进的电极制备技术等。

随着碱性氢氧燃料电池技术的高度进步，这种电池已在航天飞行中得到成功应用。当 AFC 用于载人航天任务时，电池反应产生的水在经过净化处理后，可以作为宇航员的饮用水；同时，供氧系统也能与生命支持系统互相作为备份。美国在阿波罗登月计划中成功使用了 Bacon 型碱性氢氧燃料电池，而石棉膜型 AFC 则被用于航天飞机作为其主要电源。德国西门子公司开发了一种 100 kW 的 AFC，并在潜艇上进行了试验，该系统作为一种不依赖空气的动力源已经取得成功。

我国自 20 世纪 60 年代末开始研究碱性氢氧燃料电池，并在 70 年代达到研制高峰，成功研制了两种石棉膜型、静态排水的 AFC。A 型电池使用纯氢和纯氧作为燃料和氧化剂，并配备水的回收与净化子系统；B 型电池则使用氢气含量超过 65% 的 N_2H_4 分解气作为燃料，以空气中的氧为氧化剂。这两种 AFC 电池系统都通过了常规的航天环境模拟实验。同时，还进行了 Bacon 型和石棉膜型动态排水 AFC 的研究，并成功研制了动态排水的石棉膜型 AFC 电池系统。

国内外几种航天用燃料电池的主要技术性能见表 6-2。

表 6-2　国内外几种航天用燃料电池的主要技术性能

FC 类型		酸性离子膜型（Gemini飞行）	碱性培根型（Apollo飞行）	碱性石棉膜型（Shuttle飞行）	碱性石棉膜型 A 型（大连化物所）	碱性石棉膜型 B 型（大连化物所）	碱性石棉膜型 4 001（天津电源所）
输出功率/（kW/台）	正常	0.25	0.60	7.0	0.25～0.60	0.2～0.3	0.3～0.5
	峰值	1.05	1.42	12.0	0.8～1.0	0.4～0.6	0.7
工作电压/V		23.3～26.5	27～31	27.5～32.5	28±2	28±2	28±2
整机重量/kg		30	110	91	40	60	50
整机体积		d30.48 L60.96	d57	101×35×38	22×22×90	39×29×57	50 000
寿命/h		400	L112	2 000	>450	>1 000	>500
电池工作温度/℃		38～82	1 000	85～105	92±2	91±1	87±1
氢氧气工作压力/MPa		—	200	0.418	0.15±0.02	0.13±0.18	0.2±0.015
氢气纯度/%		50～100	0.35		>99.5	≥65	99.95
电极工作电流密度/（mA/cm^2）		—	45	66.7～450	100	75	125
电解质 KOH 浓度/%		动态	30～50	40	40		
排水方式		动态	动态	静态	静态	动态	
启动次数				>10	>10	>10	

我国在 20 世纪 70 年代曾组装了 10 kW、21 kW 以 NH_3 分解气为燃料的电池组，并进行了性能测试。80 年代研制成功了千瓦级水下用 AFC，其主要特征见表 6-3。

表 6-3　千瓦级水下用 AFC 电池组特征

项目	性能与指标	项目	性能与指标
电池组输出功率/kw	1	H_2/O_2 工作压力/MPa	0.15
单池节数	40	碳腔氢气压力/MPa	0.10
电池组尺寸	40 cm×30 cm×21 cm	电池工作温度/℃	60～100
电池组重量/kg	55	碱液浓度（质量分数）	30%～40%
电池组输出电流/A	25～35	启动升温功率/W	500

续表

项目	性能与指标	项目	性能与指标
电极工作电流密度/（mA/cm²）	87～122	电池启动升温时间/h	≤1.5
电波输出电压/V	35～33	电池停工所需时间/h	≤0.5
氢气纯度/%	>99.9	碱泵功耗/W	30
氧气纯度/%	>99.5		

在 20 世纪 70 年代，中国试制了一种使用 NH_3 分解气作为燃料的 200 W 特碱性氢氧燃料电池电池系统，并进行了相应实验。同时，还对多孔气体扩散电极的模型进行了研究。美国持续在完善用于航天的碱性氢氧燃料电池技术，同时还在开发再生氢氧燃料电池，计划将其作为高效能量储存系统用于空间站和太空探索，以替代传统的二次化学电源。我国则在 90 年代初启动了对这些技术的跟踪研究和探索。

1. 磷酸盐型燃料电池

磷酸盐型燃料电池（PAFC）使用天然气重整气体作为燃料和空气作为氧化剂，电解质为浸有浓磷酸的硅碳（SiC）微孔膜，采用 Pt/C 作为电催化剂。这种燃料电池产生的直流电通过交流转换供给用户。PAFC 的功率范围在 50～200 kW 适用于现场应用，而 1 000 kW 以上的规模适合在区域性电站中使用。

日本东京的一座 4 500 kW 的磷酸盐型燃料电池电厂已成功运行，这不仅促进了民用燃料电池的发展，也加快了 PAFC 技术的实用化进程。据报道，目前在北美、日本和欧洲共有 91 台 200 kW 的 FC25 燃料电池运行中，其中运行时间最长的已达 37 000 h。实际应用证明，PAFC 是一种高度可靠的电源，适合用作医院、计算机站的不间断电源。

由于磷酸盐型燃料电池的热电效率大约只有 40%，且余热温度只有 200 ℃，使得其余热利用价值较低。此外，PAFC 的启动时间较长，不适合用作移动动力源。近年来国际上对 PAFC 的研究逐渐减少，研究者期望通过批量生产来降低其售价。

2. 质子交换膜型燃料电池

质子交换膜型燃料电池（PEMFC）使用全氟磺酸型固体聚合物作为电解质，并采用 Pt/C 或 Pt—Ru/C 作为电催化剂，利用氢气或净化的重整气作为燃料，空气或纯氧作为氧化剂。这种电池特别适合用作移动动力源，是电动汽车和非依赖空气推进潜艇的理想电源，也广泛应用于军事和民用的移动动力领域。

在 20 世纪 60 年代，美国率先在 Gemini 宇航项目中使用了质子交换膜型燃料电池。然而，由于所需结构材料的高成本和对铂黑的大量需求，其发展受到了限制。自 1983 年起，加拿大国防部开始资助 Ballard 公司发展质子交换膜型燃料电池，至今已实现重大突破。该电池组的比功率达到了 1 000 wk、700 w/kg，超越了美国能源部和新一代车辆合作计划为电动汽车设定的指标。这一技术受到全球发达国家和主要公司的高度关注，并吸引了巨额投资用于其发展。

在美国能源部的资助下，美国的二大汽车制造商——通用汽车、福特汽车和克莱斯勒都在开发质子交换膜型燃料电池电动汽车。同样，德国的戴姆勒－奔驰和日本的丰田汽车也在致力于 PEMFC 电动汽车的开发。加拿大 Ballard 研制了 5 kW（MK5）、10 kW（MK513）电池组，性能见表 6-4。

表 6-4　加拿大 Ballard 公司 PEMFC 电池性能

名称	MK5	MK513
功率/kW	5	10
电压/V	61	30
电流/A	82	330
燃料	纯氢	纯氢

名称	MK5	MK513
氧化剂	空气	空气
气体工作压力/MPa	0.3	0.4
工作温度/℃	70	70
冷却剂	水	水
电池组合/kg	125	100
膜	Nafion117	Nafion115
效率/%	50	58
单电池数目	100	43
比功率/（W/kg）/（W/L）	40/50	100/130

Ballard 公司组装了一款 200 kW（275 马力）的电动汽车发动机，型号为 MK513，使用高压氢气作为燃料。该公司装备了一款"零"排放电动汽车的试验样车，其最高时速和爬坡能力与传统柴油发动机相当，而在加速性能方面，甚至超过了柴油发动机。

自 1995 年起，中国基于碱性燃料电池技术的知识储备，全面启动了质子交换膜燃料电池的研究。这包括对 3～20 nm 的 Pt 电催化剂、Pt/C 电催化剂、碳纸和碳布扩散层、电极制备技术的研究，以及膜电极三合一制备条件的优化和模型建立。此外，还研究了电极内气体分布、膜电极三合一内的水分布与传递，并设计了金属双极板，解决了电池组的增湿、密封和组装等技术难题。

使用杜邦公司的 Nafion117 膜，组装了 140 cm^2 的单电池。在工作电流密度为 500～600 mA/cm^2 时，工作电压介于 0.05～0.65 V 之间，输出功率密度超过 0.35 W/cm^2。中国先后组装了多个电池组，包括 4 个 100～200 W、8 个 200～300 W 和 35 个 1 000～1 500 W 的组合，经过多次启动停止循环和近千小时的运行测试，证实了电池性能的稳定性。

35 节 1 000～1 500 W 级 PEMFC 电池组的特征见表 6-5。

表 6-5　kW 级 PEMFC 电池组的特征

项目	性能与指标	项目	性能与指标
电池组输出功率/kW	1～1.5	H_2 纯度/%	＞99.0
单池节数	35	H_2/O_2 工作压力/MPa	0.25～0.45/0.30～0.5
电池组输出电流/A	40～69	电池工作温度/℃	室温～100
电极工作电流密度/（mA/cm²）	300～530	电池启动时间	数秒钟
电池输出电压/V	27～23	电池组能量效率/%	52

在 20 世纪 70 年代，中国研究了以聚苯乙烯磺酸膜为电解质的质子交换膜燃料电池。到 90 年代初，又开始进行 PEMFC 的跟踪研究，特别是在 Pt/C 电催化剂的制备、表征和解析方面开展了广泛的工作。目前，国内多个研究单位正致力于 PEMFC 电池结构、电催化剂，以及电极制备工艺的研究。

3. 熔融碳酸盐型燃料电池

熔融碳酸盐型燃料电池（MCFC）的工作温度在 650～700 ℃，以浸有（K、Li）$_2CO_3$ 的 $LiALO_2$ 隔膜为电解质。电催化剂无需使用贵金属，以雷尼镍和氧化镍为主，可用净化煤气或天然气为燃料。100～1 000 kW 电厂试验和发展研究主要在美国、日本和西欧进行。

在美国，从事熔融碳酸盐燃料电池研究的主要机构包括国际燃料电池公司、煤气技术研究所和能量研究公司。能量研究公司已经具备每年生产 2～5 MW 外公用管道型 MCFC 的能力，并正在进行一个由 244 个单池组成、电极面积为 0.65 m² 的 123 kW MCFC 试验运行。由煤气技术研究所创立的熔融碳酸盐动力公司现已能够年产 3 MW 的熔融碳酸盐燃料电池，并正在进行一个电极面积为 1.06 m²、250 kW 的电厂试验。1995 年，能量研究公司在加利福尼亚州建立了一个 2 MW 的试验电厂。

为了加速熔融碳酸盐燃料电池的商业化进程，能量研究公司和熔融碳酸盐动力公司在美国能源部的资助下各自开展了为期五年的 MCFC 商业开发计划。能量研究公司计划建立一个系统简化、成本更低、能使用多种燃料的标准化 2 MW 内重燃 MCFC 电厂，作为商业化的示范项目。而熔融碳酸盐动力公司则计划建立一个使用天然气作为燃料、加压外重整的 MCFC 商业化原型电厂。

在 1994 年，日本的日立公司和石川岛播磨重工业各自完成了两个具有 1 m² 电极面积的 100 kW 加压外重整熔融碳酸盐燃料电池项目。中部电力公司开发的 1 MW 外重整 MCFC 正在川越火力发电站安装，预期在使用天然气作燃料时热电效率可达 45%以上，运行时间能超过 5 000 小时。与此同时，三菱电机与美国能量研究公司共同研发的内重整 30 kW MCFC 已运行达 10 000 小时；三洋公司也开发了 30 kW 的内重燃 MCFC。

在西欧，德国的 MTU 公司已在熔融碳酸盐燃料电池性能衰减和电解质迁移问题上实现了重要突破，并已运行世界上最大的 280 kW 单组电池。在荷兰，欧洲共同体组织并负责执行的一个为期五年的发展计划，旨在建立两个 250 kW 的外重整 MCFC，分别使用天然气和净化煤气作为燃料。同时，意大利和西班牙正在合作开发一款 100 kW 的 MCFC。这个名为 Molcare 的项目得到了欧共体、意大利和西班牙政府的支持。

自 1993 年起，中国开始进行熔融碳酸盐燃料电池的研究。这些研究涉及 $LiAlO_2$ 粉料的制备方法、$LiAlO_2$ 隔膜的制备，以及使用烧结镍作为电极组装的 28 cm² 和 110 cm² 单电池，并对其电性能进行了全面测试。单电池在经历了 5 次启停循环后，性能保持稳定，当工作电流密度为 100 mA/cm² 时电压达到 0.95 V，125 mA/平方 cm² 时输出功率密度可达到 114 mW/cm²，燃料利用率为 80%时电池的能量转化效率为 61%。目前，正在进行组合电池的相关研究。

中国已经进行的或正在进行的研究项目还包括对钽（Nb）改性的镍电极的耐腐蚀性和电催化性能的研究，晶间化合物作为 MCFC 的阳极，梯度材料作为阴极，以及对 310 和 316 型不锈钢的改质和表面改性的研究。

4. 固体氧化物型燃料电池

固体氧化物燃料电池（SOFC）使用氧化钇稳定的氧化锆（YSZ）作为固体电解质，锶掺杂的锰酸镧（LSM）作为空气电极，以及 Ni—YSZ 合金作为阳极，形成全固态陶瓷结构。这种电池的工作温度可达 900～1 000 ℃，适合与煤气化和燃气轮机等结合构成联合循环发电系统。迄今为止，已开发出管式、平板式和瓦楞式等不同结构形式的 SOFC。

美国 Westinghouse 电气公司自 20 世纪 80 年代起开始研究管型固体氧化物燃料电池。在 1992 年，两台 25 kW 的管型 SOFC 分别在日本大阪和美国南加州完成了数千小时的试验运行。自 1995 年开始，公司采用空气电极作为支撑管，替代了原有的由 CaO 稳定的 ZrO_2 支撑管，这不仅简化了 SOFC 的结构，还将电池功率刻度提高了近三倍。目前正在建造的 100 kW 管型 SOFC 系统设计效率为 50%，热利用率为 25%，总能量利用率达到 75%。

自 1992 年起，德国开始着重发展平板式固体氧化物燃料电池，其功率已经超过 10 kW，处于世界领先水平。

丹麦和澳大利亚各自进行了平板式固体氧化物燃料电池的开发工作，而日本在平板式 SOFC 的开发上也取得了进展，其功率已达到千瓦级。

自 1995 年起，中国开始研究固体氧化物燃料电池，主要研究内容包括 $La_{0.8}Sr_{0.2}MnO_3$/YSZ 电极的氧还原和氧空位生成动力学。目前，中国已经掌握了 SOFC 的 Ni—YSZ 阳极、LSM 阴极的制备方法和高温无机密封技术，并成功组装了平板式 SOFC 单电池，其功率密度达到 0.10 W/cm^2。目前正在进行 YSZ 固体电解质薄膜制备工艺的开发。

6.2　碱性燃料电池

碱性燃料电池是一种以碱性电解质（通常为氢氧化钾溶液）为介质的燃料电池。与其他类型的燃料电池相比，AFC 以其较高的效率和相对简单的构造而著称。然而，它们对二氧化碳的敏感性限制了它们的广泛应用，特别是在空气中操作时。

6.2.1 AFC 工作原理

碱性燃料电池的主要组成部分包括氢气室、阳极、碱性电解质、阴极和氧气室。其基本工作原理是，氢气在阳极上发生氧化反应产生电子和水，同时氧气在阴极上与水反应，产生氢氧化物离子。这些反应生成的电子通过外部电路流动，产生电流。

6.2.2 AFC 电极材料

碱性燃料电池的电极材料必须具备高电催化活性、良好的化学稳定性和较高的导电性。对于阳极材料，通常使用铂或铂基合金，因为铂具有出色的催化氢氧化反应的能力。但是，铂的成本较高，因此研究人员也在探索其他经济高效的替代材料。

阴极材料的选择同样重要，因为它必须能有效催化氧气的还原反应。铂和银是最常用的阴极催化剂，其中银因其较低的成本和较高的对氧还原反应的催化活性而备受青睐。然而，银的稳定性在碱性环境中可能较低，因此研究正在进行以寻找更稳定、更经济的阴极材料。

为了提高 AFC 的性能和耐久性，研究人员正在开发新的电极材料和电极设计。例如，采用纳米技术制备的电极材料可以提供更大的表面积，从而增加反应的活性位点，改善电池的性能。

6.2.3 AFC 的挑战与发展

碱性燃料电池面临的主要挑战之一是对二氧化碳的敏感性。在氢气和氧气中的二氧化碳可以与碱性电解质反应，形成碳酸盐，从而降低电解质的性能。为解决这个问题，研究人员正在探索使用碳酸盐耐受性更强的电解质或改进的电池设计，以最小化二氧化碳的影响。降低成本也是 AFC 研究的一个重要方向。这包括寻找更经济的电极材料和制造工艺，以及提高电池的耐久性和性能，以减少维护和更换的需求。

6.3　磷酸盐燃料电池

作为第一代燃料电池技术，磷酸盐燃料电池已经实现了商业化应用和大规模生产，成为目前最成熟的燃料电池技术之一。一种中温型燃料电池（工作温度在 180～210 ℃），使用 95% 浓度的磷酸作为电解质，它不仅具有高效发电和清洁能源的特点，而且还能以热水形式有效回收大量热能。在中小型分散式电站中，PAFC 已得到广泛应用。

6.3.1　PAFC 工作原理

PAFC 单元主要构成包括氢气室、阳极、磷酸电解质膜、阴极，以及氧气室，其工作原理如图 6-1 所示。在 PAFC 中，使用氢气作为燃料，当氢气进入气室并到达阳极时，它在阳极催化剂的作用下放出两个电子，被氧化为 H^+，见式（6-31）。H^+ 离子穿过磷酸电解质到达阴极，而电子则经外电路流向阴极，完成做功。同时，氧气进入其气室并到达阴极，在那里在阴极催化剂的促进下，与到达的 H^+ 和电子结合，还原为水，见式（6-32）。PAFC 的工作压力一般为 0.7～0.8 MPa。

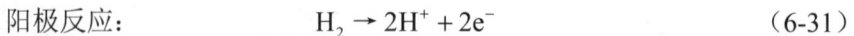

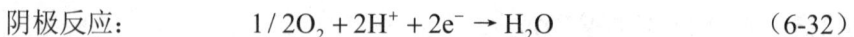

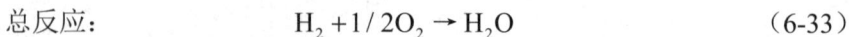

$$阳极反应： \qquad H_2 \rightarrow 2H^+ + 2e^- \qquad\qquad (6\text{-}31)$$

$$阴极反应： \qquad 1/2O_2 + 2H^+ + 2e^- \rightarrow H_2O \qquad (6\text{-}32)$$

$$总反应： \qquad H_2 + 1/2O_2 \rightarrow H_2O \qquad\qquad (6\text{-}33)$$

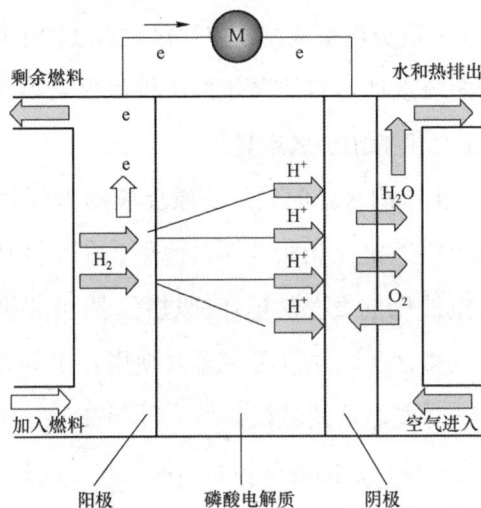

图 6-1　PAFC 工作原理图

相较于 AFC，PAFC 使用浓磷酸作为电解质，其化学稳定性较好，在工作温度范围内具有较低的腐蚀速率和较高的离子电导率，同时不会受到 CO_2 的毒化影响。使用酸性电解质的燃料电池面临两个主要问题，由于酸性电解质中的阴离子通常不参与氧化还原反应，它们在电极上的吸附会增加阴极的极化作用。解决这一问题的常用方法是提高电池的运行温度，以减少极化，比如磷酸燃料电池一般在 200 ℃左右运行。酸比碱具有更高的腐蚀性，对电极材料的要求也更高。

6.3.2　PAFC 电极材料

由于铂的高催化活性和稳定性，PAFC 通常使用铂作为催化剂。对于阳极，目前 PAFC 的阳极催化剂主要还是以铂或铂合金为主。在 PAFC 的运行条件下，铂阳极的反应具有良好的可逆性，且其过电位大约只有 20 mV。由于铂具有较高的催化活性，并且能够抵抗燃料电池中电解质的腐蚀，因此它展现出长期的化学稳定性。铂是一种对 CO 特别敏感的金属，而铂—钌合金阳极催化剂则显示出较好的抗中毒能力。鉴于磷酸具有较高的浸润性，电极需具备良好的疏水性来避免电解液淹没催化区。通过在电极中形成催化剂的梯度分布或选用表面疏水性适宜的催化剂，可以提高电极催化剂的使用效率，进而减少电极中昂贵的铂金属用量。

在燃料电池中，由于阴极上的氧化还原反应动力学较慢，所以铂作为电催化剂的用量在阴极通常比阳极要多。此外，在酸性环境下，阴离子的吸附会干扰氧气在电催化剂表面的电还原过程。阴极的极化现象是限制燃料电池性能的关键因素之一，导致阴极需要使用较多的铂作为催化剂。因此，阴极催化剂的研究重点是减轻极化效应并提高催化剂的使用寿命。此外，具有良好导电性和稳定性的碳载体是磷酸燃料电池的一个重要部分。

在磷酸燃料电池的运行条件下，虽然从热力学角度看碳电极可能被氧气氧化，但由于动力学上的限制，加上对操作条件的合理控制，碳电极实际上展示了良好的稳定性，特别是石墨化的碳，它在这些条件下表现出最佳的稳定性。为了达到最佳效能，催化剂载体应具备以下特性：较高的化学和电化学稳定性、优秀的导电性、适当的孔隙分布、较大的比表面积，以及较少的杂质，这些特点都在无定型炭黑中得到了体现。

为了增强碳材料的稳定性，可以在惰性气体环境下对其进行 $500 \sim 2\,700\ ℃$ 的高温处理以促进石墨化，但这会减少碳载体的比表面积。而在 $900 \sim 950\ ℃$ 的相对低温下，使用二氧化碳或水蒸气处理碳材料可以移除易于氧化的部分，同时保持较大的比表面积。

当前，磷酸燃料电池普遍使用含有 10%铂的 Vulcan XC—72 碳黑作为催化剂，这种催化剂与 30%～40%的 PTFE 粘合剂混合后，涂敷或印刷在碳纸上。其中，阳极的铂负载量是 $0.1\ mg/cm^2$，而阴极的负载量是 $0.5\ mg/cm^2$。PTFE 在电极上的作用是增强其表面的疏水性，这有助于形成电解质、电极和气体三相交界区，并防止电极孔隙的水溢出。Vulcan XC—72 是一种 30 纳米粒径的细小炭粉，为铂纳米晶体提供了较大的比表面积。而气体扩散层一般由多孔碳纸制成，其孔隙率高达 80%～90%。

在阴极使用铂与其他过渡金属（如铬、钴、镍、铁、锰、铜）形成的合金作为催化剂，不仅有助于降低成本，而且其催化效率和稳定性通常优于单纯的铂催化剂。例如，铂—铬/碳、铂—钴/碳、铂—钴—镍/碳、铂—铁—钴/碳、铂—铁—锰/碳，以及铂—钴—镍—铜/碳等合金催化剂能显著提升氧化还原反应的电催化活性，比如铂—镍合金阴极催化剂的性能就比纯铂提高了50%。

合金化增强氧还原反应速率的原理较为复杂，观察到的一种情况是合金中的非贵金属成分在磷酸中部分溶解，导致铂颗粒表面变得更粗糙，从而增加了反应的活性位点，但实际的机理可能更复杂。例如，铂—钒合金能有效提升电极性能，但钒在高温浓磷酸中溶解速度较快，而铂—铬合金的稳定性更优。

研究表明，在铂—铬合金中加入钴形成的三元合金可以更有效地促进氧还原反应。同时，也有研究尝试用金属大环化合物，如铁或钴的卟啉类化合物，作为阴极催化剂来替代纯铂或铂合金。这些大环化合物催化剂成本较低，但稳定性较差，在浓磷酸电解质中只能在 100 ℃下正常工作，否则活性会降低。

在磷酸燃料电池的长期运行中，催化剂面临的一个主要问题是铂催化剂颗粒的团聚或脱落，这会导致电极性能的衰减。研究显示，随着运行时间的增长，铂催化剂的颗粒数会显著减少。为了稳定催化剂颗粒，一种方法是通过高温下用 CO 处理铂—碳催化剂，使得一部分碳沉积在铂颗粒周围，从而固定颗粒。另一种方法是对碳基材进行功能化处理，通过在其表面引入羟基、羧基等官能团来增强铂纳米颗粒的锚定。此外，研究也发现，通过与铁或钴形成合金可以提高催化剂颗粒在碳电极表面的稳定性。

6.3.3 PAFC 其他组件及材料

（1）电解质。磷酸是一种无色且黏稠的液体，具有吸水性，能在 225 ℃

下保持电化学稳定性。在 150 ℃ 以上，磷酸是优秀的质子导体，因其极低的蒸气压，100%纯磷酸经常用于 PAFC 中，但由于它在 429 ℃时固化，因此 PAFC 无法在室温下操作。当磷酸浓度低于 95%时，其蒸气压会迅速增加，磷酸容易发生自动脱水和自溶现象。

除了磷酸，科研人员也探究了其他酸性电解质。例如，硫酸（H_2SO_4）虽然导电性高（大约 1 S/cm），但它比磷酸更易挥发，并且在阴极会还原成亚硫酸、硫化氢和硫；而高氯酸（$HClO_4$）是一种强氧化剂，可能导致燃料爆炸。使用 HCl 和 HBr 作为电解质时，氯和溴电极上的反应速度比氧电极上的更快，而且这些反应在同一电催化剂上进行。然而，HCl 和 HBr 的挥发性太强。三氟甲基磺酸（CF_3SO_3H）具有良好的热稳定性和溶解氧的能力，且其酸阴离子几乎不会吸附在电极表面。其室温下的氧还原反应速率是 85%磷酸的 50 倍，但由于其较强的挥发性和对 PTFE 的强浸润性，目前还未能实际应用。

（2）双极板。双极板是燃料电池的关键组成部分，其核心功能包括维持电池内部结构、建立氢气、氧气，以及冷却液的流通通道、隔离氢和氧气、收集电子及传递热量。也就是说燃料电池电堆就像人体，而其中的双极板则相当于人体的骨架和血管系统。在磷酸燃料电池中，双极板通常设计为双面带有垂直刻槽的结构，这些刻槽作为气体流动的通道，使燃料气体和空气能够以互相垂直的路径通过电极，这些双极板是通过将石墨粉和酚醛树脂混合后铸造而成的。铸造制成的双极板需要在高达 2 700 ℃的温度下进行石墨化处理，以增强其在磷酸环境中的耐腐蚀性。实验显示，仅在 900 ℃下石墨化的双极板会遭受显著的腐蚀。尽管全石墨双极板具有极强的抗腐蚀性，但其生产成本相对较高。

6.4　固体氧化物燃料电池

6.4.1　固体氧化物燃料电池概述

固体氧化物燃料电池（SOFC）是一种高温运行的燃料电池类型，其特点在于使用固态电解质进行电化学反应。SOFC 的工作温度通常在 600～1 000 ℃之间，这种高温环境使得 SOFC 拥有一些独特的优势，同时也带来了一系列技术挑战。

电解质材料通常是氧化锆基材料，通过掺杂如钇来增强其电导性。这种电解质材料在高温下能够导通氧离子，而不是电子，这是 SOFC 与其他类型燃料电池的主要区别之一。在这个系统中，燃料（通常是氢气或天然气）在阳极（燃料电极）处发生氧化反应，释放出电子，并通过外部电路传输到阴极（氧电极）。同时，从阴极吸收的氧气通过电解质中的氧离子与阳极的燃料反应，生成水和二氧化碳，同时释放出能量。

SOFC 的一个主要优势是其高的燃料转化效率。由于高温操作，SOFC 可以直接使用碳氢化合物作为燃料，而不需要额外的燃料加工步骤。此外，高温还能促进电化学反应，降低对贵金属催化剂的依赖，从而减少成本。SOFC 还可以与其他能源转换系统（如燃气轮机）结合，形成混合循环，进一步提高系统的总体能效。然而，SOFC 面临的技术挑战包括其制造成本高、材料的热膨胀管理，以及长期运行时的耐久性问题。由于高温环境，SOFC 的组件材料必须能够承受极端的热应力和化学腐蚀。此外，SOFC 的启动和关闭过程需要精心管理，以避免快速温度变化对材料造成的损害。

6.4.2　电解质材料

在 SOFC 系统中，电解质的主要作用是传导离子和隔离气体。电解质材料按照导电离子的不同可以分为氧离子导电电解质和质子导电电解质，它将离子从一个电极尽可能高效率地传输到另一个电极，同时阻碍电子的传输，因为电子的传导会产生两极短路，降低电池效率。电解质两侧分别与阴极和阳极相接触，阻止还原气体和氧化气体相互渗透。

因此，电解质材料在其制备和实际工作条件下必须具备以下性能要求。

（1）电解质材料必须在氧化和还原条件下，以及在其工作温度范围内展现出高的离子电导性，同时其电子电导性需低到几乎可以忽略不计，以保证离子传输的高效率。

（2）在多种电池结构中，电解质作为一个密封层，其作用是阻止氧化气体和还原气体之间的穿透，从而避免它们直接发生燃烧反应。

（3）电解质需要在高温制造过程和运行条件下保持高的化学稳定性，以防止材料发生分解。

（4）电解质在高温下的制备和运行过程中，必须与阴极和阳极材料在化学相容性和热膨胀性上相匹配，以防止在电解质—电极界面产生反应物，并避免电解质与电极之间的物理分离。

（5）电解质在高温下的制备和使用环境中需具备较强的机械强度和热震稳定性，以确保其结构和尺寸形状的稳定。

（6）电解质材料需要价格适中，以便减少整个系统的总成本。

固体电解质是固体氧化物燃料电池的关键组成部分，对电池性能有决定性影响。在 SOFC 领域的研究中，常用的电解质材料主要是萤石结构和钙钛矿结构类型，同时，其他结构类型的电解质材料也逐渐受到关注。

1. 萤石结构电解质

萤石结构电解质是固体氧化物燃料电池中重要的一类电解质材料,以其特有的晶体结构和优异的离子导电性能而著称。萤石结构的电解质主要是基于氧化锆或氧化铈的材料,通过掺杂其他元素来改善其性能。

氧化锆基的萤石结构电解质,如掺杂钇的氧化锆,是最常见的 SOFC 电解质材料之一。这类材料在高温下能有效地传导氧离子,掺杂钇可以稳定氧化锆的萤石结构,提高其在 SOFC 工作温度范围内的电导率。掺杂还可以降低材料的电子电导率,从而提高离子传输的效率。氧化铈基的萤石结构电解质,如掺杂钆的氧化铈,也在 SOFC 中得到应用。这类材料具有较高的氧离子导电性,尤其是在较低的温度范围内,使其成为中温 SOFC(MT-SOFC)的理想选择。掺杂钆不仅稳定了氧化铈的萤石结构,而且还提高了其抗还原能力,这对于长期稳定运行至关重要。

萤石结构电解质的优点包括高的离子导电率、良好的化学稳定性和热稳定性。这些特性使得它们在高温下能够有效地传导氧离子,同时抵抗化学腐蚀和热应力。然而,它们也面临着一些挑战,如与电极材料的化学和热膨胀匹配问题,以及高温下的长期耐久性问题。萤石结构电解质在 SOFC 的发展中扮演着核心角色,其独特的物理化学性能对提升 SOFC 的整体性能至关重要。随着 SOFC 技术的不断发展,对这些电解质材料的深入研究和优化仍然是关键。

2. 钙钛矿结构电解质

钙钛矿型氧化物(ABO_3)属于立方晶系,其中 A 位通常由稀土或碱土金属离子占据,而 B 位由过渡金属离子占据。这种结构中,A 位和 B 位的离子可被半径相似的其他金属离子部分替代,同时保持晶体结构基本稳定。在其晶体结构中,A 位阳离子被六个氧离子包围形成八面体,而 B 位阳离子则被十二个氧离子环绕。当其中一个阳离子被较低价的阳离子替代时,为了保持电中性，结构中会产生氧离子空位，这些空位和结构中的大空隙使得氧离子能够导电。

在 SOFC 领域中，广泛使用的钙钛矿结构电解质是基于 $LaGaO_3$ 的氧化物。当晶体中的 La 位被二价离子替代时，为了维持电荷中性，在氧亚晶格中形成空位，从而提高氧离子的电导率。使用碱土金属元素来替代 La 位置可以增加材料的电导率。特别是，由于 Sr 离子的半径与 $LaGaO_3$ 中的 La 十分接近，因此成为最理想的掺杂元素。当 Sr 的掺杂量达到 10 mol%时，氧离子的电导率达到最高。

同样，通过用二价离子替代 $LaGaO_3$ 晶体结构中的 Ga^{3+} 位置，也可以产生氧空位。Mg 对 Ca 的替代能显著提升 $LaGaO_3$ 的电导率，当 Mg 的掺杂量达到 20 mol%时，氧离子的电导率达到最高。研究发现，电导率最高的 $LaGaO_3$ 基电解质是 $La_{0.8}Sr_{0.2}Ga_{0.8}Mg_{0.2}O_3$（LSGM）。

LSGM 在固体氧化物燃料电池中使用时面临的主要问题是镓的蒸发。在还原环境下，二氧化镓的饱和蒸汽压非常高，容易以 Ga_2O 的形式发生蒸发。这种蒸发过程还可能促进 Ga_2O_3 与氢气的化学反应，导致电解质表面镓含量逐渐降低。研究表明，掺杂物的种类、氧分压和温度对镓的蒸发有显著影响。通过在 LSGM 中大量掺杂镁和少量锶，并保持工作温度在 700 ℃以下，可以有效地防止镓的蒸发。这些措施有助于提高 LSGM 在 SOFC 中的稳定性和使用寿命。

3. 磷灰石氧化物电解质

磷灰石氧化物电解质是近年来在固体氧化物燃料电池领域引起关注的一类新型电解质材料。与传统的萤石型和钙钛矿型电解质相比，磷灰石型电解质具有独特的晶体结构和优异的离子导电性能，尤其在中低温下表现出色。

磷灰石氧化物电解质的晶体结构由磷酸盐基团构成，通常具有通式 $Ln9.33$（SiO_4）$_6O_2$，其中 Ln 代表稀土元素。这种结构中，氧离子在晶格中的迁移路径较短，从而有利于氧离子的快速迁移。此外，由于其独特的晶格结构，磷灰石型电解质在中低温（约 600～800 ℃）下表现出较高的氧离子导电率，这使得它们成为中温 SOFC 的理想选择。

磷灰石型电解质的另一个优点是它们的化学稳定性。这类材料能够在氧化和还原环境下保持稳定，不易与燃料电池的其他组成部分发生反应。这种稳定性是因为稀土元素在磷灰石结构中的固有稳定性和较强的化学键结合能力。

然而，磷灰石型电解质也面临一些挑战。例如，它们的机械强度相对较低，可能在长期运行中出现裂纹或其他结构损伤。此外，制备这类电解质的成本相对较高，尤其是当涉及到稀土元素时。磷灰石型氧化物电解质凭借其在中低温下的高离子导电率和良好的化学稳定性，在 SOFC 领域显示了巨大的潜力。尽管存在一些技术和成本上的挑战，但它们的发展和优化可能为燃料电池技术的进步提供新的方向。

4. 质子导电氧化物电解质

质子导电氧化物电解质是固体氧化物燃料电池技术中的一个重要发展方向，特别是针对低温 SOFC（LT-SOFC）。与传统的氧离子导电电解质相比，质子导电氧化物在低温下（通常在 500～700 ℃）具有更高的电导率，这使得它们对于降低 SOFC 的运行温度和成本特别有吸引力。

质子导电氧化物的基本原理是通过水分子的吸附和解离，将质子（H^+）作为主要的电荷载体。在电解质的阳极侧，水蒸气与电解质表面反应，产生质子和氧离子。这些质子随后通过电解质迁移到阴极侧，在那里它们与氧气反应生成水。这一过程不仅促进了电荷的传递，而且也提高了燃料利用率。目前广泛研究的质子导电氧化物材料包括掺杂过的钙钛矿型和萤石型结构。例如，掺杂过的钙钛矿型氧化钡铈（$BaCeO_3$）或氧化锶铈（$SrCeO_3$）是研究中的热点。这些材料通过在晶格中掺入不同的离子（如钇、镱），以增强它们的质子导电性能和化学稳定性。

质子导电氧化物电解质在低温 SOFC 中的应用具有多项优势。由于运行温度较低，可以使用更便宜的材料和更简单的堆叠技术，从而降低整体成本。低温运行减少了热应力和材料腐蚀，提高了电池的长期稳定性和耐久性。质子导电电解质还可以提高燃料的转化效率，从而增加系统的总体能量效率。尽管如此，质子导电氧化物电解质仍面临一些挑战，包括提高其长期化学稳定性、优化电解质和电极界面的匹配以及降低制造成本。解决这些问题对于实现质子导电 SOFC 的商业化应用至关重要。随着研究的深入，这些材料有望为燃料电池技术的发展开辟新的路径。

6.4.3 阳极和阴极材料

SOFC 的一大特点是能够使用多种燃料。在 SOFC 的阳极上，主要发生的是燃料的电催化氧化过程，同时需要转移由此反应产生的电子和气体。因此，在制备 SOFC 和其运行过程中，必须满足一定的性能要求。

（1）具备高电催化活性和充足的表面积，以确保燃料的电化学氧化反应能够高效地进行。

（2）拥有充足的孔隙率，以便于燃料迅速传输到反应点并参与反应，并且能够及时排出反应生成的气体及副产品。

（3）阳极材料需具备高电子电导率以顺畅传递电子至外部电路产生电流，并且与电解质及连接体材料应具有良好的化学相容性，以防止在制备和运行过程中发生反应，避免形成高电阻的产物。

（4）阳极材料需要具备对燃料中杂质，如 H_2S 的高度耐受性，以防止硫中毒现象导致电池性能下降。

（5）在高温还原环境下，阳极材料需保持高的物理和化学稳定性，不出现分相、相变现象，并维持尺寸形状的稳定性。

（6）需与燃料电池其他组件的热膨胀系数协调一致，以避免因温度变化引起的裂纹、变形或脱落。

（7）在燃料供应中断等情况下，空气会进入阳极室，因此阳极材料需要对氧化—还原循环有较高的耐受性。

对于阳极支撑型的 SOFC 单体电池，阳极不仅是电化学反应的场所，还承担着整个电池结构的支撑作用，因此其力学性能同样至关重要。SOFC 阳极材料的发展历程包括了贵金属、过渡金属、Ni/YSZ 金属陶瓷、Cu 基金属陶瓷、CeO_2 基复合材料、钙钛矿结构氧化物，以及其他氧化物等多样化材料。

SOFC 的阴极主要发生氧还原反应，涵盖了一系列的体相和表面步骤，其中某一步骤或多步骤可能是反应速率的限制环节。对于电导率较低的阴极材料，阴极反应过程包括氧气进入阴极的多孔结构、在气—固—电解质三相界面处的解离与扩散，以及氧还原反应生成的氧离子向电解质的传输。

对于具有高氧离子和电子双重导电性的混合导电阴极材料来说，其氧还原反应过程包括氧气扩散进入阴极的多孔结构、解离并扩散到阴极表面及气—固—电解质三相界面。在这些区域，氧还原反应产生的氧离子既可以通过阴极表面直接传输到电解质，也可以在三相界面处传输，大大增加了反应的有效面积并显著降低阴极的极化电阻。

SOFC 阴极的核心作用是作为氧电化学还原反应的发生地点，因此在制备和实际工作环境中，SOFC 阴极材料必须满足一定的性能标准。

（1）阴极材料需要具备较高的电子和离子导电能力，同时对氧的裂解和还原反应表现出强催化活性，目的是减少氧还原反应的极化程度。

（2）阴极材料需要与电解质和连接体材料化学上相容，以防止它们之间的反应生成高电阻的产物。

（3）阴极材料在高温氧化环境中需保持良好的物理和化学稳定性，避免出现分相、相变，同时保持其尺寸和形状的稳定。

（4）需与燃料电池其他组件的热膨胀系数相协调，以防止因温度变化引起的裂纹、变形或脱落。

（5）能够形成具有充足孔隙率的薄层，以便让反应气体顺利传输至反应点。

由于 SOFC 的高工作温度，只有贵金属、电子导电氧化物和混合电子—离子导电氧化物能够满足上述性能要求。在 SOFC 早期发展阶段，由于缺少合适的替代材料，铂被用作阴极材料。但由于铂价格昂贵，这对 SOFC 的商业化不利。随着技术的进步，氧化物材料逐步替代了贵金属，因此目前阴极材料的研究主要集中在氧化物上。

6.5 质子交换膜燃料电池

质子交换膜燃料电池（PEMFC）是以全氟磺酸型（如 Nafion）固体聚合物为电解质，PV/C 或 Pt—Ru/C 为电催化剂，氢为燃料，氧为氧化剂，以带有气体流动通道的石墨或表面改性金属板为双极板的一种新型电池。电池的工作温度在室温至 100 ℃，属于低温燃料电池。其具有可在室温下快速启动、水易排出、寿命长、比功率和比能量高的优点，适合作为可移动动力电源，是电动汽车理想的电源之一。

6.5.1 PEMFC 工作原理

在质子交换膜燃料电池中，电解质的两侧分别发生氧化反应和还原反应，图 6-2 为工作原理图。在电池的阳极端，氢气先经由阳极集流板移至阳极气体扩散层，然后到达装有碳载铂的阳极催化剂层。在催化剂的作用下，氢分子被分解为带正电的氢离子（质子）和带负电的电子，实现了阳极的电化学反应过程。

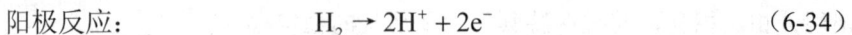

阳极反应：
$$H_2 \rightarrow 2H^+ + 2e^- \tag{6-34}$$

在存在水的条件下，质子交换膜会发生膨胀，其中的酸性功能基团（通常是磺酸基）解离，形成膜内的亲水性离子团簇区域，从而构成了传导氢离子的通道。氢离子通过这些通道穿过质子交换膜到达阴极催化剂层，同时电子经外部电路传输到阴极。这些电子在外电路中产生电流，通过适当的连接，可以向外部负载提供电能。

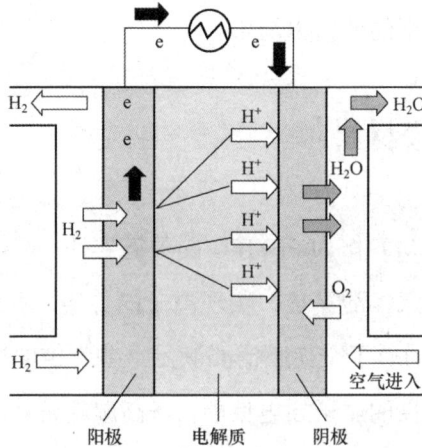

图 6-2　PEMFC 工作原理示意图

在电池的阴极端，氧气通过阴极集流板（也称为双极板）流经气体扩散层并到达催化剂层。在这里，在阴极催化剂的促进下，氧气与通过膜的氢离子和通过外电路到达的电子结合发生反应，形成水，从而完成了阴极侧的电化学反应过程。

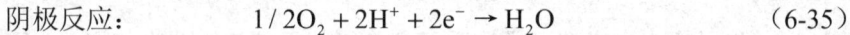

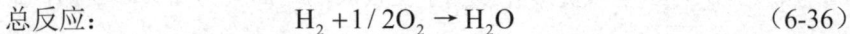

阴极反应：
$$1/2O_2 + 2H^+ + 2e^- \rightarrow H_2O \tag{6-35}$$

总反应：
$$H_2 + 1/2O_2 \rightarrow H_2O \tag{6-36}$$

在标准温度和压力条件下，质子交换膜燃料电池的吉布斯自由能变化为 -237.3 kJ/mol，而焓变为 286 kJ/mol，这意味着在标准状态下 PEMFC 的理论热力学效率为 83%。然而，在实际运行中，由于燃料的使用效率和电压损耗等因素，PEMFC 的实际效率通常低于其理论热力学效率。质子交换膜燃料电池除了具备一般燃料电池的优势外，还特别拥有体积小、重量轻、高比能量、长寿命、低工作温度、对环境友好，以及坚固耐用等特点，使其成为汽车动力和便携式发电设备的理想选择，因此越来越受到重视。在 PEMFC 中，由于质子交换膜仅允许质子通过，氢离子（即质子）可以直接穿过膜到达阴极，而电子必须经由外电路到达阴极，从而产生直流电。以阳极为参考，阴极的电位为 1.23 V。当连接到负载时，实际输出电压受输出电流密度影响，通常介于 0.5～1 V 之间。通过将单个燃料电池串联堆叠，可以组建出满足具体负载需求的电压水平的燃料电池堆。

6.5.2　质子交换膜材料

质子交换膜（PEM）作为 PEMFC 的关键部件之一，主要功能包括阻止阳极和阴极之间反应气体的穿透、实现离子的传输，并作为电子的绝缘体。通常，用于 PEMFC 的质子交换膜需要满足一些特定的性能要求。

（1）需要具备优良的质子导电性能，在高湿度条件下其电导率通常能达到 0.1 S/cm。

（2）需具备充分的机械强度和结构稳定性，以适应膜电极组件的制造和电池的组装，并在氧化、还原及水解条件下保持良好稳定性，防止聚合链在活性物质的氧化/还原作用及酸性环境下发生降解。

（3）为了防止氢气和氧气在电极表面反应并引起电极局部过热，从而影响电池的电流效率，必须确保反应气体在膜中的渗透系数保持在低水平。

（4）为了防止电极变形导致质子交换膜的局部应力增大和变形，需要确保材料具有良好的水合/脱水可逆性并且不容易膨胀。

PEM 主要由为高分子母体构成，包括疏水性的主链区域、离子簇及其间形成的网络结构，这些离子簇之间的距离通常约为 5 nm。在质子交换膜的发展中，曾经使用过几种材料，包括酚醛树脂磺酸膜、聚苯乙烯磺酸膜、聚三氟苯乙烯磺酸膜和全氟磺酸膜等。研究显示，全磺酸型膜目前被认为是 PEMFC 电解质中最合适的选择。全氟磺酸膜的高质子电导率源于其磺酸基团，此外，该膜的分子链结构以碳氟链为主，其 C—F 键具有较高的键能，从而在 C—C 键附近提供了额外的保护。

在全氟磺酸型质子交换膜中，离子和水分子的迁移仅通过由离子簇间形成的网络结构进行。这些离子簇的周围带有负电荷，形成固定离子，而离子簇之间的通道既短又窄，导致对带负电且体积较大的离子的迁移阻力远大于对质子的阻力，因此这种膜具有选择性透过性。对 Nafion 膜的质子传导机理进行了深入研究，发现当存在充足的水时，磺酸膜中的磺酸基团会充分水合，形成一个相互连接的离子簇网络，为质子传输提供通道。此外，膜的不同含水率会导致离子簇内部的水分子表现出不同的特性，进而影响质子在离子簇内部的传导方式。

当膜的含水率 $n(n = c_{H_2O} / c_{-SO_3H})$ 大于 14 时，当离子簇内的水具有与纯水相同的介电常数时，膜内部的质子传导方式便与纯水中的传导方式相一致，遵循结构扩散的机理进行。质子与水分子形成两种水合质子：Zundel 离子（$H_5O_2^+$）和 Eigen 离子（$H_9O_4^+$），其中 Zundel 离子为"核"，通过氢键与三个水分子相连形成"壳"。Eigen 离子的壳层氢键不稳定，容易断裂，因此 Eigen 离子可以轻易转化为 Zundel 离子。反过来，Zundel 离子也可以通过在外层形成氢键的过程轻松地转化回 Eigen 离子。

当膜的含水率处于中等水平，即水分子数量在每个磺酸基团周围的数量为 6～13 时，膜内离子簇中的水的介电常数低于纯水。在这种条件下，质子的传导主要通过水分子作为载体，以水合质子（H_3O^+）的形式通过自由扩散（Vehicle 机理）进行。同时，两种离子之间的相互转化促进了质子的运动。

当膜内含水量非常低，例如，每个磺酸基团周围的水分子数量不超过 5 时，由于水分子较少，它们与磺酸基团之间的相互作用增强。这种情况下，磺酸基团难以解离，缺乏足够的载体，因此在这一区域内，质子不能通过 Vehicle 机理进行传导。

非氟化质子交换膜主要是碳氢聚合物膜，这种膜中的碳氢键键能只有 C—F 键的 20%，导致其化学稳定性显著低于全氟磺酸膜。因此，在 PEMFC 电池中使用时，其电池寿命相对较短，无法与全氟磺酸膜相媲美。当前，表现出良好热稳定性和化学稳定性的非氟化质子交换膜主要包括聚苯并咪唑、聚酰亚胺、聚苯醚和聚醚醚酮等材料。通过对这些聚合物进行磺化处理，可以制造出具备质子传输能力的聚合物膜。

6.5.3 电极材料

1. 电催化剂

电催化是一种促进电极和电解质界面上的电荷转移反应的催化过程，其独特之处在于电催化反应的速度不只受电催化剂活性的影响，还与双电层内的电场强度及电解质溶液的性质紧密相关。在双电层内，由于电场强度较高，参与电化学反应的分子或离子得到显著的活化，从而显著降低了反应的活化能。这种特性使得大多数电催化反应能在比普通化学反应低得多的温度条件下进行，增加了反应的效率和可控性。

铂目前被视为最佳的甲醇氧化催化剂。通常，它被负载在具有高比表面积的载体上，形成负载型催化剂，其中铂/碳催化剂体系是质子交换膜燃料电池中最常用的类型。制备这些催化剂的方法多样，包括浸渍—液相还原法、电化学沉积、气相还原、凝胶—溶胶法、气相沉积法、高温合金化法、固相反应法、羰基簇合物法、预沉淀法以及离子液体法等。催化剂的催化活性主要受以下几个因素的影响。

（1）铂纳米颗粒的粒径、分散性等因素。通常，铂纳米颗粒的粒径越小，其在碳载体上的分散性越好，使得催化剂的电催化活性更高。通过采用浸渍还原法，研究者们成功制备了具有良好分散性和较小粒径的铂/碳催化剂。实验中发现，加入 NH_4Cl 能有效地把铂纳米颗粒的大小从 6 nm 减小到 3 nm，这一变化显著提升了催化剂的电催化活性。

研究发现，加入稳定剂能有效减小铂纳米颗粒的粒径并提高其分散性。使用浸渍还原法制备的铂纳米颗粒，其粒径在 3.3～6.7 nm 之间，并且电化学表征证实了这些催化剂在甲醇氧化和氧气还原反应中的粒径效应。另一项研究显示，当铂纳米颗粒的粒径降至 1 nm 以下时，会导致铂晶体结构的破坏，从而降低其电催化性能。因此，普遍认为铂纳米颗粒在 2.5～3.5 nm 的粒径范围内展现出最佳的电催化性能。

（2）铂纳米颗粒的晶面因素。通常化学方法制备的铂纳米颗粒表面主要展示 Pt（111）、（110）和（100）三种晶面。理论和实验研究显示，这三种晶面的电催化活性顺序是（110）＞（100）＞（111）。通过浸渍还原法制备的铂纳米花单晶对氢的电氧化研究也支持了这一活性顺序。此外，控制铂纳米颗粒生长的实验成功制备出铂的二十四面体，发现铂的高指数晶面具有更高的氧还原电催化活性。

（3）掺杂其他金属元素的影响。在燃料电池的阳极，氢氧化反应受到燃料不纯净度的影响，其中微量 CO 的存在易被铂吸附，导致催化剂中毒，降低其催化活性，甚至可能完全失活。解决这个问题的有效方法是通过向铂中掺杂其他金属，形成二元或三元催化剂体系，以降低 CO 的吸附并提高催化剂的活性。常用于阳极催化剂的金属包括钌、钼、铱和银，其中铂—钌是目前最为成熟和广泛应用的阳极催化剂。阴极催化剂中的掺杂金属有钌、钴、铁、铬、镍、钛、锰、铜等，铂与这些金属的二元组合已被证实在防止 CO 中毒方面有效。

（4）碳载体因素的影响。为提升贵金属催化剂的活性，通常将其作为纳米颗粒负载在具有高比表面积的载体上。这些载体在催化剂的催化性能中扮演着至关重要的角色。在 PEMFC 电催化剂研究领域，已经尝试的载体类型包括石墨、炭黑、活性炭、分子筛、碳纳米管、碳纳米纤维、导电高分子和 Nafion 膜等。PEMFC 的工作条件要求其碳载体不仅需要优良的导电性和高比表面积，还要有良好的稳定性。炭黑作为最常见的碳载体，因其简易的制备过程、低成本、良好的导电性和高比表面积而广泛使用。然而，近期研究指出炭黑的高比表面积主要是由小于 1 nm 的微孔所贡献，但催化剂的纳米颗粒不能沉积到这些微孔中，导致其催化效果并未得到充分利用。

研究显示，在燃料电池中使用的铂催化剂，当负载于炭黑表面时，在强酸性、高温度和电氧化环境下会出现严重的缺陷。这些条件下的炭黑易于表面氧化，使得铂纳米颗粒从表面脱落并团聚成更大的颗粒，导致催化剂性能下降。同时，由炭黑氧化产生的类似 CO 的物质可能吸附在催化剂的纳米颗粒上，进一步导致催化剂失活。

一维碳纳米材料，如碳纳米管和碳纳米纤维，由于其高比表面积、良好的化学稳定性和强导电性，被视为优秀的催化剂载体材料，并在这方面展现出巨大的应用潜力。目前，将它们作为铂基催化剂载体的研究已经成为热门话题。有研究者报告，使用碳纳米管作为载体，制备的铂负载率为 12%的 PU/CNT 电极，其输出电压比传统的 Pt/炭黑电极高出 10%。

研究表明，当碳纳米管被用作载体来负载铂催化剂时，不仅催化效率得到提高，而且耐腐蚀性也得到增强。目前的研究重点是利用商业化的碳纳米管，这些经过活化处理的碳纳米管用于承载纳米铂基催化剂，并被涂布在气体扩散层上，用于制造 PEMFC 电极。

由于碳纳米管的化学惰性，为了改善催化剂纳米颗粒在其表面的分散性和控制颗粒大小，常需通过加热、强酸活化等物理化学方法对碳纳米管进行表面修饰。这包括在其表面引入羧基、氨基等功能性基团。然而，这一过程可能会损害碳纳米管的化学结构，从而降低其稳定性和导电性能。与碳纳米管不同，碳纳米纤维具有暴露的石墨化断层边缘。据张呈旭等人报道，这些边缘使碳纳米纤维更易于提供活性位点，从而使铂基催化剂颗粒在碳纳米纤维表面的分散变得更加容易，并确保了更牢固的结合。

2. 气体扩散层材料

在 PEMFC 中，扩散层负责支持催化剂层、传递反应气体和电子。因此，扩散层需要同时满足承载催化剂层的能力，保持良好的电子导电性，以及具有充足的孔隙率。现在的扩散层主要由导电多孔材料制成，通常使用石墨化碳纸或碳布。由于需要支撑催化剂层并满足一定的强度要求，其厚度通常在 100～300 mm 范围内。扩散层还必须同时具备传输反应气体和产品的功能，因此它内部需要形成两种路径：憎水的反应气体通道和亲水的液态水传输通道。为此，扩散层通常会进行聚四氟乙烯的憎水处理。由于 PEMFC 的效率通常在 40%～60% 之间，因此会有大量能量以热量形式散发。为此，扩散层需要具备较高的热导率，以保持电池工作温度的稳定。

6.5.4　双极板材料

（1）金属双极板

双极板具有隔绝反应气、传导电流和提供反应气体通道等功能。

在 PEMFC 中，双极板一侧接触湿氧气，另一侧接触湿氢气。质子交换膜的微量降解会使生成的水呈弱酸性。在此环境中，使用金属材料（如不锈钢）作为双极板，可能导致氧电极侧的氧化膜变厚，增加接触电阻，并降低电池性能。同时，在氢电极侧，有时会发生轻微腐蚀，进一步降低电极的电催化活性。金属双极板在 PEMFC 运行条件下容易腐蚀，产生的金属离子不仅影响电极组件，还会增加电池内部的接触电阻。因此，对于使用金属作为 PEMFC 双极板的关键技术之一是表面改性，这可以防止腐蚀并保持接触电阻稳定。不锈钢以其高强度、化学稳定性、低气体渗透率、广泛的合金选择，以及低成本和易于大规模生产的特点，成为了最符合 PEMFC 双极板需求的材料。当前，最广泛使用的是奥氏体型不锈钢，特别是 316L 型（含铬 16%～18%，镍 10%～14%），由于其较高的铬和镍含量，能在不锈钢表面形成钝化的氧化物层，从而具有优良的抗腐蚀性能，因此近年来受到广泛关注。已有研究测定了在不同酸性条件下形成的钝化膜与碳纸间接触电阻值的关系。

（2）石墨双极板

石墨材料因其出色的导电性和在 PEMFC 工作环境中的良好抗腐蚀性能而受到研究者的关注，适用于制作双极板。石墨板在导电性和抗腐蚀性能方面表现良好，适应 PEMFC 的工作环境。然而，石墨材料的缺点在于其脆性高、抗弯曲强度低、加工困难、板体设计较厚且成本较高。无孔石墨板通常是由炭粉或石墨粉与可石墨化树脂混合制备而成。无孔石墨板的制造过程包括超过 2 500 ℃ 的石墨化温度，需遵循严格的升温程序且耗时较长，这导致其价格昂贵。例如，有研究比较了 33 kW 电堆使用石墨双极板和铝双极板时的部件质量，结果显示石墨双极板占电堆总质量的 80%以上。研究者们也尝试着将碳材料与聚合物粘合剂混合，采用注塑成型或压缩成型技术制造双极板。这类双极板成本较低，重量轻，且流场结构可以直接成型。然而，由于其本身的导电性较差，通常还需在材料中添加金属粉末或细金属网来提高其电导率。大连化物所的研究团队通过对高分子环氧树脂和线型酚醛树脂使用有机硅树脂进行改性，并加入膨胀石墨，显著提升了材料的伸长率，并大幅减少了石墨双极板的厚度。但是，从碳基材料双极板的应用角度来看，要实现良好的导电性和密封性，需要复杂的制造工艺，这可能会对其应用前景造成限制。

6.6 燃料电池的主要应用与发展趋势

燃料电池作为一种革命性的清洁能源技术，其应用和发展趋势在近年来已成为全球关注的焦点。这种电池以其高效率、低排放的特点，在各个领域展现出巨大的应用潜力。尤其在交通行业，燃料电池被视为电动汽车的理想能源，能够提供比传统汽油车更长的续航里程，同时只排放水，极大地减少了环境污染。全球汽车制造商，如丰田、本田已经推出了多款燃料电池车型，并且随着氢气加氢站的建设，这一市场预计将持续增长。

除了在交通领域的应用，燃料电池也在固定电源和便携式电源领域发挥着重要作用。在固定电源方面，燃料电池为建筑物、工业设施甚至电网提供稳定和高效的电力。它们能作为主电源或辅助电源，在需求高峰期间帮助减轻电网的负担。在便携式电源方面，燃料电池为移动电话、笔记本电脑等电子设备提供了更长的使用时间和更快的充电速度。

燃料电池在航空航天、医疗、数据中心和通信系统等关键领域中作为应急备用电源的应用也不容忽视。它们在停电或其他紧急情况下能够提供稳定且可靠的电力供应。此外，燃料电池在海洋应用，尤其是在潜艇和海洋探测器上的应用，提供了更长时间的潜水能力和更低的噪声水平，对军事和科研领域具有重要意义。

就发展趋势而言，燃料电池技术的不断创新是推动其应用广泛化的主要动力。技术上的进步不仅提高了电池的性能，也降低了生产成本。此外，随着全球对环境保护意识的增强，燃料电池作为一种清洁能源解决方案，受到了越来越多的关注。伴随着技术的成熟和成本的降低，燃料电池正成为越来越多领域可行的能源替代方案。与此同时，燃料电池的商业化发展还面临着一些挑战。其中之一是基础设施的建设，特别是在交通领域。为了使燃料电池汽车更加实用，需要建立广泛的氢气加氢站网络。此外，成本仍然是一个关键问题，尽管燃料电池的成本在过去几年有所下降，但仍需进一步降低以与传统能源竞争。

政策和法规的支持对燃料电池技术的推广至关重要，许多国家已经开始实施补贴政策、税收优惠，以及研究与开发的投资，以促进燃料电池技术的发展和应用。这些政策措施不仅有助于加速燃料电池技术的商业化进程，也为环保和可持续发展目标的实现做出贡献。燃料电池作为一种清洁、高效的能源转换技术，其应用前景广阔，发展势头强劲。随着技术的不断进步、成本的进一步降低和全球对可持续能源需求的增长，预计燃料电池将在未来的能源领域扮演越来越重要的角色。

第 7 章
太阳能电池材料

7.1　太阳能电池概述

7.1.1　太阳能电池发展概况

　　太阳能电池的历史起源可追溯至 19 世纪，当时科学家发现了光伏效应，即光照射到某些材料上时会产生电流。早期的实验主要集中在硒和铜—氧化铜等材料上，但这些早期的光伏器件并没有达到较高的光电转化效率，因此长时间仅限于实验室研究。直至 20 世纪 50 年代，美国空间项目计划将光伏电池应用于空间卫星，太阳能电池技术才开始得到快速发展。1954 年，贝尔实验室研制成功效率为 6% 的单晶硅太阳能电池，标志着太阳能电池技术的重要突破。从此以后，晶体硅太阳能电池在空间领域的应用得到了广泛拓展。近年来，随着制造工艺技术的进步，单晶及多晶硅太阳能电池的生产规模不断扩大，成本逐渐降低，使得晶体硅太阳能电池成为市场的主流产品。尽管晶体硅太阳能电池占据了市场的绝大部分份额，但其制造过程中的高能耗一直是限制其进一步应用的一个重要因素。晶体硅材料的生产需要大量能源，这不仅增加了太阳能电池的制造成本，也与可持续发展的理念存在一定的矛盾。因此，研究人员一直在探索更加经济、环保的太阳能电池材料和制造工艺。为了解决这些问题，业界和学术界正在研究多种替代材料和新型太阳能电池技术，如薄膜太阳能电池、染料敏化太阳能电池和有机光伏器件等。这些新型太阳能电池具有生产成本低、能耗低、可大面积生产等优点，为太阳能电池的发展提供了新的方向。虽然这些新型太阳能电池目前的效率和稳定性仍然无法与晶体硅太阳能电池相媲美，但它们在特定应用领域和市场细分中展现出巨大的潜力。

　　随着晶体硅太阳能电池价格的居高不下，薄膜太阳能电池因其低成本和高效率的特点，逐渐成为太阳能电池领域的热门研究对象。薄膜太阳电池的主要优势在于使用材料少，制作成本显著降低，且更易于大规模工业化生产。最初，研究者们探索了 Cu_2S/CdS 薄膜电池，但由于稳定性问题，这一研究方向未能持续发展。1956 年，GaAs 薄膜太阳能电池的问世，效率达到了 6.5%，开启了高效薄膜太阳能电池的新篇章。虽然 GaAs 电池效率较高，但其高昂的价格限制了它的广泛应用。进入 20 世纪 70 年代，CuInSe2（CIS）化合物电池和非晶硅薄膜太阳能电池相继被开发。非晶硅电池价格低廉，但其单结转换效率相对较低，并且存在光致衰退现象，这限制了其在一定程度上的应用。然而，CuInGaSe2（CIGS）和 CdTe 多晶薄膜太阳能电池的出现，改变了这一局面。这两种薄膜太阳能电池不仅具有更高的转换效率，而且稳定性更好，从而迅速发展并开始进入商业化生产阶段。实验室小面积 CIGS 单结电池的效率已经从 6% 提升至 20.8%，而 CdTe 单结电池的效率也从 8% 增至 17.3%。工业生产的大面积薄膜电池组件效率已达到约 15%。近年来，柔性衬底的 CIGS 太阳能电池的开发为高效、低成本的薄膜太阳能电池系统带来了新的机遇。这种柔性薄膜太阳能电池展现出了在不同应用场景中的灵活性和广泛的应用前景。薄膜太阳能电池从 20 世纪末开始迅速发展，到 2011 年，市场份额已达到 14.1%。然而，薄膜太阳能电池仍面临一些挑战和问题。例如，CdTe 薄膜太阳能电池中镉的毒性问题，以及 CIGS 太阳能电池中铟等稀有金属的储量限制，这些都是制约薄膜太阳能电池进一步发展的因素。因此，研究人员正在积极寻找替代材料和新的制造技术，以解决这些问题，推动薄膜太阳能电池技术的持续发展和优化。通过这些努力，薄膜太阳能电池有望在未来的能源领域中扮演更加重要的角色，为实现清洁、可持续的能源供应做出更大贡献。

太阳能电池领域的研究和开发在过去几十年里取得了显著进展，尤其是在非传统太阳能电池的研究方面。20 世纪 70 年代能源危机期间，有机太阳能电池作为与无机太阳能电池截然不同的一种，虽然起初效率仅为 1%，但近期已有所提升。有机太阳能电池的优点在于制备工艺简单，可以通过真空蒸镀或非真空涂覆的方式成膜，并且能够制造成可卷曲的柔性电池。然而，由于有机材料的易老化特性、低载流子迁移率、结构无序及较高的体电阻，它们尚未真正进入实用化阶段。在 1980 年代中期，染料敏化纳米薄膜太阳能电池（DSSC）的出现，为太阳能电池提供了新的发展方向。DSSC 具有可设计的化合物结构、轻质材料、低制造成本和良好的加工性能等优点，并且适合大面积生产。在瑞士科学家 Gratzel 的努力下，DSSC 的效率提高到 12%，使得这种电池在近几十年内发展迅速。尽管 DSSC 存在液态电解质不易封装和潜在漏液问题，但是围绕固态电解质的研究正在进行中，以解决这些问题。最近，钙钛矿太阳能电池成为了光伏界的新研究热点。钙钛矿材料资源丰富、价格低廉，其光电转换效率的提高速度令人瞩目。自 2009 年初始转换效率仅为 3.8% 起，到 2014 年已报道有 15.9% 的高效率。预计在未来几年内，钙钛矿太阳能电池的效率有望达到 20%。这些新型太阳能电池技术的发展不仅展现了太阳能电池领域的多元化和创新能力，也为未来的能源解决方案提供了更多可能性。每种技术都有其独特的优势和挑战，需要针对不同应用场景进行优化和改进。随着研究的深入和技术的成熟，未来的太阳能电池将更加高效、成本更低，有望在全球能源结构中占据更重要的地位。从有机太阳能电池的柔性特性到 DSSC 的低成本优势，再到钙钛矿太阳能电池的高效率潜力，这些新型太阳能电池技术正在逐步改变我们获取和使用太阳能的方式。

太阳能光伏发电产业自 20 世纪 80 年代以来，已成为全球增长最快的高新技术产业之一。这一发展趋势始于 1958 年美国利用太阳能电池供电的人造卫星"先锋一号"的发射，并在 20 世纪 70 年代初的石油危机中得到加速。

进入 21 世纪，环境污染和能源危机为太阳能电池行业带来了新的发展机遇。21 世纪初期，全球光伏产业的平均年增长率达到了 22%，并在 2010 年前后达到了接近 50% 的惊人年增长率。近年来，尽管太阳能产业开始面临产能过剩的问题，但仍保持了稳定的增长趋势。太阳能电池生产规模的不断扩大有助于进一步降低电池成本，而成本的降低对太阳能电池的潜在应用市场产生了重大影响。科学工作者们在太阳能电池研究领域的不懈努力，使得电池的光电转换效率不断提升。同时，随着生产技术的进步和规模化生产的实现，太阳能电池的制造成本也在大幅度降低。这些进展推动了太阳能电池行业的快速发展，使其逐渐成为一个稳定增长的新兴产业。随着更多国家和地区对可再生能源的重视，太阳能电池的应用范围也在不断扩大。家庭、商业、甚至是大规模太阳能电站的建设，都在全球范围内获得了快速发展。这不仅有助于减少对传统化石能源的依赖，还有助于减轻环境污染，推动全球向更可持续的能源结构转型。

7.1.2　太阳能电池的分类

太阳能电池的发展历程中，人们不断开发出各种不同结构和材料体系的电池，以适应不断变化的能源需求和技术进步。随着材料科学的发展和相关技术的不断完善，太阳能电池种类愈加丰富，可以根据不同标准进行分类。

按照太阳能电池的发展阶段来分，可以大致划分为三个阶段。第一代太阳能电池主要包括单晶和多晶硅太阳能电池，这些电池以其稳定的性能和较高的光电转换效率在市场上占据主导地位。第二代太阳能电池，包括各类薄膜电池如非晶硅、碲化镉（CdTe）、铜铟镓硒（CIGS）和砷化镓（GaAs）等，这些电池通常具有成本较低、质量轻、易于大规模生产的特点。第三代太阳能电池，则包括超叠层太阳能电池、染料敏化太阳能电池、有机太阳能电池、钙钛矿太阳能电池和量子点太阳能电池，这些电池在实验室中的转换效率不断提升，预示着未来太阳能电池技术的发展方向。

按太阳能电池结构的构成来分，太阳能电池可分为同质结、异质结、肖特基结和液结太阳能电池。同质结太阳能电池由同一种半导体材料构成，而异质结太阳能电池则使用两种不同禁带宽度的半导体材料。肖特基结太阳能电池则是由金属和半导体接触组成，而液结太阳能电池，如染料敏化太阳能电池，主要由多孔 N 型半导体和有机染料分子组成。

按照太阳能电池材料来分，太阳能电池可以分为硅太阳能电池、化合物薄膜太阳能电池、有机半导体太阳能电池、有机无机杂化太阳能电池和纳米晶及量子点太阳能电池等。硅太阳能电池因其原料丰富和制造工艺成熟，在市场上占据主导地位。化合物薄膜太阳能电池则因其成本低廉开始被大规模商业化生产，而其他类型的太阳能电池仍处于实验室研究阶段。

随着科学研究的深入和技术的不断进步，太阳能电池的光电转换效率持续提高，制造成本也在不断降低。这些进步推动了太阳能电池行业的快速发展，使之成为一个具有巨大潜力的新兴朝阳产业。未来，随着各种新型太阳能电池技术的商业化，太阳能电池将在全球能源市场中扮演更加重要的角色，为实现可持续的能源解决方案做出更大的贡献。

7.2　太阳能电池的工作原理

太阳能电池，通过光伏效应或光化学效应，将光能直接转换为电能。这些电池使用的半导体材料多样，包括单晶硅、多晶硅、非晶硅、砷化镓、铜铟镓硒和碲化镉等。尽管材料各异，但太阳能电池的光伏发电原理基本一致。以硅太阳能电池为例，其工作原理主要涉及太阳光照射到硅材料上，激发电子从价带跃迁至导带，从而产生自由电子和空穴。这些电子和空穴在电场的作用下移动，形成电流，最终通过外部电路输出电能。硅太阳能电池的这一转换过程高效且环保，是目前太阳能电池技术中应用最为广泛的一种。

7.2.1　半导体简介

半导体材料在太阳能电池领域扮演着核心角色。固体材料的导电性能主要分为绝缘体、导体和半导体。半导体，处于导体和绝缘体之间，具有独特的电导特性。它们是由原子组成，其中一部分电子能够脱离原子核束缚，自由运动，形成所谓的自由电子。

金属的导电性能得益于其中大量能够自由运动的电子。而在绝缘体中，自由电子极少，故而不具有导电性。半导体的导电能力介于两者之间，其导电性能受特定条件影响而表现出导电特性。

本征半导体是没有杂质和缺陷的完整晶态半导体。在本征半导体中，价带电子在一定条件下能够跃迁至导带，产生自由电子和电子空位（空穴）。在电场作用下，导带中的电子和价带中的空穴都能形成电流，它们被统称为载流子，是半导体材料导电的关键因素。杂质半导体则是在本征半导体中掺杂某种杂质，从而改变其电子和空穴的浓度。例如，将三价元素掺入四价元素的晶体中形成 P 型半导体，其多出来的空穴成为导电的载流子。相反，将五价元素掺入则形成 N 型半导体，多出的电子成为导电载流子。在 P 型半导体中，空穴是多数载流子，而在 N 型半导体中，电子是多数载流子。

当 P 型和 N 型半导体结合时，形成 PN 结。在 PN 结界面，由于浓度差异，电子和空穴会发生扩散和漂移运动，最终达到动态平衡。这种平衡状态下，两侧具有统一的费米能级，而在 PN 结的交界处形成了内建电场。太阳能电池的工作原理基于 PN 结的这种特性。当太阳光照射到太阳能电池时，光子的能量被半导体材料吸收，产生电子—空穴对。在内建电场的作用下，电子和空穴被分离，从而形成电流。这种将光能转换为电能的过程就是光伏效应。

随着科技的发展，太阳能电池的材料和技术也在不断进步。从传统的硅太阳能电池到薄膜、有机、染料敏化，以及最新的钙钛矿太阳能电池，每一种技术都有其独特的优势和局限。硅太阳能电池以其高效稳定而广泛应用；而薄膜电池则以低成本、轻质和易于大规模生产著称；有机太阳能电池和染料敏化太阳能电池则因其柔性和可设计性受到研究关注。当前，太阳能电池技术的发展不仅是提高转换效率和降低成本的挑战，还包括如何实现大规模生产和应用。未来，随着新材料的发掘和新技术的应用，太阳能电池有望在全球能源结构中扮演更加重要的角色，为实现可持续发展目标做出重要贡献。

7.2.2　光伏效应

光伏效应是太阳能电池核心原理的基础，它指的是当适当波长的光照射到半导体材料上时，材料吸收光能并在两端产生电动势的现象。1839 年，贝克勒尔发现了半导体材料在光照下产生电势差的现象，即光生伏特效应，开启了光伏技术的探索。到了 1887 年，赫兹的发现进一步证实了光照到物质上会引起物质向外发射电子的光电效应。爱因斯坦关于光子或量子的理论成功解释了这一现象，并为量子理论的发展做出了重要贡献。

光电效应的范畴很广，包括光电子发射、光电导效应和光生伏特效应。光电子发射指的是光照射到物体上使电子逸出物体表面的现象，也被称为外光电效应。光电导效应是光照到物体上使电导率发生变化的现象。而光生伏特效应则是物体在光照下产生光生电动势的现象。光电导效应和光生伏特效应发生在物体内部，统称为内光电效应。

光生伏特效应的不同形式包括势垒效应、丹倍效应、光电磁效应和贝克勒尔效应等。势垒效应是光照射在 PN 结上，产生大量电子—空穴对并在内电场作用下分别向 N 型区和 P 型区移动，进而产生电动势的现象。丹倍效应发生在半导体器件受到不均匀光照时，由于载流子浓度分布不均匀，引发电动势的产生。光电磁效应则是在强光照下对半导体施加磁场，导致垂直于光和磁场的方向产生电动势的现象。贝克勒尔效应是指两个相同电极浸在电解液中，其中一个电极受光照射时，在两电极间产生电动势的现象。

这些效应的发现和研究为太阳能电池的发展奠定了基础。太阳能电池正是利用光生伏特效应将太阳光转换为电能。在太阳能电池中，当光子与半导体材料相互作用时，会产生电子一空穴对。这些电子和空穴在内建电场的作用下分离，形成电流，最终通过外部电路输出电能。这种将太阳能直接转换为电能的过程，不仅高效，而且环保，为解决全球能源问题提供了一种可持续的方案。

随着科技进步，新型半导体材料和太阳能电池技术不断涌现，如多晶硅、单晶硅、薄膜太阳能电池、染料敏化太阳能电池和钙钛矿太阳能电池等。这些技术在提高能量转换效率、降低生产成本、增加应用范围等方面都有显著进步。未来太阳能电池技术的发展，将继续推动全球能源结构的优化和可持续能源解决方案的实现。

太阳能电池的工作原理主要是基于 PN 结的光伏效应。在光照条件下，PN 结两端产生光生电动势。当适当波长的光照射到 PN 结表面，且光子能量大于材料的光学带隙时，价带电子将吸收光子能量并发生带间跃迁。这一过程在导带底产生大量的自由电子，在价带顶则产生大量的空穴，形成所谓的光生电子一空穴对，或称为非平衡载流子。

在 PN 结的结深较浅时，光子能够到达空间电荷区甚至更深的区域，在这些区域内产生大量非平衡载流子。内建电场的作用下，空间电荷区内的非平衡载流子将发生分离，其中电子向 N 区移动，空穴则向 P 区移动。在距 PN 结空间电荷区一定距离内的非平衡载流子一旦扩散进入空间电荷区，也会在内建电场作用下发生分离。

这种非平衡载流子的分离导致电子在 N 区积累，而空穴在 P 区积累。电子的积累使 N 区的费米能级上升，而空穴的积累则导致 P 区费米能级下降。这样，就在 PN 结两端产生了一个与平衡状态下内建电场方向相反的光生电场，进而产生光生电动势，即光生伏特效应。如果太阳能电池处于开路状态，内建电场分离的光生电子和光生空穴在空间电荷区两侧积累，形成光生电压。当接上负载后，就会产生光生电流，从而将光能转化为电能。这就是太阳能电池的基本工作原理。

太阳能电池的效率和性能取决于多种因素，包括半导体材料的类型、PN结的质量、电子和空穴的扩散长度、载流子的寿命和太阳光的光谱分布等。随着材料科学和半导体技术的发展，人们不断提高这些参数，从而提升太阳能电池的光电转换效率。

除了传统的硅基太阳能电池，新型材料如 CIGS、CdTe、钙钛矿等也在太阳能电池领域中显示出巨大潜力。这些材料不仅提供了不同的带隙和光吸收特性，还开启了新的器件结构和生产工艺的可能性。例如，染料敏化太阳能电池和钙钛矿太阳能电池的发展，展现了光伏技术在低成本、高效率和柔性应用方面的新方向。

7.3　几种典型太阳能电池及其材料

7.3.1　晶体硅材料及晶体硅太阳能电池

光伏产业的飞速发展，特别是对太阳能电池的高需求，极大地推动了硅材料的发展。硅材料，主要来源于优质石英砂，也称硅砂，其主要成分是高纯的二氧化硅，含量通常超过 99%。中国在多个地区都拥有丰富的优质石英砂资源，为硅材料的生产提供了稳定的原料基础。硅作为目前广泛使用的太阳能电池材料，其晶体形式主要包括单晶硅和多晶硅，根据纯度不同，硅材料可以分为冶金级硅、半导体级硅和太阳能级硅。冶金级硅是硅材料的基础类型，通过将石英砂放入电弧炉中，并使用碳作为还原剂，可以获得。这一过程中的化学反应将二氧化硅转化为较纯净的硅。尽管冶金级硅的纯度不足以直接用于制造太阳能电池，但它是制备更高纯度硅材料的重要初级产品。半导体级硅比冶金级硅的纯度更高，是制造电子器件、如晶体管和集成电路的关键原料。在太阳能电池领域，半导体级硅也扮演着重要角色，尤其在高效率单晶硅太阳能电池的制造中。这类硅材料的生产工艺更为复杂，要求极高的纯度，以确保电池的性能和效率。

（1）冶金级硅。将石英砂放入电弧炉中用碳还原可得到硅，其反应式如下

$$SiO_2 + C \rightarrow Si + CO_2 \uparrow$$

工业中得到的冶金级硅，尽管价格低廉，但纯度仅为 98% 至 99%，含有较多杂质如铁、铝、钙和镁。因此，虽然冶金级硅广泛应用于钢铁和铝行业，但对于制造太阳能电池或电子工业来说，其纯度远远不能满足需求。半导体级硅的纯度要求远高于冶金级硅，以满足半导体器件制造的高标准。这种超纯度的半导体级硅，其残留杂质的含量需控制在十亿分之几的水平。

（2）半导体级硅。半导体级多晶硅的纯度要求达到 9 N（99.999 999 9%）以上，杂质含量降至 10^{-9} 以下。制造如此高纯度硅的方法是将冶金级硅与氯气（或氯化氢）反应，生成四氯化硅（或三氯化硅），这是提纯过程的关键一步。通过这种化学反应，冶金级硅中的杂质被有效去除，从而得到符合半导体行业要求的高纯度硅材料。这种半导体级硅是制造高性能半导体器件，包括太阳能电池的关键原料。半导体级硅的高纯度保证了太阳能电池和电子器件的高效率和长期稳定性。其反应式如下

$$Si + 2Cl_2 \uparrow \rightarrow SiCl_4$$

或者
$$Si + 3HCl \rightarrow SiHCl_3 + H_2$$

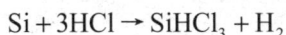

然后经过精馏，使四氯化硅（或三氯化硅）的纯度提高，再通过氢气还原成多晶硅，其反应如下

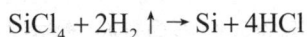

$$SiCl_4 + 2H_2 \uparrow \rightarrow Si + 4HCl$$

（3）太阳能级硅。太阳能级硅，作为太阳能电池制造的关键原料，其纯度介于冶金级和半导体级之间，通常在 4～6 N（即 99.99% 至 99.999 9%）。相比于半导体级硅，太阳能级硅的纯度稍低，但已足以满足太阳能电池的生产需求，并且具有更低的成本。早期，太阳能电池主要采用熔体直拉法生长

的单晶硅。但随着市场价格因素的影响，越来越多的企业开始转向成本更低的多晶硅块材生长。在太阳能级多晶硅的提纯过程中，主流技术是改良西门子法，该方法以其高纯度输出而闻名。同时，部分公司开始尝试使用成本更低、能耗更小的冶金物理法，以提高经济效益。在太阳能电池的分类中，单晶硅和多晶硅太阳能电池是两个主要类型。单晶硅材料具有结晶完整、载流子迁移率高、串联电阻小等特点，光电转换效率高（可达 24%），但生产成本较高。相比之下，多晶硅太阳能电池的成本较低（比单晶硅电池便宜约20%），制备方法简单，耗能少，适合连续化生产。然而，多晶硅电池的光电转换效率略低，大约在18%左右。

1. 单晶硅太阳能电池

单晶硅太阳能电池，作为太阳能电池领域的先锋，凭借其高效的光电转换效率和长久的使用寿命，在航空航天、光伏电站、充电系统和道路照明等多个领域中发挥着重要作用。全球主要的太阳能电池制造商，如德国西门子、英国石油公司和日本夏普公司，都以生产单晶硅电池为主。日本松下公司更是开发出了超过 100 cm^2 面积的单晶硅太阳能电池，实现了 24.7%的世界最高单元转换效率。商业化的单晶硅太阳能电池的效率一般在15%～20%。

单晶硅电池的制作成本相对较高、制造时间较长，但其高效率和长使用寿命使其在市场上保持竞争力。以下是单晶硅材料、电池结构及其制备工艺的简要介绍。

（1）单晶硅材料

单晶硅太阳能电池的材料是高纯度的单晶硅棒，要求纯度达到 99.999%。为了降低成本，地面设施用的太阳能电池的单晶硅材料指标有所放宽。高质量的单晶硅片要求无位错，少子寿命在 2 μs 以上，少子扩散长度至少为 100 μm，厚度达到 200 μm；硅片的含氧量要少于 1×10^{18} 原子/cm^3，碳含量少于 1×10^{17} 原子/cm^3。单晶硅片的电阻率控制在 0.5～30 Ω·cm，导电类型为 P 型，硼作为掺杂剂。

（2）制备工艺

熔体直拉法：是制作单晶硅最常用的方法之一。通过在真空环境中熔化处理过的多晶硅，加入籽晶，然后控制特定的工艺条件和掺杂技术，使单晶体沿籽晶定向凝固、成核长大。

悬浮区熔法：在真空气氛下，控制特定的工艺条件和掺杂技术，使熔区在硅棒上从头到尾定向移动，生产出的单晶硅纯度较高，适用于要求高品质硅片的生产。

（3）单晶硅电池的结构

电池通常采用 N+/P 同质结的结构，即在 P 型硅片上用扩散法制成一层重掺杂的 N 型层。在 N 型层上制作金属栅线，形成正面接触电极；在整个背面制作金属膜，作为欧姆接触电极。为减少光反射损失，整个表面覆盖一层减反射膜。

（4）单晶硅电池制备过程

硅片切割与准备：采用切片机或激光切片机将单晶硅棒切割成所需尺寸和形状的硅片。

去除损伤层：硅片在切割过程产生的表面缺陷通过化学清洗和表面腐蚀去除，以改善硅片表面质量。

制绒：通过酸或碱腐蚀处理硅片表面，形成漫反射结构，以减少光的损失。

扩散制结：在 P 型硅片上通过扩散形成 N 型层，形成 PN 结。

边缘刻蚀、清洗：去除硅片周边的扩散层，防止电极短路。

沉积减反射层：通过 PECVD 等方法沉积减反射层，提高电池转换效率。

丝网印刷上下电极：通过丝网印刷技术制作电池的上下电极。

共烧形成欧姆接触：一次烧结同时形成上下电极的欧姆接触。

电池片测试：测量电池的电压、电流、功率、效率等参数，并按性能进行分类。

单晶硅太阳能电池的制造工艺精密、复杂，涉及多个环节的精细控制。

这些电池以其高效率和长寿命，在太阳能电池领域中占据重要地位。随着技术的进步，单晶硅太阳能电池的生产成本在逐渐降低，进一步扩大了其在市场中的应用范围。

2. 多晶硅太阳能电池

多晶硅太阳能电池因其制备方法简单、耗能少、连续生产能力强，以及近 20.4% 的效率，已成为光伏市场的主要产品之一，产量甚至超过了单晶硅太阳能电池。多晶硅太阳能电池的材料制备技术主要包括改良西门子法、硅烷热分解法和流态床反应法等。

改良西门子法是目前多晶硅生产的主流技术，大约 80% 的多晶硅是通过这种方法制备的。该技术以冶金级硅和氢氯酸（HCl）为原料，在高温下合成为三氯氢硅（$SiHCl_3$），然后对 $SiHCl_3$ 进行提纯和多级精馏，使其纯度达标。最后在还原炉中用超高纯的氢气对 $SiHCl_3$ 进行还原，生长成高纯多晶硅棒。尽管该方法技术成熟，但存在设备复杂、耗能高、污染重、成本高等问题。

硅烷热分解法是以氟硅酸、钠、铝和氢气为主要原料制取高纯硅烷的工艺。硅烷热分解法生产多晶硅的过程中，通过硅烷的热分解来获得多晶硅。该方法相对于改良西门子法，能耗更低，但安全性要求高，因为硅烷具有易爆性。

流态床反应法是以 $SiCl_4$ 和冶金级硅为原料生产多晶硅的工艺，该方法的主要优势在于能耗低和生产效率高。

对于多晶硅太阳能电池的制备工艺，它与单晶硅太阳能电池相似，但在成本上更为经济。多晶硅太阳能电池的制备过程如下。

（1）硅片的制备：将多晶硅块切割成薄片，这些硅片是电池的基础。

（2）去除损伤层：切割过程中产生的损伤层需要通过化学处理去除，以提高硅片的质量。

（3）制绒：为减少硅片表面的光反射，采用化学腐蚀等方法使硅片表面粗糙化。

（4）扩散制结：通过在硅片表面引入不同类型的掺杂剂，形成 PN 结，这是太阳能电池的关键结构。

（5）安装电极：在硅片的正反两面安装电极，以收集并传输电流。

（6）沉积减反射层：在硅片表面沉积一层减反射膜，以进一步提高太阳能电池的效率。

（7）测试与分类：完成的太阳能电池需要进行性能测试，根据测试结果进行分类，确保性能一致性。

多晶硅太阳能电池因其较低的生产成本和较高的效率，在光伏市场中占有重要地位。随着技术的不断进步，多晶硅太阳能电池的效率和成本效益将进一步提高，使其在光伏市场中的地位更加稳固。同时，随着环保意识的增强和可再生能源需求的增加，多晶硅太阳能电池的应用领域将不断扩大，为全球可持续能源发展做出重要贡献。

7.3.2　非晶硅太阳能电池

非晶硅作为一种新型非晶态半导体材料，在太阳能电池领域中展示了其独特的优势和潜力。它的主要特点是组成原子的短程有序和长程无序性，形成了共价无规则网络结构。非晶硅太阳能电池的发展主要得益于其对可见光波长范围内太阳光的高吸收系数，以及光谱响应峰值与太阳光谱峰值的接近性。

1. 非晶硅太阳能电池的优势

材料用量少，原材料丰富：非晶硅太阳能电池薄膜厚度通常仅为 $1\sim 2\,\mu m$，大幅减少了材料用量。

高浓度可控掺杂：非晶硅电池能实现高浓度可控掺杂，获得优良的 PN 结。

能隙可调：通过改变掺杂元素和量，可以连续改变非晶硅的电导率、禁带宽度等物性。

叠层电池设计：可以设计不同带隙的多结叠层电池，拓宽光谱响应范围，提高电池的光伏特性。

衬底材料要求不高：可沉积于多种材料上，易于与建筑材料结合，适合构成光伏建筑一体化系统。

然而，非晶硅太阳能电池也存在缺点，主要是转换效率较低（最高仅为13.4%），且受光致衰减影响，效率会随时间逐渐降低。为解决这些问题，研究工作集中在提高效率和稳定性，如使用不同带隙的多结叠层、降低表面反射、使用更薄的本征层等。

2. 工作原理

非晶硅太阳能电池工作原理与晶体硅太阳能电池类似。当适当波长的入射光通过 P 层进入 I 层产生电子空穴对时，在 PN 结内建电场作用下，空穴移至 P 区，电子移至 N 区，形成光生电流和光生电动势。当这个光生电动势与内建电势达到平衡时，产生最大的开路电压。接通外电路时，则形成最大光电流，即短路电流。

3. 基本结构

非晶硅太阳能电池的常见结构类型包括肖特基势垒型（包括 MIS）、异质结型和 PIN 型等，其中 PIN 型结构最为重要。PIN 结构利用 P 层和 I 层形成的体结，避免了金属和非晶硅之间界面状态对电池特性的影响，制备电池的重复性好，性能稳定。该结构的设计灵活性大，可实现材料成本低廉，工艺简便且可连续生产。

近年来，非晶硅太阳能电池的研究主要集中在提高 PIN 电池的效率。已经出现了几种新形式的 PIN 结构，有效提升了转化效率。非晶硅太阳能电池因其结构和工艺上的优势，尤其在光伏建筑一体化系统中展现了巨大的应用潜力。

7.3.3　铜铟镓硒太阳能电池

薄膜太阳能电池，作为第二代太阳能电池的重要代表，近年来因其众多优势而发展迅速。与传统晶硅太阳能电池相比，薄膜电池使用的材料更少，成本较低，弱光性能好，且特别适合建筑一体化光伏（BIPV）应用。在薄膜太阳能电池领域，铜铟镓硒（CIGS）、碲化镉、非晶硅和多晶硅薄膜电池是最典型的代表。其中，CIGS 电池以其高转换效率（20.4%）、高吸收率、带隙可调、质量优良、成本低廉、性能稳定等特点，受到国际太阳能电池研究的广泛关注。

1. CIGS 太阳能电池的结构特点

CIGS 太阳能电池的典型结构为玻璃/Mo/CIGS/CdS/ZnO/ZAO/MgF$_2$。这种结构中，玻璃底板上覆盖的 Mo 层作为背电极，CIGS 层为光吸收层，CdS 层作为缓冲层，ZnO 和掺铝氧化锌（ZAO）作为窗口层，最外层的 MgF$_2$ 和 Ni—Al 电极起到减反射的作用。CIGS 薄膜的制备和生长质量对电池性能有决定性影响。这种材料属于Ⅰ—Ⅲ—Ⅳ2 族化合物半导体，具有黄铜矿结构，稳定性高，因此成为了 CIGS 太阳能电池的核心材料。

2. CIGS 太阳能电池的制备技术

CIGS 薄膜的制备方法主要分为真空工艺和非真空工艺两大类。真空工艺包括多源共蒸法、溅射后硒化法、混合溅射法等，而非真空工艺包括电沉积、旋涂、喷涂热解等方法。

（1）多源共蒸法：这是一种传统的制备技术，通过控制不同元素的蒸发，精确配比元素形成 CIGS 薄膜。三段法是多源共蒸法的一种，它通过在不同温度下依次蒸镀 In、Ga 和 Cu 元素来制备 CIGS 薄膜。虽然这种方法能制备出高质量的薄膜，但其复杂的工艺、成本较高，以及难以实现大面积均匀成膜的限制，影响了其在工业化生产中的应用。

（2）溅射后硒化法：这是目前工业化生产中主流的技术路线，使用商业半导体薄膜沉积设备，易于放大，同时能保证大面积均匀成膜。先进行金属前驱体的溅射沉积，再通过硒化处理形成 CIGS 薄膜。尽管存在某些技术挑战，如 $MoSe_2$ 的形成和硒化工艺问题，但这种方法在组分控制、均匀成膜方面具有明显优势。

（3）电沉积法：电沉积法以其低成本和简便操作的优势，逐渐成为 CIGS 薄膜制备的另一种重要方法。这种方法通常包括一步法和分步法，涉及 Cu、In、Ga、Se 等元素的电沉积，随后通过硒化处理得到最终的 CIGS 薄膜。虽然电沉积法在沉积薄膜质量和附着力方面存在一定的挑战，但其成本低、设备简单、操作安全等优点使其具有潜在的工业应用价值。

第 8 章

其他新能源材料与器件

新能源新材料是在环保理念推出之后引发的对不可再生资源节约利用的一种新的科技理念，是指新近发展的或正在研发的、性能超群的一些材料，具有比传统材料更为优异的性能。新材料技术则是按照人的意志，通过物理研究、材料设计、材料加工、试验评价等一系列研究过程，创造出能满足各种需要的新型材料。

1. 超导材料

当温度下降至某一临界温度时，有些材料的电阻会完全消失，这种现象称为超导电性，具有这种现象的材料称为超导材料。超导材料的另外一个特征是当电阻消失时，磁感应线将不能通过超导体，这种现象称为抗磁性。一般金属（如铜）的电阻率随温度的下降而逐渐减小，当温度接近于 0 K 时，其电阻达到某一数值。而 1919 年荷兰科学家昂内斯用液氦冷却水银，发现当温度下降到 4.2 K（−269 ℃）时，水银的电阻完全消失。

超导体的两大核心特性是超导电性和抗磁性，超导体在达到某一特定温度时电阻消失，这个温度被称作临界温度。超导材料的一个核心研究方向是寻求能在较高温度下呈现超导性的材料，这被称为"突破温度障碍"。以 NbTi 和 Nb_3Sn 为首的一些超导材料已经成功地商业化，并在核磁共振人体成像、超导磁体和大型加速器磁体中得到了广泛应用。超导量子干涉仪是超导技术中的一个亮点，它在检测微弱电磁信号上的灵敏度是无与伦比的。但因为传统的超导材料临界温度较低，它们需在昂贵的液氦环境下工作，这大大制约了它们的应用。然而，高温氧化物超导体的出现改变了这一局面，使得超导应用的温度可以从液氦的 4.2 K 提升到液氮的 77 K。液氮相对于液氦是更经济、更便捷的冷却方式。此外，高温超导体还拥有出色的磁性能，能生成超过 20 T 的强磁场，为工程应用提供了巨大潜力。

超导材料在能源领域具有广泛的应用潜力，尤其在发电、输电和储能方面。使用超导材料制成的发电机的线圈磁体，可以显著提高发电机的磁场强度，达到 5 万～6 万 Gs。更重要的是，这种发电机几乎没有能量损失。与传统发电机相比，这种超导发电机的单机容量可以提高 5 到 10 倍，而发电效率也能增加 50%。此外，利用超导材料制造的输电线和变压器可以实现近乎零损耗的电力传输。目前的数据显示，使用常规的铜或铝导线进行输电会损失约 15%的电能。以中国为例，这意味着每年有超过 1 000 亿度的电力损失。如果采用超导材料进行输电，所节省的电能将相当于新建了数十个大型发电站。这突显了超导技术在改进能源效率和节约资源方面的巨大潜力。超导磁悬浮列车依靠超导材料的抗磁性进行工作，当超导材料位于永久磁体或磁场之上时，磁力线由于超导体的抗磁性不能穿过它。这产生了磁体和超导体之间的排斥力，使超导体悬浮，利用这种磁悬浮原理，开发出了高速的超导磁悬浮列车，如日本新干线和上海浦东国际机场的高速列车；高速计算机在芯片上需要元件和连接线的密集排列，这会产生大量热量。但如果使用电阻接近零的超导材料制作连接线或微小的超导器件，就不会有过多的热量产生，从而大幅提高计算机的运算速度。

2. 智能材料

新能源材料在智能材料方向的发展正迅速成为科研和产业的热点，智能材料是指那些能够感应到外部刺激并做出响应的材料，这种响应可能是形态、物性或功能的改变，在新能源领域，这种外部刺激可能是温度、光照、电场、磁场或化学变化。

　　自修复材料在受到损伤后可以自动进行修复，这对于延长新能源设备如太阳能电池或储能电池的使用寿命具有重要意义，通过将这种材料与新能源技术结合，可以显著提高设备的稳定性和效率。多功能复合材料也日益受到关注，它们可以将导电性、机械强度和热管理能力等多种功能集成到一个系统中，这样的材料可以简化新能源系统的设计和制造，同时提供更高的性能。

　　形状记忆合金是另一个例子，它们可以在特定的温度或其他刺激下改变自己的形状，这种特性为新能源应用提供了新的机会，如动态调整太阳能电池板的角度以最大化其对太阳的暴露；纳米技术在新能源智能材料中也发挥着关键作用。纳米尺度上的材料具有独特的物理和化学性质，这为提高新能源设备的效率、稳定性和耐用性打开了新的可能性。

3. 磁性材料

　　一般情况下，把磁性材料分为软磁材料和硬磁材料两类。

　　软磁材料是指那些易于磁化并可反复磁化的材料，但当磁场去除后，磁性即随之消失。这类材料的特性标志是磁导率（$\mu = B/H$）高，它是一类特殊的磁性材料，它们在磁场中易于磁化，达到高磁化强度的速度很快，但当磁场消失后，它们的剩余磁性非常微弱。这种材料在电子领域有着广泛的应用，特别是在高频技术中，如用于制作磁芯、磁头和存储器磁芯。在强电技术中，它们还被用于生产变压器和开关继电器。目前市场上常见的软磁材料有铁硅合金、铁镍合金和非晶金属。铁—硅合金，尤其是那些含有少量硅的合金，是最普遍使用的软磁材料，主要应用于低频变压器、电动机和发电机的铁芯。铁镍合金在性能上超过了铁硅合金，其中最典型的代表是坡莫合金，由 79% 的镍和 21% 的铁组成，这种合金以其高的磁导率（是铁硅合金的 10 到 20 倍）和低的能量损耗而闻名。另一种独特的软磁材料是非晶金属，也被称为金属玻璃。与传统金属不同，非晶金属的结构是非晶体的，它们主要由铁、钴、镍和半金属元素如硼、硅组成。其生产过程涉及极快的速度冷却金属液，这样在固态时金属能够保持原子无规则排列的非晶体结构。非晶金属因其出色的磁性能被广泛应用于低能耗变压器、磁性传感器和记录磁头。此外，某些非晶金属显示出卓越的耐腐蚀特性，而其他则因其高强度和良好的韧性而受到赞誉。

永磁材料，又称硬磁材料，在外磁场作用下磁化后，即使移除外磁场也能保持其磁性；其特点是高剩磁和矫顽力，因此常用于制作永久磁铁，应用于指南针、仪器、电机、电话和医疗设备。它主要分为两大类：铁氧体和金属永磁材料。铁氧体用途广、价格低，但磁性能普通，而在金属永磁中，初期使用的高碳钢的磁性能不佳。

高性能的永磁材料主要包括铝镍钴（Al—Ni—Co）、铁铬钴（Fe—Cr—Co），以及稀土永磁如稀土钴（Re—Co）合金，例如 $SmCo_5$ 和 Sm_2Co_{17}。目前，广泛使用的是铌铁硼（Nb—Fe—B）稀土永磁，它不仅具有出色的性能，还不包含稀有的钴元素，因此迅速成为高性能永磁材料的代表。该材料已应用于高性能扬声器、电子水表、核磁共振仪、微电机和汽车启动电机等领域。

4. 纳米材料

纳米材料是一种尺寸处于 $1\sim100$ nm 范围内的材料，由于其独特的微观尺寸，它们通常具有与宏观同类材料截然不同的物理和化学性质。在纳米尺度下，许多材料会呈现出不同于宏观状态的光学、电磁和机械性质，这主要是由于所谓的量子尺寸效应。此外，由于其高的表面积与体积比，纳米材料在许多领域都显示出高度的活性，尤其在催化和传感中。例如，某些纳米纤维如碳纳米管，不仅具有极高的机械强度，还具有出色的导电性；随着纳米技术的快速发展，纳米材料在医学、能源、环境和电子等领域中的应用也在不断扩展。然而，尽管纳米材料具有许多有趣和有用的性质，其生物安全性和环境影响仍是研究的焦点，这使得它们的广泛应用受到了一定的限制。总体来说，纳米材料为现代科技和工业提供了巨大的潜力和机会，但同时也带来了一系列的挑战和问题。

8.1　镍基储氢电池

8.1.1　镍基储氢电池概述

在镍氢电池中，正极活性材料使用的是氢氧化镍，而负极活性材料则是储氢合金。其电解质是碱性的，通常采用氢氧化钾的水溶液。其基本电极反应为

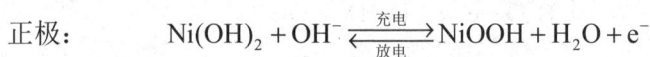

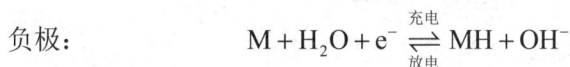

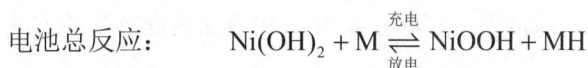

正极：
$$Ni(OH)_2 + OH^- \underset{\text{放电}}{\overset{\text{充电}}{\rightleftharpoons}} NiOOH + H_2O + e^-$$

负极：
$$M + H_2O + e^- \underset{\text{放电}}{\overset{\text{充电}}{\rightleftharpoons}} MH + OH^-$$

电池总反应：
$$Ni(OH)_2 + M \underset{\text{放电}}{\overset{\text{充电}}{\rightleftharpoons}} NiOOH + MH$$

式中，M 为储氢合金；MH 为储有氢的储氢合金。图 8-1 为 Ni/MH 电池的工作原理示意图。

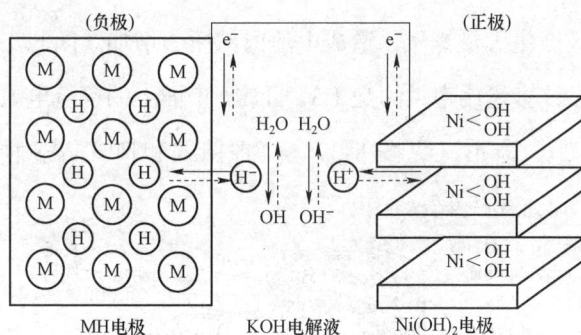

图 8-1　Ni/MH 电池的工作原理示意图

在电池的充电和放电过程中，可以将氢原子或质子在两个电极之间的移动视为核心机制。在充电时，电极表面不会释放气态的分子氢，而是由电解水产生的原子氢被储氢合金直接吸收。这些氢原子随后向合金内部扩散，进入并填充其晶格间隙，从而形成金属氢化物。在充电的后期，正极会产生并释放氧气。这些氧气穿过隔膜，到达负极区域，并与负极发生反应，形成水。

正极： $4OH^- \rightleftharpoons 2H_2O + O_2 + e^-$

负极： $4MH + O_2 \rightleftharpoons 4M + 2H_2O$

电化学反应： $O_2 + 2H_2O + 4e^- \rightleftharpoons 4OH^-$

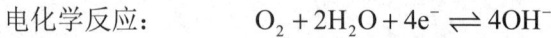

在过度充电的情况下，理想的密封电池中正极产生的 O_2 会迅速在负极与氢发生反应，形成水。Ni/MH 电池的主要失效原因是负极氧气复合能力的下降，这导致电池内部压力增加，迫使安全阀打开，从而引起泄漏气体和液体等问题。

在进行放电过程中，当电压降至接近 $-0.2\ V$ 时，正极会产生氢气，导致内部压力略微上升。但这些氢气会迅速与负极发生反应，反应式为

正极： $H_2O + e^- \rightleftharpoons 1/2H_2 + OH^-$

负极： $1/2H_2 + M \rightleftharpoons MH$

电池总反应： $OH^- + MH \rightleftharpoons H_2O + M + e^-$

在镍氢电池设计中，通常采用限制正极容量和增加负极容量的方法，这意味着负极的容量会超过正极。

若不采用这种设计，镍氢电池在过度充电时会在正极产生氧气，导致合金氧化，这会不可逆地破坏负极片，从而显著减少电池的容量和使用寿命。过度放电会在正极产生大量氢气，造成电池内部压力增加。因此，通常情况下，负极与正极的设计容量比率大约是 1.5。目前，市面上的镍氢电池主要采用圆柱形状（见图 8-2）、方形（见图 8-3）、口香糖式和口式等多种类型。

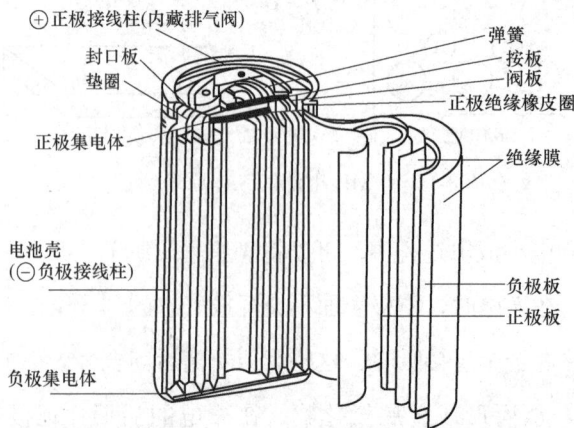

图 8-2　圆柱形 Ni/MH 电池的结构示意图

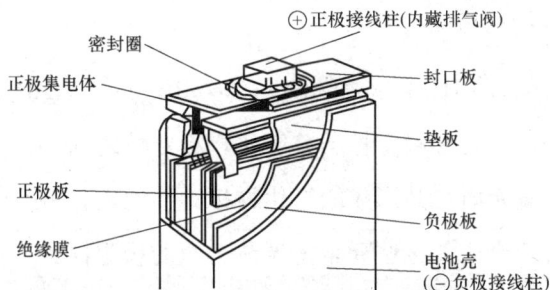

图 8-3　方形 Ni/MH 电池的结构示意图

8.1.2　储氢合金的基本特征

二元储氢合金主要在 1970 年左右被陆续发现。这些合金可分为四类：AB_5 型（即稀土系合金）、AB_2 型（Laves 相合金）、AB 型（钛系合金）和 A_2B 型（镁系合金）。在这些合金中，A 元素是氢化物稳定性元素（发热型金属），而 B 元素是氢化物不稳定性元素（吸热型金属），且 A 元素的原子半径通常大于 B 元素。

氢在金属或合金中比液态氢的密度高，氢能在相对温和的条件下可逆吸放，并且伴随热的释放与吸收。试验检测和模拟计算证明氢主要以原子形式存在，部分带有负电荷。在合金晶格中存在 6 配位的八面体间隙和 4 配位的四面体间隙，在吸氢时，氢原子进入晶格占据八面体间隙或四面体间隙。氢原子在八面体或四面体中的分布，取决于金属或合金的种类和结构。氢的进入一般遵循填充不相容规则，即两个共面的四面体或八面体间隙不能同时被氢原子占据。同时，氢在间隙的占据状态也取决于间隙的几何因素和间隙周围金属原子的电子分布状态及电负性因素。

氢进入合金晶格的间隙位置后，一般原合金的晶型结构保持不变，但会造成合金晶格的膨胀。储氢后合金体积膨胀率与氢浓度成正比，其比例系数因合金种类和结构而有所差异。氢占据储氢合金的晶格间隙后，储氢合金晶格中的 A 原子和 B 原子不再直接接触，而出现 A—H 和 B—H 界面。合金氢

化物的生成焓可经验型地表示为

$$\Delta H(AB_nH_{2m}) = \Delta H(AH_n) + \Delta H(BH_m) - \Delta H(AB_n)$$

这个公式揭示了合金稳定性与其氢化物稳定性之间"可逆稳定性"规律：即当合金本身更稳定时，其形成的氢化物相对不稳定。利用这一原则，可以通过选择和替换合金中的某些元素来调节合金的稳定性。

金属—氢体系的相平衡通常通过金属氢化物在不同温度下的吸放氢平衡压力和组成变化来描述，这种变化用一个称为 PCT 曲线（压力—组成—温度曲线）的图表来展示。（见图 8-4）。PCT 曲线的特点包括：氢气最初通过间隙机制进入金属（或合金）的晶体内部，形成一种固溶体（通常称为 α 相）。在这种固溶体中，氢的分布是随机的。此外，固溶体中的氢含量与相应的氢气平衡压力的平方根之间呈正比关系。在特定的温度和压力下，氢会继续溶解直至达到饱和状态，这一过程导致金属氢化物的生成，通常称为 β 相，在这一相中，氢几乎是均匀分布的。某些储氢合金还能形成第二种氢化物相，通常称为 γ 相。根据 Gibbs 相律，在 α 相和 β 相之间存在一个氢的平台压。

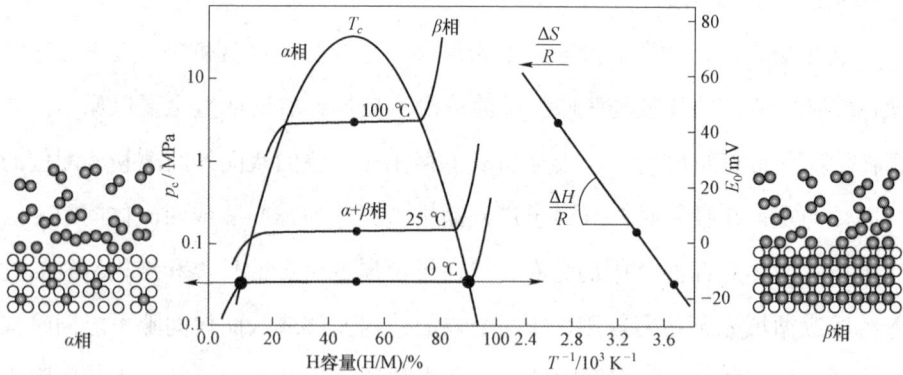

图 8-4　典型的吸放氢 PCT 曲线

在可逆氢吸收和释放的过程中，形成的平台压是储氢合金能量转换的核心因素。这一过程主要涉及几个阶段：氢气在表面的分子吸附和脱附、分子的解离和重组，以及氢原子在合金内的体相扩散。在合金中，氢的固相扩散主要通过间隙机制进行，即氢原子在晶格间隙中的跃迁导致的扩散。此外，氢在合金中的扩散还伴随着相变过程，包括相界面的移动。氢的这种可逆储存可以通过两种方式实现：一种是氢气直接与合金发生气固反应，另一种是在水溶液电解质中进行电化学反应。

8.1.3　储氢合金电极材料的主要特征

储氢合金作为镍氢电池负极的选择，得益于其能够同时进行氢存储和电化学反应的特殊双功能性，这类负极材料通常必须具备若干关键特性。

（1）储氢合金的主要特性包括较高的可逆氢存储能力、适宜的平台压力（大约在 0.01～0.05 MPa 之间），以及在氢的阳极氧化过程中表现出的优秀电催 $MH_{ads} \rightleftharpoons MH_{abs}(\alpha) \rightleftharpoons MH_{ahs}(\beta)$。

（2）在强碱性电解液中，储氢合金的化学成分保持相对稳定。

（3）在多次充放电循环中，储氢合金展现出良好的抗粉化特性。

（4）储氢合金展示出优秀的电和热传导能力。

（5）合金具有相对较低的成本。

储氢合金电极在碱性电解液中主要经历以下电极反应。

（1）氢在储氢合金和电解液界面的电化学吸附/脱附反应过程

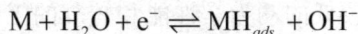

$$M + H_2O + e^- \rightleftharpoons MH_{ads} + OH^-$$

（2）氢在储氢合金内的固相传输过程

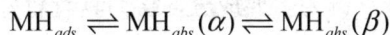

$$MH_{ads} \rightleftharpoons MH_{abs}(\alpha) \rightleftharpoons MH_{ahs}(\beta)$$

（3）氢在储氢合金表面的析出过程

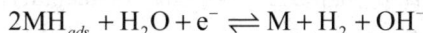

$$2MH_{adx} \rightleftharpoons M + H_2$$

$$2MH_{ads} + H_2O + e^- \rightleftharpoons M + H_2 + OH^-$$

氢原子在合金表面吸附并经历化学与电化学的联合反应，结果是氢以气态释放。

8.1.4　储氢合金负极材料

储氢合金作为负极材料，在能源存储技术特别是在镍氢（Ni/MH）电池领域扮演着至关重要的角色。这些合金的核心特性是它们能够在其晶格结构中有效地存储氢，并且在需要时释放氢，从而在电池充放电过程中实现能量转换。

储氢合金的种类多样，每种类型都具有独特的特性，适用于不同的应用场景。最常见的几种类型包括 AB_5 型稀土镍系储氢合金、AB_2 型 Laves 相合金、A_2B 型镁基储氢合金和 V 基固溶体型合金。AB_5 型合金主要由稀土元素（如镧）和镍构成，其结构允许大量的氢原子吸附和脱附，这使得电池具有较高的能量密度和良好的循环稳定性。这些合金的优点是高的储氢容量和较好的抗腐蚀性，但成本相对较高，特别是含有大量稀土元素的情况下。

AB_2 型合金通常由 Ti 和 Zr 等转换金属，以及 V、Cr 等元素组成。这类合金的结构提供了较大的间隙，使得氢原子可以有效嵌入。它们通常具有较高的充放电效率和良好的热稳定性，但其脆性和对气氛的敏感性限制了它们的应用。A_2B 型镁基合金是另一类重要的储氢材料。镁具有很高的氢存储容量，但其主要挑战在于较低的动力学性能和较高的工作温度。研究者们通过合金化或纳米化手段试图改善这些性质。

V 基固溶体型合金以钒为主要成分，它们具有较好的循环寿命和抗腐蚀性能，但相对较低的储氢容量限制了其应用范围。这些储氢合金的研究和开发，主要集中在提高储氢容量、改善电化学性能、降低成本和提高环境适应性等方面。未来，随着新材料的开发和现有材料性能的优化，储氢合金将在能量存储领域发挥更加重要的作用。

1. 合金的化学成分与电极性能

（1）合金 A 侧混合稀土组成的优化

合金 A 中混合稀土元素的优化是一个复杂且精密的过程，它在提高合金性能方面起着关键作用，尤其是在能量存储和催化应用领域。稀土元素由于其独特的电子结构和化学性质，当被引入到合金中时，能显著改变合金的物理和化学特性。

稀土元素的加入可以显著提高合金的储氢能力。稀土元素如镧（La）、铈（Ce）、钕（Nd）等，由于其较大的原子半径和特殊的电子排布，能在合金中形成更多的间隙位置，从而增加氢原子的储存空间。这些元素还能改善合金的吸放氢动力学性能，加快氢的吸收和释放速率。稀土元素的添加也能改善合金的结构稳定性。在多次充放电循环过程中，合金结构的稳定性对其使用寿命至关重要。稀土元素的引入能增强合金的晶格稳定性，防止在循环过程中晶格结构的破坏，从而延长合金的使用寿命。

稀土元素的混合也有助于优化合金的电化学性能，这些元素能够作为催化剂，提高合金的电化学活性，从而提升其作为电池电极材料的性能。例如，在镍氢电池中，稀土合金作为负极材料时，能够提供更高的电流密度和能量密度。优化稀土元素的组合还需要考虑成本和环境因素，一些稀土元素成本较高且资源有限，因此在设计合金时需要考虑经济性和资源可持续性。通过选择成本效益高且环境友好的稀土元素，可以制造既高性能又环境友好的合金。

混合稀土元素在合金 A 中的优化是一个涉及材料科学、化学和环境科学多个领域的复杂过程。通过精确控制稀土元素的种类和比例，可以显著提升合金的性能，满足特定应用的需求。随着材料科学的进步，预计将出现更多创新的稀土混合合金，以满足未来技术的挑战。

（2）合金 B 侧元素的优化

合金 B 侧元素的优化是一项关键的材料科学任务，它在改善合金的性能、增强其应用范围和提高经济效益方面扮演着至关重要的角色。B 侧元素通常包括过渡金属，如镍、钴、铁、锰，这些元素在改变合金的物理、化学和电化学特性方面起着决定性作用。

B 侧元素的选择和比例对合金的机械性能具有显著影响。例如，钴和镍的加入可以提高合金的硬度和强度，而铁和锰的添加则可以提高合金的韧性。适当的元素配比可以平衡合金的硬度和韧性，满足不同应用的需求。B侧元素对合金的电化学性能也至关重要，在电池应用中，如镍氢电池的负极材料，这些元素的电化学活性决定了合金的充放电容量和效率。镍和钴的加入可以提高合金的充电容量和充放电效率，而铁和锰的添加则可以提高合金的循环稳定性和抗腐蚀性。

此外，B侧元素的优化也与合金的热稳定性和耐腐蚀性能密切相关。不同元素的添加可以改变合金在高温和腐蚀性环境下的性能。例如，钴和镍能提高合金的耐高温性能，而铁和锰则能提高合金的耐腐蚀性。

在优化B侧元素时，还需考虑成本和环境因素，一些元素虽然能提高合金的性能，但成本较高或对环境有害。因此，选择经济且环境友好的元素是合金设计的重要考虑因素。合金B侧元素的优化是一个涉及多个方面的复杂过程，通过精确控制元素的种类和比例，可以显著改善合金的机械、电化学、热稳定性和耐腐蚀性能，从而满足特定应用的需求。随着材料科学和工程技术的进步，未来将有更多创新的合金设计出现，以应对不断变化的技术和市场需求。

2. 合金的表面改善处理与电极性能

研究显示，合金的储氢能力、压力—组成—温度特性、氢的扩散能力、储氢过程中的相变和体积膨胀主要取决于合金的类型、化学成分和微观结构等体相特性。然而，与电极性能紧密相关的电极过程动力学、活化和钝化行为、腐蚀与氧化反应、自放电现象，以及循环寿命等因素，都在很大程度上受到材料表面性质的影响。合金在电化学储氢过程中主要涉及电极表面的电化学反应和电极、电解质、气体的三相界面作用。因此，合金表面的化学成分、微观结构和催化活性对提升合金电极及电池性能具有重要影响。目前，储氢电极合金的研究趋势聚焦于合金成分和相结构的优化，以及表面改性处理，这些都是提高合金综合性能的关键研究领域。

接下来简述 AB_5 型混合稀土系储氢合金的表面改性处理技术及其对电极性能的影响。

（1）表面包覆处理

采用化学镀的方法在储氢合金粉体表面包覆一层 Cu、Ni、Co 等金属或合金的作用主要是：用作表面保护层，以防止氧化和钝化，从而延长电极的循环使用寿命；作为连接储氢合金和其基底的集流体，同时增进电极的导电性，提升活性物质的使用效率；有助于促进氢原子在体相中的扩散，提升金属氢化物电极的充电效率，并减少电池内部的压力。

研究发现，在合金粉末表面施加不同的化学镀层（如 Cu、Co—P、Ni—P、Ni—Co—P 及 Ni—W—P）可以在不同程度上提升合金电极的放电性能和循环稳定性。

在早期中国的镍氢电池生产中，采用化学镀铜或化学镀镍处理的合金粉在制作 Ni/MH 电池时，能有效降低电池内部压力并延长电池寿命，因此这种方法曾广泛使用。然而，由于化学键弛豫过程增加了合金的成本，并带来废弃镀液处理的环境问题，这种方法在当前的生产中已较少使用。

虽然电镀镀层和化学镀层的效果相似，但由于合金粉的电镀工艺较为复杂，相关研究较少。对 $Mm(Ni_{3.6}Mn_{0.4}Al_{0.3}C_{0.7})_{0.92}$ 合金进行 Co 和 Pd 电镀的研究显示，虽然 Pd 电镀没有显著增加放电容量，却能提高电极的活化性能。而 Co 电镀则显著提升了合金电极的放电容量，并在放电曲线上引入了第二个放电平台。

通过机械合金化技术，在储氢合金表面形成金属包覆层（如 Ni、Co、Cu 等），可以增强合金电极的放电容量和循环稳定性。例如，当合金粉被包覆 20%（质量比）的 Co 后，MH 电极在第 500 次循环时的放电容量仅比最高容量下降了 10%，相比之下，未经包覆处理的合金在放电容量上的降幅超过了 50%。

（2）表面修饰

在储氢合金表面施加一层疏水性有机物料，如聚四氟乙烯，可以在负极表面形成微小空间。这有利于加快充电后期，以及快速充电时氢和氧结合成水的反应，从而减少电池内部压力，延长电池的循环寿命。此外，对储氢合金进行特殊的憎水处理，不仅对氢和氧的结合起到良好的催化作用，还能减少电极极化，提高电极在高倍率放电和大电流充放电时的效率。例如，将聚四氟乙烯或含有 Pd 颗粒的 PTEE 薄膜涂覆于储氢合金表面，能有效降低电池的内压。

涂覆贵金属在提升储氢合金电极性能方面也是有效的。例如，储氢合金表面涂上少量的 Pd 粉可以有效防止氧化，而覆盖小于 2 μm 颗粒尺寸的 Ag 层则能显著降低电池内部压力。此外，电极表面的亲水性高聚物涂层能增加氢气析出的扩散阻力，减缓氢的扩散，进而使自放电率降低 17.2%。而在合金表面添加适量的聚苯胺膜，可以将 MH 电极的自放电率从 35% 降低到 25%。

MH 电极的自放电首先发生在氢原子在电极表面组合成氢气并脱附的过程中。通过使用 S、CN⁻ 等抑制氢原子组合的毒化剂修饰 MH 电极表面，可以减缓氢的组合速度，从而降低自放电率约 10%。此外，这些催化毒化剂还有助于增强 MH 电极表面氢原子向体相扩散的动力，促进氢原子向体相的扩散，阻止氢气的析出，从而提升电极的充电效率。

在合金表面覆盖一层连续的亲水性有机物薄膜，并在其上添加分散的、孤立岛屿状的憎水性有机物，可有效增强合金的抗氧化性能和电池的循环寿命。

使用非金属材料对合金表面进行修饰也能有效增强电极的性能。例如，氟化碳包覆的电极在循环寿命上有明显的提升，尽管其放电容量降低了大约 20%。活性炭包覆的合金则能增加活性物质的使用效率，进而提高电极的容量和循环寿命。

（3）热碱处理

研究发现，经过浓（热）KOH 溶液处理的合金，在 Mn、Al 等元素溶解后，会在表面形成一层类似 Ranney Ni 的富镍层，具有较高的催化活性。这不仅增强了合金粉末间的导电性，还显著提升了电极的活化和高倍率放电性能。同时，随着 Mn、Al 等元素溶解，La(OH)$_3$D 倾向于以须晶形式生长，这有助于防止合金表面进一步腐蚀，从而增强合金的耐用性。除了常规的单次热碱溶液浸渍处理，目前研究还包括了其他几种碱处理方法。这些方法之一是结合超声波技术进行碱处理，以延长储氢合金的循环寿命；另一种方法是先在 60～90 ℃条件下对合金粉进行碱处理，制成负极后，再在 95～120 ℃的高温下进行二次碱处理。在日本松下公司对 Mm（Ni$_{4.3-x}$Mn$_{0.4}$Al$_{0.3}$Co$_x$）合金的研究中，采用 6 mol/L KOH 溶液在 80 ℃下进行的热碱处理表明，当 Co 含量介于 0.5～0.75 时，该处理对于提升合金的循环寿命有最显著的效果。

尽管热碱处理能够提升合金的电化学性能，但处理过程中工艺条件的严格控制至关重要。若处理不当，过度腐蚀可能导致有效容量的损失，而长时间的碱处理引起的表面腐蚀、凹陷和空洞会加速合金的进一步腐蚀，最终反而缩短电池的循环寿命。

（4）氟化物处理

研究显示，使用 HF 或其他氟化物溶液处理合金后，其表面微观结构发生显著变化。合金的表层被大约 1～2 μm 厚的氟化物（如 LaF$_3$）层所覆盖，而在这层氟化物之下的亚表面区域形成了一层具有较高电催化活性的富镍层。在氟化物溶液处理过程中，溶液中的 H$^+$会导致合金表层发生氧化，从而在表面形成许多微裂纹，显著增加了合金的反应比表面积。因此，经过此类处理的合金在活化、高倍率放电性能和循环稳定性方面都有所提升。

（5）酸处理

经过酸浸渍处理的储氢合金能够去除表面的稀土氧化层，并在表面形成具有较高电催化活性的富 Ni（Co）层。此外，处理过程中合金表层的氢化作用产生了众多微裂纹，增加了合金的比表面积，进而提高了其活化和高倍率放电性能。在储氢合金的酸处理研究中，常用的酸类包括盐酸、HAc—NaAc 缓冲溶液、甲酸、乙酸和氨基乙酸。日本三洋公司使用 pH 为 1.0 的盐酸溶液对 Mm（Ni—Co—Al—Mn）$_{4.76}$合金进行的表面处理研究发现，对快速凝固合金和退火处理合金进行酸处理在改善活化性能等方面的效果优于普通铸态合金。

（6）化学还原处理

使用含有还原剂（如 KBH_4、$NaBH_4$ 或磷酸盐）的热碱溶液对合金粉末（或 MH 电极）进行浸渍处理，同样能够提升合金电极的性能。

当使用磷酸盐作为还原剂处理合金时，除了将表面氧化物还原之外，由于磷酸盐离子在转化为亚磷酸过程中产生的原子氢会吸附在储氢合金表面，这增强了合金对氢的吸附能力。同时，部分氢原子扩散进入合金的体相，形成金属氢化物，使得处理后的合金更容易达到饱和容量。

3. 合金的组织结构与电极性能

研究发现，储氢合金的微观结构，包括其凝固过程中的组织、晶粒大小和晶界的偏析，受到合金成分、铸造条件（如冷却速度）和热处理方法的影响。这些因素对合金作为电极材料的性能有显著影响。简言之，储氢合金的微观结构的不同，会由于其成分和加工条件的变化，进而影响其电极性能。

合金的凝固组织和晶粒大小对其吸氢粉化和腐蚀速率有显著影响，这些特性直接关联到合金电极的循环稳定性。当合金晶界处有不同种类的合金元素或第二相析出时，这会增进或减缓合金的吸氢粉化和腐蚀，从而提升或降低电极的循环稳定性。此外，如果晶界析出的第二相具有较高的电催化活性，那么合金电极的高倍率放电性能也可能因此得到提高。因此，在调整储氢合金的化学组成以优化其性能的同时，还需要关注并改善合金的制备工艺，如采用急冷凝固、快速凝固和热处理技术。通过这种方式，可以更好地控制合金的组织结构，从而有效提升储氢电极合金的整体性能。

（1）常规铸造合金的组织机构与电极性能

在储氢合金的大规模生产中，目前普遍使用的是真空感应熔炼与常规铸造技术来制造合金锭。这些合金锭的质量和锭模的设计不同，导致常规铸造过程中的合金凝固冷却速度大致在 $10\sim100$ K/s 之间。研究显示，在常规铸造过程中不同冷却速度下，不含锰和含锰的两种 AB_5 型合金展现了不同的组织结构和循环稳定性表现，对这两种合金进行退火处理时，其效果也有显著差异。如图 8-5 所示，当 Mn 的 Mm（$Ni_{3.5}Co_{0.7}Al_{0.8}$）合金在较慢冷却速度（大约 $10 \sim 40$ K/s）的普通锭模中凝固时，与锭模冷却面直接接触的外层部分因快速冷却形成柱状晶结构（D），而中心部分由于冷却较慢则形成等轴晶结构（C）。

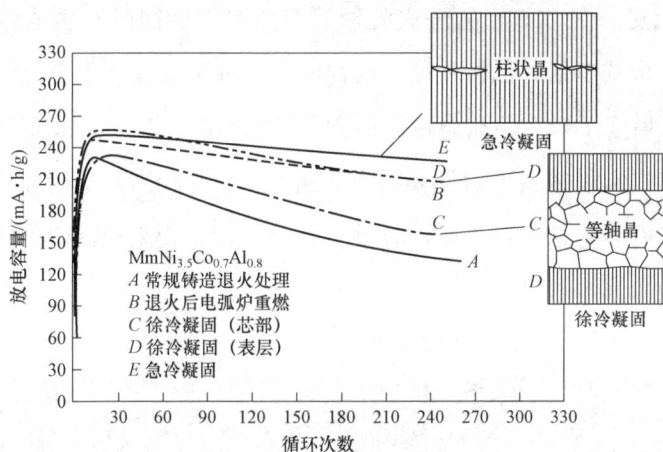

图 8-5　合金的凝固组织与电极性能比较

相较于等轴晶结构的合金，柱状晶结构的合金因其晶格应变较小且组织结构与化学成分更为均匀，在充放电循环中能更有效地抑制吸氢粉化和腐蚀速率，从而其循环稳定性显著高于等轴晶结构合金。通过改进铸造锭模结构以增加合金的冷却速度至约 100 K/s 实现急冷凝固，合金的凝固组织完全转变为柱状晶。这样，晶粒尺寸从徐冷凝固的约 $50 \sim 100$ μm 微米减小到大约 $20 \sim 30$ μm，使得这种急冷凝固合金（E）展现出更优越的循环稳定性。研究指出，对无锰合金进行 1 000 ℃的退火处理会导致晶粒增长和部分合金元素在晶界处的偏析，从而显著降低了经退火处理的合金（A）的循环稳定性。然而，对这些退火合金进行电弧炉重熔（急冷凝固）可以重新形成晶粒较细的柱状晶结构，从而显著提升了重熔合金（B）的循环稳定性。

对于含锰的 Mm（$Ni_{3.5}Co_{0.8}Mn_{0.4}Al_{0.3}$）合金，由于 Mn 元素在凝固过程中起到了强烈的成核作用，无论是徐冷凝固还是急冷凝固，其组织结构都表现为等轴晶。这种含锰合金由于其较大的晶格应变和较高的吸氢粉化速率，加之锰元素在晶界易于偏析且在碱液中部分溶解，使得含锰合金电极的循环稳定性不及无锰合金。在比较含锰合金的徐冷凝固和急冷凝固时，发现急冷凝固合金的等轴晶晶粒更细（约 20～30 μm），并且减少了合金成分的偏析。这样的急冷凝固过程显著提升了含锰合金的循环稳定性。研究还发现，对含锰合金进行 1 000 ℃的退火处理可有效释放凝固时产生的较大晶格应力，并进一步减少锰的偏析程度。这种退火处理不仅提升了合金的循环稳定性，还显著增强了合金的荷电保持能力（见图 8-6）。对于 AB_5 型混合稀土系储氢合金，在常规铸造中增加凝固冷却速度（急冷凝固）是增强合金循环稳定性的一个有效方法。对于放电容量更高的含锰合金来说，适当的退火处理能够显著改善其电极性能。

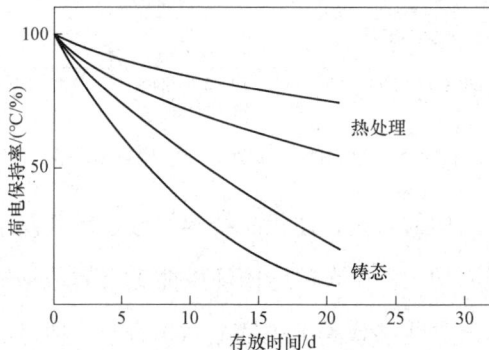

图 8-6　热处理（1 000 ℃）对 $MmNi_{3.8}Co_{0.5}Mn_{0.4}Al_{0.3}$ 合金电极荷电保持能力的影响

　　提升合金的凝固冷却速度能有效改善其电极循环稳定性，因此，采用快速凝固技术来制备储氢合金，其冷却速度超过常规铸造，已成为国际国内研究者关注的焦点，并成为储氢合金制备新技术领域的研究热点。在储氢合金的快速凝固制备领域，主要的研究方法包括气体雾化法和单辊快淬法。气体雾化法是一种利用高压氩气（2～8 MPa）将合金熔体雾化成细小液滴，从而实现快速凝固的技术。通过合金的快速凝固技术，如单辊快淬法，合金熔体被倾倒或喷射到高速旋转（1 500～3 000 r/min）的水冷铜辊上进行凝固，其冷却速度达到 $10^3～10^4$ K/s。这种方法可以制得平均厚度在 30～50 μm 的合金薄片。而气体雾化法可实现类似的冷却速度,产生平均粒径在 30~40 μm 的球形合金粉末。对比 Mm(Ni$_{3.8}$Co$_{0.5}$Mn$_{0.4}$Al$_{0.3}$)合金的常规铸造和快速凝固方法的气态 PCT 曲线显示,单辊快淬法制得的合金 PCT 曲线较为平缓,而气体雾化法产生的合金 PCT 曲线则更加陡峭,常规铸造合金的 PCT 曲线位于这两者之间。通过 PCT 曲线的斜率和 XRD 分析可知,不同凝固方式产生的合金中,气体雾化法导致的晶格应变最大,常规铸造次之,单辊快淬法的晶格应变最小。图 8-7 为不同凝固方法制备的 MmNi$_{3.8}$Co$_{0.5}$Mn$_{0.4}$Al$_{0.3}$ 合金的 PCT 曲线比较(40 ℃)。

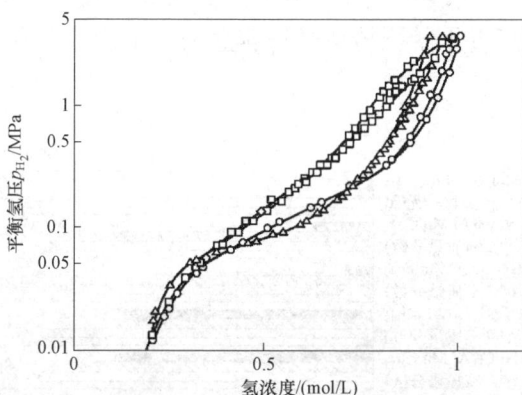

图 8-7 不同凝固方法制备的 MmNi$_{3.8}$Co$_{0.5}$Mn$_{0.4}$Al$_{0.3}$
合金的 PCT 曲线比较(40 ℃)
注:○-常规铸造;△-单辊快淬;□-气体雾化

(2)气体雾化合金和单辊快淬合金

1)气体雾化合金的组织结构与电极性能。

在气体雾化法下,当凝固冷却速度达到 10^3~10^4 K/s 时,合金呈现出细小的等轴晶和树枝状晶结构,其晶粒尺寸缩减至大约 10 μm 左右。这种细化的晶粒结构,以及几乎消除了稀土和锰等元素的成分偏析,使得气体雾化合金的循环稳定性比常规铸造合金显著提高。以 Mm(Ni$_{3.5}$Co$_{0.75}$Mn$_{0.4}$Al$_{0.3}$)合金为例,经过 300 次充放电循环,常规铸造合金的容量保持率大约是 70%,而采用气体雾化法制备的合金,其容量保持率可以达到大约 90%。

采用气体雾化方法还可使 Co 及无 Co 合金的循环稳定性得到显著改善（见图 8-8）。根据图 8-8 的数据，对比使用不同负极合金的 AA 型电池 1C 循环寿命（电池容量衰减至初始容量的 80%所需的循环次数）发现，虽然使用含 10%钴（质量分数）的常规铸造合金电池在室温（21 ℃）下的循环寿命最长，达到 1 500 次循环，但使用含 4.2%钴（质量分数）的低钴（或无钴）气体雾化合金电池的循环寿命也能达到 800～1 300 次。在 45 ℃下的循环寿命测试中，一些使用气体雾化低钴或无钴合金的电池表现出更优的循环稳定性。此外，从 0 ℃时的高倍率放电性能测试来看，气体雾化的低钴合金也优于常规铸造的高钴合金。研究表明，气体雾化快速凝固能降低钴合金的吸氢膨胀率至低于或接近于常规铸造高钴合金的水平，并使合金成分分布更均匀。因此，

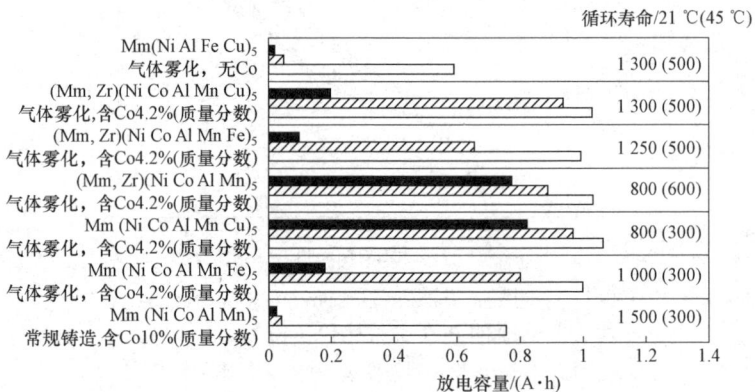

图 8-8　使用不同负极合金的 AA 型电池 1C 循环寿命及高倍率放电性能比较

□—1C；▨—3C；■ —5C

这些快凝低钴合金在密封电池中表现出更强的抗氧化腐蚀能力，从而显著提升了电池的循环稳定性等性能。

尽管气体雾化得到的球形合金粉末拥有较高的充填密度这一优点，但其也存在反应比表面积小和晶格应变大的问题，这使得气体雾化合金的初始活化较为困难，同时也会减弱合金的高倍率放电性能。因此，为了更好地满足镍氢电池的应用需求，对这些球形合金粉末进行热碱浸渍或真空退火等表面

改性处理是必要的。

2）单辊快淬合金的组织结构与电极性能

在单辊快淬法下，当凝固冷却速度达到 $10^5 \sim 10^6$ K/s 时，合金形成了细小的柱状晶结构，其晶粒尺寸进一步缩小至 $1 \sim 2$ μm。这种方法不仅产生了超细晶粒的柱状晶结构，还有效地抑制了稀土元素和锰的凝固偏析，从而显著提高了快淬合金（包括低钴合金）的循环稳定性。比较研究表明，常规铸造的 MI（$Ni_{4.0}Co_{0.4}Mn_{0.3}Al_{0.3}$）合金在容量保持率达到 80% 时的循环寿命仅为 380 次，而采用同样成分的快淬合金则可以承受高达 600 次的循环。这一发现强调了快淬技术在提升合金循环稳定性方面的显著优势。

对单辊快淬法和常规铸造 $Mm[(Ni_{3.8}Al_{0.2}Mn_{0.6})_{(x-0.4)/4.6}Co_{0.4}](x = 5.0 \sim 5.8)$ 低 Co 非化学计量比合金的对比研究表明，上述合金电极的放电容量主要取决于合金的非化学计量比（x 值），但循环稳定性与 x 值和合金微观结构的均匀性密切相关。由于快淬合金消除了 Mn 和 Ni 的凝固偏析并使合金保持单相 $CaCu_5$ 型结构，因而循环稳定性较常规铸造合金有显著提高。在制作 AA 型电池（$1\,000$ mA·h）的对比测试中，使用 $x = 5.2$ 的快淬合金（放电比容量为 310 mA·h/g）展现了最佳的循环稳定性。经过 1.5 倍率的充放电 500 次循环，电池的容量保持率仍高达 79.5%。这表明，通过结合非化学计量比和快速凝固技术，可以有效提升低钴合金的性能，以满足镍氢电池的应用需求。

除了快速凝固技术，采用定向凝固技术来产生细小的柱状晶结构也是一种有效提升储氢合金电极性能的方法。对 Ml（$NiCoMnTi$）$_5$ 合金的定向凝固研究显示，随着生长速率从 48 μm/s 增加到 220 μm/s，合金的柱晶形态从胞状柱晶转变为更精细的柱状枝晶。这种变化对合金电极性能的提升具有重要意义。

虽然定向凝固对合金电极的活化性能不产生影响，但它能有效增强合金电极的放电容量、高倍率放电性能和循环稳定性。在研究的定向凝固速率范围内，当生长速率为 48 μm/s，形成的胞状晶结构合金在综合性能方面表现更为优异。

3）合金的晶界析出物与电极性能

合金的晶界析出物对电极性能的影响是一个复杂且深刻的领域，涉及材料科学和电化学的多个方面。晶界析出物，即在合金的晶格中析出的微小的第二相颗粒，对合金电极的性能有着重要影响。这些析出物可以是由于合金成分中的某些元素在晶界区域过饱和而形成的，或是由于热处理和机械加工过程中引起的。

晶界析出物会影响合金电极的机械稳定性，合金中的晶界区域通常比晶格内部更脆弱，易于发生裂纹和腐蚀。析出物的存在可以改变这些区域的性质，有时可以增强合金的整体机械性能，如通过阻止裂纹的扩展。在其他情况下，过多的晶界析出可能会导致合金电极的脆化，从而降低其机械稳定性。晶界析出物对合金电极的电化学性能有着直接影响，例如，在储氢合金中，晶界析出的第二相颗粒可能会阻碍氢原子的扩散，影响合金的吸放氢性能。在某些情况下，这些析出物可能具有催化作用，能够提高合金的电催化活性，从而提升电极的充放电效率；晶界析出物还会影响合金电极的腐蚀行为，由于晶界区域的化学成分和结构与晶格内部不同，它们对腐蚀介质的反应也可能不同。在有利的情况下，晶界析出物可以作为一种"屏障"来抑制腐蚀的进展，增强电极的耐腐蚀性。然而，不恰当的析出物可能会导致晶界腐蚀加剧，特别是当析出物与母相材料存在电位差时；晶界析出物还会影响合金电极的微观结构，进而影响其宏观性能。例如，析出物的尺寸、形状和分布会影响合金的晶粒尺寸和形态，进而影响合金的强度、韧性和电极反应的动力学。

晶界析出物在合金电极性能方面扮演着多重角色，既有可能成为性能提升的关键，也可能成为性能下降的原因。因此，在设计和优化合金材料时，对晶界析出物的控制和调整是非常关键的。

以镍氢电池中常用的 AB_5 型储氢合金为例，它通常由稀土元素、镍、钴、锰等组成。在这种合金中，晶界析出物的存在对电极性能有着显著影响。

在 AB_5 合金中，可能会有钴或镍的富集区域在晶界处形成，这些富集区域作为晶界析出物，可以对合金的电化学性能产生重要影响。例如，钴的富集可以提高合金的电催化活性，从而提高电极在电化学反应中的效率。这是因为钴具有较好的催化性能，能够促进电极表面的氢吸收和释放反应，提高电池的充放电效率；然而，晶界处的钴富集也可能引起一些负面效应，例如，过多的钴析出可能会导致晶界的脆化，使得合金在长期使用过程中容易发生破裂，从而降低电极的机械稳定性。此外，钴富集区域可能与合金的其他部分形成电位差，促进电化学腐蚀，尤其是在电池的充放电循环中。

在合金的生产和加工过程中，通过调整合金的组成、冷却速率和热处理工艺，可以在一定程度上控制晶界析出物的形成和特性。适当的热处理可以减少钴在晶界的富集，从而改善合金的机械稳定性和减缓腐蚀速率，同时保持较好的电催化活性。

8.1.5　AB_2 型 Laves 相储氢电极合金

AB_2 型 Laves 相储氢合金属于金属间化合物，具有独特的晶体结构和优异的储氢性能。这类合金通常由两种不同的金属或合金元素组成，其中"A"元素通常是转换金属（如钛、锆、钒），而"B"元素则是包括镍、铁、钴等在内的其他金属元素。

AB_2 型合金的显著特点之一是其 Laves 相结构，这是一种具有高度有序的晶体结构。Laves 相结构具有高密度的原子堆积，能够提供大量的间隙位置，这些间隙位置是储存氢原子的理想场所。因此，AB_2 型合金具有较高的氢存储容量和良好的吸放氢动力学性能。在电化学应用中，AB_2 型合金的性能取决于其合金成分和微观结构。这些合金的电化学活性、循环稳定性和抗腐蚀性能都与合金中各元素的比例、晶粒大小、晶界特性，以及可能的晶界析出物等因素密切相关。例如，通过调整 A 元素和 B 元素的比例，可以优化合金的氢吸放速率和最大储氢容量。此外，合金的晶粒细化可提高其反应表面积，从而提升电化学性能。

AB$_2$ 型合金的电极性能还受到表面状态和电极制备工艺的影响。表面改性，如涂层、氧化或其他表面处理技术，可以改善合金的电化学稳定性和耐腐蚀性。电极制备方法，包括合金的熔炼、粉碎和压实工艺，也会对其电化学性能产生重大影响。在实际应用中，AB$_2$ 型合金在循环过程中的稳定性是一个重要的考量因素。这些合金在长期充放电循环中可能会发生体积膨胀、晶粒粗化或成分偏析，这些变化会导致电极性能逐渐退化。因此，开发出具有良好循环稳定性的 AB$_2$ 型合金是当前研究的一个重点。除此之外，AB$_2$ 型合金的成本和环境影响也是考虑的重要因素，由于含有稀有或昂贵的金属，这些合金的成本相对较高。因此，研究人员正在寻找更经济的替代材料或合金设计以降低成本并减少对稀有资源的依赖。

AB$_2$ 型 Laves 相储氢合金因其独特的结构和优异的性能，在能源存储领域具有重要的应用价值。未来的研究将集中在优化合金的成分和微观结构、提高其循环稳定性和降低成本方面，以满足日益增长的能源存储需求。

1. AB$_2$ 型 Laves 相储氢电极合金的基本特征

AB$_2$ 型合金由两种不同的元素组成，其中"A"组分通常是较大原子半径的过渡金属，如钛、锆或钒，而"B"组分则包括较小原子半径的元素，如镍、铁或钴。这种结构配置使得 AB$_2$ 型合金在晶格中形成特定的 Laves 相结构，这是一种高度有序的金属间化合物结构。

在电化学特性方面，AB$_2$ 型合金表现出优越的储氢能力，这得益于其结构中高密度的间隙位，能够有效地吸收和释放氢原子。此外，这类合金通常具有较高的氢吸放速率，使其在快速充放电应用中表现出色；电极稳定性方面，AB$_2$ 型合金的性能受其合金成分、微观结构，以及加工方法的影响，合适的元素比例和微观结构优化可提高其电化学活性和循环稳定性，减少在长期使用中的性能衰退。例如，适当的 A 和 B 元素比例可以平衡合金的机械强度和电化学活性，而微观结构的调整则可以优化其电极表面的反应性；另外，AB_2 型合金的稳定性也取决于其抵抗腐蚀和电极材料的降解能力。这些性质直接影响电极在反复充放电过程中的耐久性和效率。通过表面处理和合金设计的优化，可以改善这些合金在具体应用中的表现。

2. AB_2 型 Laves 相储氢电极合金的发展方向

AB_2 型 Laves 相储氢合金在能源存储领域，特别是镍氢电池技术中，扮演着至关重要的角色。其发展重点主要集中在提升性能、降低成本、增强稳定性以及实现环境友好。

在提高性能方面，研究者们正通过引入新合金元素、调整元素比例及优化微观结构等方式来提升这些合金的储氢能力、充放电效率和电化学稳定性。例如，微观结构的细化可以增加反应表面积，从而提高电极的性能；在降低成本方面，由于 AB_2 型合金中某些元素（如钴、镍）价格较高，寻找经济的替代材料或更有效地利用这些贵重元素成为研究重点，这不仅涉及新材料的开发，还包括对现有合金体系的深入研究；关于增强合金的循环稳定性和耐久性，长期充放电过程中的结构和性能退化是一个挑战。因此，开发出具有更好循环稳定性的合金，对于延长电池寿命和提高能源存储系统的效率至关重要。这需要优化合金设计、探索新型合金体系，以及改进电极材料的制备工艺；同时，环境友好性成为一个关键的发展方向，随着环保意识的提升和相关法规的制定，开发更环保的合金材料，减少有害物质的排放，以及提高材料的可回收性成为趋势。结合其他先进技术，如纳米技术的改性和计算材料科学的合金设计，能够为 AB_2 型合金带来性能上的突破，这不仅需要材料科学和电化学的深入研究，还需要跨学科合作和创新思维。

AB_2 型 Laves 相储氢合金的发展旨在通过这些综合手段，在提高性能、降低成本、增强稳定性及实现环境友好等多个方面取得进展，以推动其在能源存储领域的广泛应用。

8.1.6　镍正极材料

镍作为正极材料在各类碱性二次电池如 Cd/Ni、Zn/Ni 和 MH/Ni 电池中得到了广泛应用。在其长期的研究和实践中，镍电极在结构和性能上经历了三个主要的发展阶段：极板盒式电极、烧结式电极及非烧结式电极。根据镍极板导电载体的生产工艺及活性物质载入方式的差异，可进行如图 8-9 所示的分类。

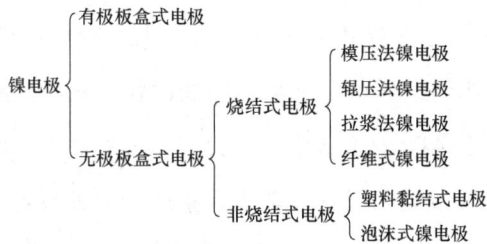

图 8-9　镍电极的分类示意图

1. 氢氧化镍电极的充放电机制

氢氧化镍电极在充放电过程中的电极反应通常表示为

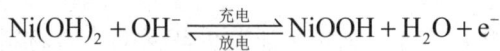

$$Ni(OH)_2 + OH^- \underset{\text{放电}}{\overset{\text{充电}}{\rightleftharpoons}} NiOOH + H_2O + e^-$$

在 $Ni(OH)_2$ 的制备和充放电过程中，部分 Ni^{2+} 并未完全还原为 Ni^{3+}，同时也有一部分化学计量过量的 O^{2-} 出现，即 $Ni(OH)_2$ 晶格中的一定数量的 OH^- 被 O^{2-} 替换，同时相等数量的 Ni^{2+} 转变为 Ni^{3+}。在 $Ni(OH)_2$ 晶格中，Ni^{3+} 因比 Ni^{2+} 少一个电子而形成电子缺陷，而晶格中的 O^{2-} 则因比 OH^- 少一个质子而产生质子缺陷。在电极的充放电过程中，电极与溶液界面的氧化还原反应是通过晶格中电子缺陷和质子缺陷的迁移来完成的，而其导电性依赖于电子缺陷的移动和其浓度。当镍电极发生阳极极化和充电过程中，$Ni(OH)_2$ 晶格内

的 O^{2-} 与溶液中的质子在接触界面上形成了一个双电层。在这种情况下，溶液中的质子与 $Ni(OH)_2$ 晶格内的 O^{2-} 沿特定方向排列，这种排列对确定电极的电位起着至关重要的作用。$Ni(OH)_2$ 的导电过程是通过电子和空穴进行的。在此过程中，电子从氧化态 Ni^{2+} 转变为 Ni^{3+}，进而移动到导电框架和外部电路中。同时，电极表面的 OH^- 离子失去质子而转变为 O^{2-}，这些质子则穿越双电层的电场，进入溶液与溶液中的 OH^- 结合形成水。这个反应过程在固相中引入了一个质子缺陷（O^-）和一个电子缺陷（Ni^+）。

当镍电极经历阳极极化时，其氢氧化镍侧的双电层产生新的电子和质子缺陷。这种变化使得电极表层的质子浓度降低，而在氢氧化镍内部，质子浓度相对更高，从而产生浓度梯度。根据这个梯度，依据 Fick 定律，质子将从氢氧化镍的内部向其表面层发生扩散。随着阳极极化程度的增强，电极的电位不断上升，导致电极表面 Ni^+ 的浓度逐渐增加，同时质子浓度持续降低。在一种极端情况下，当电极表面的质子浓度降到零时，氢氧化物的表层 NiOOH 基本完全变为 NiO_2。在这个电位下，溶液中的 OH^- 可以发生氧化反应，也就是发生析氧反应。在镍电极的充电过程中存在两个关键特点：首先，形成在电极表面的 NiO_2 分子实际上是掺入 NiOOH 的晶格中，而不是形成独立的结构。其次，在镍电极发生氧气析出时，电极内部依然保留着 $Ni(OH)_2$，说明它并未完全氧化。

在镍电极的放电阶段，亦即阴极极化期间，情况与阳极极化相反。来自外电路的电子与固相中的 Ni^{3+} 反应生成 Ni^{2+}。质子则从溶液通过双电层界面进入镍电极的表面，并与表层的 O^{2-} 结合。这个反应减少了固相中的一个质子缺陷（O^{2-}）和一个电子缺陷（Ni^{3+}），同时在溶液中形成了一个新的 OH^-。在镍电极的放电过程中，质子在固相中的扩散是整个反应的限制步骤。由于质子扩散速率慢于阴极反应速度，为了维持阴极反应的持续进行，电极电势需要持续降低。同时，随着阴极极化的深入，固相表层中 O^{2-} 的浓度逐渐下降，而 Ni(OH)$_2$ 的含量不断增加。质子从电极表面到电极内部的 NiOOH 放电反应造成的阻碍，进一步影响了放电效率，这是镍电极放电特性中的一个重要方面。

2. 氢氧化镍在充放电过程中的晶型转换

在氢氧化镍电极的充放电过程中，并不是简单的放电产物 Ni(OH)$_2$ 和充电产物 NiOOH 之间的电子的得失。Ni(OH)$_2$ 有 α 型和 β 型两种晶型结构。NiOOH 具有 γ 型和 β 型两种晶型结构。因此在氢氧化镍电极的充放电过程中，各晶型活性物质之间的转化很复杂。

3. 球形 Ni(OH)$_2$ 正极材料的基本性质与制备方法

（1）基本性质

在涂覆式镍氢电池的正极中，Ni(OH)$_2$ 是活性物质。在电极充电过程中，Ni(OH)$_2$ 转化为 NiOOH，其中 Ni^{2+} 氧化成 Ni^{3+}；而在放电过程中，NiOOH 再转变回 Ni(OH)$_2$，即 Ni^{3+} 还原为 Ni^{2+}。电极的充电反应式为

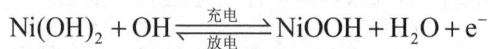

$$Ni(OH)_2 + OH \underset{\text{放电}}{\overset{\text{充电}}{\rightleftharpoons}} NiOOH + H_2O + e^-$$

根据化学反应方程式，Ni(OH)$_2$ 在充电过程中由 Ni^{2+} 和 Ni^{3+} 的相互转换产生的理论放电容量大约为 289 mA·h/g。但由于电化学反应的不完全性或过度充放电，Ni(OH)$_2$ 的实际电容量通常会与理论值存在差异。在充电和放电的过程中，常常发生非化学计量的现象。

近些年，Ni(OH)$_2$ 作为正极材料的密度得到了显著提高。相较于早期的低密度无规则形状 Ni（OH）$_2$，新型的高密度球形 Ni（OH）$_2$ 能够在电极中实现更高的填充量（增加超过 20%）和更大的放电容量，并且具备优良的充填流动性，因此在镍氢电池生产中被广泛使用。

虽然目前没有一个统一的标准来定义高密度，但一般来说，松装密

度超过 1.5 g/mL、振实密度超过 2.0 g/mL 的球形 $Ni(OH)_2$ 通常被归类为高密度类型。

$Ni(OH)_2$ 具有 α 和 β 两种晶体形态，而 $NiOOH$ 存在 β 和 γ 两种晶体形态。在当前的镍氢电池生产中，所使用的 $Ni(OH)_2$ 普遍是 β 晶型。研究表明，结晶完好的 β-$Ni(OH)_2$ 由层状结构的六方单元晶胞（见图 8-10）所组成，在每个晶胞中，存在一个镍原子、两个氧原子和两个氢原子的组成。

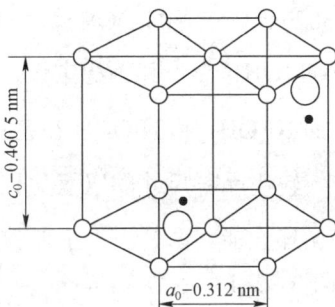

图 8-10　β - $Ni(OH)_2$ 单元晶胞

镍原子间的距离为 $a_0 = 0.312$ nm，而 NiO_2 层之间的间隔为 $c_0 = 0.460\,5$ nm。在 NiO_2 层内，Ni^{2+} 所在的八面体间隙可能形成空穴，或被其他金属离子如 Co^{2+} 和 Zn^{2+} 填充，从而产生 Ni^{2+} 的晶格缺陷。NiO_2 层间的八面体间隙可能填充有 H_2O、CO_3、SO_4^{2-}、K^+ 和 Na^+ 等。

在充放电过程中，各晶型的 $Ni(OH)_2$ 和 $NiOOH$ 存在一定的对应转变关系，如图 8-11 所示。研究显示，在正常充放电条件下，β-$Ni(OH)_2$ 会转变成 β-$NiOOH$。这一相变伴随着质子 H^+ 的迁移，使得 NiO_2 层的间隔从 0.460 5 nm 扩展到 0.484 nm，同时镍原子之间的距离 a_0 则从 0.312 6 nm 缩减到 0.281 nm。

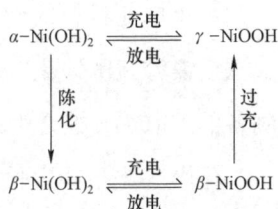

图 8-11　各晶型的转变

当 a_0 减小时，β-$Ni(OH)_2$ 向 β-$NiOOH$ 的转变导致体积减少了 15%。但在过充电的情况下，β-$NiOOH$ 会进一步转变成 γ-$NiOOH$。这一变化使得镍的价态从 2.90 增加到 3.67，c_0 的间隔扩大到 0.69 nm，而 a_0 的间隔增加到 0.282 nm。

由于 a_0 和 c_0 的增加，β-$NiOOH$ 向 γ-$NiOOH$ 的转变使得体积膨胀了 44%。这种体积膨胀会导致电极出现开裂和掉粉现象，从而影响电池的容量和循环寿命。此外，由于 γ-$NiOOH$ 在放电时无法逆转回 β-$Ni(OH)_2$，电极中的活性物质实际含量减少，进而导致电极容量降低，甚至失效。放电后，γ-NiOOH 会转化为 α-Ni(OH)$_2$，这时 c_0 的间距增大到 0.76 nm 至 0.85 nm，而 a_0 增加到 0.302 nm。在 γ-NiOOH 转变为 α-Ni(OH)$_2$ 的过程中，体积会膨胀约 39%。α-Ni(OH)$_2$ 由于其不稳定性，在碱性环境中迅速转化为 β-Ni(OH)$_2$。不同晶型的 Ni(OH)$_2$ 和 NiOOH 在密度、氧化态和晶胞参数等方面存在显著差异。

较小晶粒尺寸的氢氧化镍表现出更优异的电化学活性、活性物质利用率和循环性能。这是因为小晶粒有利于质子在固相中的扩散，减少了充放电过程中晶体内的质子浓度差极化现象。此外，小晶粒增加了与电解质的接触面积，从而提升了活性物质的利用效率。如果氢氧化镍的晶粒过小，会导致比表面积增大，进而降低其密度和振实密度。理想情况下，氢氧化镍的粒度应适中并且分布均匀，小晶粒能填补大颗粒之间的空隙。最佳的粒度分布范围是 3～25 μm，且中位粒径应在 8～11 μm 之间，以保持正态分布。

（2）制备方法

用于电池材料的球形 Ni(OH)$_2$ 制备方法主要有三种，即化学沉淀晶体生长法、镍粉高压催化氧化法及金属镍电解沉淀法。其中化学沉淀晶体生长法制备的 Ni(OH)$_2$ 综合性能相对较好，已得到广泛应用。

化学沉淀晶体生长法。这种方法涉及在严格控制反应物质浓度、pH 值、反应时间和搅拌速度等条件下进行，通过直接使镍盐溶液与碱溶液反应来产生微晶晶核，然后在特定工艺条件下促使这些晶核成长为球形颗粒。目前国际上的生产普遍采用硫酸镍、氢氧化钠、氨水和少量添加剂作为原料。这一化学反应在具有特定结构的反应釜中进行，主要是通过调整反应温度、pH 值、加料量、添加剂、进料速度和搅拌强度等工艺参数来控制晶核的生成、微晶晶粒的尺寸、堆垛方式、晶体的生长速度及其内部缺陷等生长条件，确保 Ni(OH)$_2$ 粒子在达到一定尺寸后从釜中流出。离开反应釜的产品经过混合、表面处理、清洗、干燥、筛选、检测和包装等一系列步骤后，最终供应给电池制造商使用。

镍粉高压催化氧化法。这种方法使用镍粉作为基础原料，在硝酸或硫酸等催化剂的作用下，利用 O_2 和水将金属镍氧化成氢氧化镍。该方法生产的氢氧化镍纯度高，镍的转化率可达 99.99%，且对环境污染较小。但缺点在于合成的样品形状不够球形，未反应的镍粉混入产品中会造成分离困难，同时，这种方法对设备的要求较高，能耗也相对较大。

金属镍电解沉淀法。在电解法中，使用金属镍作为阳极，在施加外部电流的情况下，镍氧化生成 Ni^{2+}，而阴极发生还原反应并吸收氢，生成的 OH^- 与 Ni^{2+} 反应形成氢氧化镍沉淀。这一方法根据电解液的成分，分为水溶液法和非水溶液法。水溶液法通过恒流阴极极化和恒电位阳极电沉淀来制得 $Ni(OH)_2$，并使水分子嵌入 $Ni(OH)_2$ 晶格中。在非水溶液法中，使用惰性电极（如石墨、铂、银）作为阴极，醇作为电解液，铵盐和季铵盐作为支持电解质，这一方法也被称为醇盐电解法。电解过程中，严格禁止水的存在，并在醇的沸点温度下进行加热电解。这种方法能合成形态良好的氢氧化镍粒子，但整个过程需要密封设备并严格控制无水条件，因此成本较高，电解法因其零排放的显著环境效益而受到关注。

8.1.7　镍氢电池的应用

金属氧化物镍电池，通常指的是镍氢电池和镍镉电池，是一类重要的可充电电池技术，广泛应用于各种电子设备和某些类型的电动车辆。这些电池以镍为正极材料，而负极材料则根据电池类型的不同而有所区别，如镍氢电池使用金属氢化物，而镍镉电池使用镉；镍氢电池因其较高的能量密度和较长的循环寿命而受到青睐，与镍镉电池相比，它们具有更环保的特点，因为镉是一种有害重金属，而金属氢化物则相对无害。镍氢电池通常用于需要较高能量密度的应用，如手持电子设备、电动工具和某些类型的电动车辆。此外，由于它们在宽温度范围内的稳定性和可靠性，镍氢电池也常被用于航天和军事。

镍镉电池在历史上曾广泛应用于各种便携式电子产品，如无绳电话、手持电动工具和摄像机。它们的主要优点是能够提供较高的功率密度和良好的耐用性。然而，由于镉的环境和健康风险，镍镉电池的使用在许多国家和地区受到了限制，逐渐被其他类型的电池，如镍氢电池和锂离子电池所取代。

尽管如此，金属氧化物镍电池在特定的应用领域仍然具有重要价值。例如，在一些特殊条件下，如极端的温度环境，它们相比锂离子电池可能表现出更好的性能和稳定性。此外，它们的制造成本相对较低，且对电池管理系统的要求不像锂离子电池那么高，这使得它们在成本敏感型的应用中仍然具有吸引力；金属氧化物镍电池由于其独特的性能特点，在电子设备和某些特殊应用中仍保持着一席之地，随着电池技术的不断进步，未来这些电池可能会在特定应用中发挥更大的作用，或者在环保和性能上得到进一步的提升。

8.2 核能关键材料与应用

8.2.1 核能概述与核能关键材料重要性

1. 核能的定义与基本原理

核能是指从原子核反应中释放出的能量，这种能量来源于核裂变或核聚变过程。核能的产生基于爱因斯坦的质能等价原理，即 $E = mc^2$，其中 E 代表能量，m 代表质量，c 代表光速。这一原理揭示了质量转化为能量的可能性。

在核裂变中，重原子核（如铀或钚）在吸收一个中子后变得不稳定，并分裂成两个较轻的原子核，同时释放出能量、更多中子和伽马射线。这些新产生的中子可以引发更多的核裂变反应，从而形成链式反应。核裂变过程释放的能量主要以热能的形式存在，这种热能可以转化为机械能，再转化为电能，这就是核电站的基本工作原理。与核裂变不同，核聚变涉及轻原子核（如氢的同位素）在极高温度和压力下融合成更重的原子核的过程，同时释放出巨大的能量。太阳和其他恒星就是通过核聚变反应产生能量的。核聚变是一种理想的能量来源，因为它产生的放射性废物少，理论上可以提供几乎无限的能源。然而，目前地球上的核聚变反应尚未实现商业化应用，因为它需要极端的环境条件才能维持反应。

核能作为一种能源，具有高能量密度的特点，意味着相比化石燃料，使用少量的核燃料就能产生大量的能量。然而，它也带来了核废料处理和核事故风险等问题，这些问题的解决是核能可持续发展的关键。

2. 核能的历史发展与当前状态

核能的历史发展可以追溯到 20 世纪初期的原子核物理学的重大突破。最初，科学家们在研究原子结构时发现了放射性现象，这是探索核能的起点。1938 年，德国物理学家奥托·哈恩和弗里茨·施特拉斯曼发现了核裂变，揭示了重原子核分裂时能释放巨大能量的可能性，这一发现为利用核能铺平了道路。

1942 年，芝加哥大学的意大利物理学家恩里科·费米领导的团队成功实现了世界上第一个人工核裂变链式反应，开启了核时代。这一事件不仅在科学上具有里程碑意义，也引发了核能在军事和能源领域的应用。第二次世界大战期间，美国发起了曼哈顿计划，最终研制出核武器。

战后，随着冷战的到来，核能技术被大力发展，用于制造核武器。同时，人们也开始探索核能的和平利用，尤其是在能源领域。1954 年，苏联建成了世界上第一个核电站，标志着核能在民用领域的应用。此后的几十年间，核电技术迅速发展，尤其是在欧洲、北美和亚洲的一些国家。核电站因其提供稳定且大规模的电力而受到重视。然而，1979 年的三哩岛事故和 1986 年的切尔诺贝利事故暴露了核电的风险，引发了全球对核安全的关注。21 世纪初，一些国家再次提出核能复兴的构想，认为核能是应对气候变化和实现能源安全的重要途径。但 2011 年的福岛核事故再次提醒人们核能使用的风险。

目前，核能的发展呈现出多元化趋势。一方面，一些国家依然重视核电的角色，继续投资新型反应堆的建设，同时研究更安全、更高效的第四代核反应堆技术。另一方面，公众对核安全和环境影响的担忧使得一些国家决定逐步淘汰核电，转向可再生能源。核废物处理和核不扩散问题仍是核能发展的重要挑战。

3. 核能关键材料的重要性

核能关键材料在现代能源科技中扮演着至关重要的角色。核能，作为一种高效、低碳的能源形式，对于满足全球日益增长的能源需求和应对气候变化问题具有重要意义。核能的发电过程不直接产生温室气体，因此，在努力减少全球碳排放的当下，核能提供了一种可靠的替代方案。

核能的核心在于核裂变过程，而核裂变所需的主要材料包括铀、钚等核燃料。这些核燃料通过链式反应释放出巨大的能量，这一过程是核电站产生电力的基础。铀，尤其是浓缩铀，由于其较高的裂变效率成为最常用的核燃料。钚，尽管应用较少，但在某些先进的核反应堆设计中发挥着重要作用。

除了核燃料，控制材料同样关键。控制棒通常由能吸收中子的材料制成，如硼或镉。它们在核反应堆中的主要作用是调控核反应的速率，确保核反应的稳定进行。此外，反应堆的冷却剂和减速剂，如重水或轻水，也是核能应用中不可或缺的组成部分。这些材料帮助控制核反应堆内的热量，并将其有效转换为电能。在安全性方面，核能材料的管理与使用受到严格的国际和国家监管。核废物的处理和贮存是核能安全管理中的重要环节。高放射性核废物需要经过长时间的冷却和安全储存，以减少对环境和人类健康的潜在风险。

核能关键材料不仅是实现高效能源产出的基础，也是确保核能应用安全、可靠的核心。在全球追求可持续能源解决方案的过程中，合理、安全地利用这些材料至关重要。随着核技术的不断进步和对安全标准的不断提高，核能有望在未来的清洁能源体系中扮演更加重要的角色。

8.2.2　核能关键材料

核能关键材料是用于核能产生、贮存和控制的关键组件，它们在核能工业中发挥着至关重要的作用。这些材料必须具备一系列特殊的物理、化学和工程性质，以确保核反应的稳定性、可控性和安全性。

1. 核燃料

核燃料的包壳材料在核能工程中起着至关重要的作用，它们必须能够确保核燃料的安全性和稳定性，防止与冷却剂的相互作用以及泄漏。两种最常见的包壳材料是锆合金和不锈钢。

锆合金是一种备受青睐的核燃料包壳材料，主要因其卓越的性能而广泛使用。它具有出色的抗腐蚀性，特别适用于与水或重水等冷却剂接触的情况。锆合金还具有良好的热传导性能，这有助于控制核燃料的温度，防止过热。此外，锆合金的机械强度也足够高，能够在核反应堆的高压和高温环境中保持其完整性。不锈钢也在一些核能应用中用作包壳材料，尤其是在高温气冷堆中。然而，不锈钢的抗腐蚀性较差，因此在与水或重水接触的情况下不如锆合金。不过，在某些特定的核反应堆设计中，不锈钢仍然是一种有用的包壳材料选择。

核燃料包壳材料的选择取决于核反应堆的设计要求、冷却剂类型和操作条件。这些材料必须经过严格的测试和验证，以确保它们能够在极端的核能环境中确保核燃料的安全性和可靠性。未来，随着核能技术的不断发展，可能会出现新的包壳材料和改进现有材料的方法，以提高核反应堆的性能和可持续性。核能工程界将继续努力寻找更好的材料，以满足日益增长的清洁能源需求。

2. 包壳材料

核燃料的包壳材料在核能工程中扮演着至关重要的角色。这些包壳材料的主要任务是保护核燃料免受外部环境的侵蚀和与冷却剂的相互作用，在这方面，锆合金和不锈钢是两种最常见的选择。

锆合金因其卓越的性能而在核反应堆中得到广泛应用，它具有出色的抗腐蚀性，尤其对于水或重水等冷却剂来说，锆合金表现得非常耐用。此外，锆合金的热传导性能也非常出色，有助于控制核燃料的温度，防止过热和燃料棒的损坏。因此，锆合金被广泛用于核燃料元件的包壳，保障核反应的稳定性和安全性。然而，在某些特定情况下，不锈钢也可用作包壳材料。不锈钢的机械强度相对较高，对于一些特殊设计的核反应堆可能更为合适。然而，不锈钢的抗腐蚀性相对较差，因此在选择时必须谨慎考虑冷却剂类型和运行条件。包壳材料的选择是核反应堆设计的重要决策，它们必须经过严格的测试和验证，以确保它们在核能环境中能够保护核燃料的安全性和稳定性。未来，随着核能技术的不断发展，可能会出现新的包壳材料和改进现有材料的方法，以提高核反应堆的性能和可持续性。核能工程界将继续致力于寻找更好的材料，以满足清洁能源需求的增长。

3. 冷却剂

核反应堆的冷却剂是确保反应堆稳定运行的关键组成部分。不同类型的冷却剂具有独特的性能和应用，因此需要不同类型的材料来与之相适应。水和重水是最常见的核反应堆冷却剂，它们在热传导性和中子传播性能方面表现出色，但也要求反应堆材料具有良好的抗腐蚀性。气体冷却剂，如氦或氦氖混合物，通常用于高温反应堆，因为它们具有较高的热传导性和化学稳定性。液态金属冷却剂，如钠或铅，具有出色的热传导性能，适用于高温反应堆，但要求反应堆结构材料具备耐高温和抗腐蚀的特性。

选择适合的冷却剂和相应的材料是核能工程设计的重要决策，因为这直接关系到反应堆的性能、安全性和可靠性。冷却剂在维持核反应堆温度稳定性方面起着关键作用，因此需要确保冷却剂与其接触的材料具备足够的耐久性和稳定性，以应对高温、高辐射和化学腐蚀等极端条件。不同类型的冷却剂和相应的材料选择取决于反应堆设计的要求和目标，以及工程师们对安全性和性能的权衡考虑。随着核能技术的不断发展，人们将继续寻求新的冷却剂和材料，以提高核反应堆的效率和可持续性。

4. 反应堆结构材料

核反应堆的结构材料在核能工程中扮演着关键的角色，它们必须能够承受极端的环境条件，确保反应堆的安全和可靠运行。这些条件包括高温、高辐射、化学腐蚀和机械应力。为了应对这些挑战，工程师们选择了各种材料，其中包括不锈钢、铬钼合金、镍基合金和陶瓷材料。

不锈钢因其出色的抗腐蚀性和机械强度而广泛应用于核反应堆的外壳和支撑结构。铬钼合金在高温下表现出色的耐热性和机械强度，对于维持反应堆结构的完整性至关重要。镍基合金则在高温和辐射环境下表现出色，被用于高温反应堆中。此外，陶瓷材料也发挥着重要作用，特别是用于包裹燃料颗粒或液态金属冷却剂，因其出色的高温稳定性和辐射稳定性。这些结构材料的选择是核能工程设计中的重要决策，需要经过严格的测试和验证，以确保它们能够在核反应堆内承受极端的环境条件，保障核反应堆的安全性和可靠性。未来，随着核能技术的发展，工程师们将继续寻求新的材料和改进现有材料，以提高核反应堆的效率、可持续性和环保性，推动清洁能源的发展。

5. 控制材料

核反应堆需要用于控制和调节核反应的材料，通常是通过吸收中子来实现的。这些材料被称为控制棒或吸收棒，通常由银、铟、镉或其他中子吸收材料制成。它们的位置和运动可以调整反应堆的功率输出和稳定性。

核能关键材料在核能工业中起着不可或缺的作用，它们必须具备特殊的性质，以确保核反应的可控性和安全性。这些材料的选择和设计对于核能系统的性能和安全至关重要，需要经过严格的测试和验证，以确保它们在极端条件下的可靠性和稳定性。随着核能技术的发展，人们不断努力寻找新的材料和改进现有材料，以提高核能系统的效率和安全性。

8.2.3　核反应堆类型

核反应堆作为核能发电的核心设备，具有多种类型，各自基于不同的设计原理和技术特点。这些类型包括轻水反应堆［包括压水反应堆（PWR）和沸水反应堆（BWR）］、重水反应堆（如 CANDU 堆）、高温气冷反应堆（HTGR）、快中子反应堆等。

轻水反应堆是目前最常见的核反应堆类型，使用普通水作为冷却剂和中子减速剂。在这一类中，压水反应堆是最普遍的设计，其特点是在反应堆内部维持高压，防止水沸腾，通过热交换器将热量传递给第二回路的水，产生蒸汽推动涡轮发电。沸水反应堆的工作原理类似，但区别在于它允许反应堆内的水沸腾，直接产生蒸汽驱动涡轮机。

重水反应堆，如 CANDU 反应堆，使用重水（D_2O）作为冷却剂和中子减速剂。重水反应堆的优势在于它可以使用未经浓缩的天然铀作为燃料，提高了燃料的利用效率。此外，CANDU 反应堆能够在运行过程中进行在线燃料更换，增加了运行的灵活性。

高温气冷反应堆则采用气体（通常是氦气）作为冷却剂。这类反应堆能够在较高的温度下运行，提高热效率。HTGR 通常使用石墨作为中子减速剂，并将燃料封装在小的石墨球中，增加了系统的安全性。

快中子反应堆利用快中子进行链式反应，不需要中子减速剂。这种类型的反应堆可以使用铀的同位素铀-238 或钚作为燃料，从而大大提高燃料的利用率。快中子反应堆同样可以用于"燃烧"核废料中的长寿命放射性同位素，有助于减少核废物的处理问题。

除上述主要类型外，还有如波动反应堆、熔盐反应堆等其他设计，它们在某些方面展现出独特的优势和潜力。例如，熔盐反应堆使用液态燃料，可以实现更高的核燃料利用率和更好的安全性。核反应堆的多样化设计反映了核能技术在满足不同需求方面的灵活性和创新能力。未来的发展可能会看到更多先进设计的商业化应用，这些设计将更加注重安全性、经济性和环境影响。

8.2.4　核能关键材料的应用

核能作为一种高效和清洁的能源，其应用依赖于一系列关键材料，包括铀、钚、核燃料棒、控制棒和冷却剂。这些材料的具体应用体现在多个方面，深刻影响着核能技术的发展和应用。

铀是核能应用中最为核心的材料之一。自然界中的铀以铀-238 和铀-235 的形式存在，其中铀-235 是关键的可裂变材料。在核电站中，铀被用作主要燃料，通过核裂变反应释放能量。为了提高效率，自然铀经过浓缩，以增加铀-235 的比例。这种浓缩铀被封装在金属管中，形成核燃料棒，被置于核反应堆内以进行能量生成；钚，尽管在自然界中含量极少，但在核能应用中也占有一席之地。它主要在核反应堆内通过铀-238 捕获中子而产生。与铀一样，钚也是一种有效的裂变材料，尤其在某些类型的核反应堆（如快中子反应堆）中被用作燃料。这些反应堆能够使用铀和钚的混合氧化物燃料，提高燃料的利用率；核燃料棒是核反应堆的核心组件，通常包含浓缩铀或钚。它们的设计需要高度精确，以确保能量的有效释放同时避免过热或熔毁；控制棒在核反应堆的安全运行中起着至关重要的作用。它们由能够吸收中子的材料（如硼或镉）制成，用于调节核反应的速率。控制棒的插入和提取可以精确控制核分裂的速度，从而管理反应堆内的功率水平；冷却剂在核能发电中同样不可或缺。在核反应堆中，冷却剂（通常是水、重水或液态金属如钠）的主要作用是转移由核分裂产生的热能。这些冷却剂不仅有效地带走热量，还帮助控制反应堆内的温度，避免过热。

这些关键材料还在核废料处理和核非扩散方面扮演着重要角色，使用过的核燃料棒包含了大量的放射性同位素，需要经过特殊处理和储存。这些处理过程旨在减少环境污染，同时确保放射性物质不被用于非法目的，如核武器的制造。这些核能关键材料的应用不仅涉及能量的高效生成，还包括对环境的保护、对核安全的严格控制，以及对核技术的和平利用。随着核能技术的不断进步和国际合作的加强，这些材料的应用正变得越来越安全。

8.3 生物质能关键材料与应用

8.3.1 生物质能概述

生物质能是一种从生物质材料中提取能量的方式。生物质，广义上包括所有的生物体，如植物、动物和微生物，以及它们产生的有机废弃物。这种能源形式的主要特点在于其可再生性和对环境的相对友好性，因为生物质的生长过程中吸收的二氧化碳与其燃烧时释放的量基本相等，从而实现了碳的循环。

生物质能的利用主要分为几个方向：直接燃烧、生物化学转化、热化学转化和生物质气化。直接燃烧是最古老、最简单的方式，常见于农村地区，如烧柴火。但这种方式效率较低，且可能产生有害的空气污染物。

生物化学转化是将生物质转化为可用能源的关键过程，涵盖了诸如酒精发酵和厌氧消化等多种生物学方法。在这些过程中，微生物发挥着至关重要的作用。以生物乙醇的生产为例，这一过程通常涉及含糖或含淀粉的生物质，如甘蔗、玉米等。通过发酵过程，这些物质中的糖分被转化成乙醇，这种乙醇可作为一种清洁的生物燃料使用。沼气的产生则是在厌氧（无氧）条件下进行的，通过微生物作用将农业废弃物、畜禽粪便等有机物质分解，产生以甲烷为主的气体。这种过程不仅可以产生能源，还有助于减少有机废弃物的环境影响，是一种具有双重环保效益的能源转化方式。通过这些方法，生物质被有效转化为生物乙醇和沼气等生物燃料，为实现能源的可持续利用提供了可能。

热化学转化是将生物质转换为不同形态能源的关键技术，主要包括热解、气化和液化等过程。在这些过程中，生物质被加热至不同的温度，并在特定的压力条件下处理，从而转化为固体、液体或气态的燃料。例如，热解是在无氧或低氧环境下加热生物质，将其分解成可用作燃料的气体、液体和固体产品。在生物质气化过程中，固体生物质在高温下转化为所谓的合成气，这种气体是由氢气、一氧化碳和其他气体组成的混合物，可用于发电或作为工业原料。而生物质液化则涉及将生物质转化为液体燃料，如生物油，这在一定程度上可以替代传统的石油产品。这些热化学转化技术在提高能源利用效率、减少对化石燃料的依赖方面具有重要意义，是生物质能源开发的重要方向。

生物质气化是一种尖端的能源转换技术，它通过精确控制氧气的供应量，高效地将固态生物质转化为一种富含氢气和一氧化碳的可燃合成气。这个过程通常在高温环境中进行，生物质在氧气有限的条件下被分解，从而产生一个主要由氢气、一氧化碳、甲烷和二氧化碳组成的气体混合物。这种合成气具有高能量密度，可以直接用于发电，或通过进一步的化学加工转化为合成天然气或其他化学品。此外，生物质气化还具有将废弃物转化为有价值资源的潜力，有助于减少垃圾填埋和环境污染。与其他生物质能转化技术相比，生物质气化在能效和环境影响方面展现出更大的优势，被视为一种可持续的能源解决方案。

尽管生物质能源具有可再生和环境友好的优点，但其开发和利用也面临一些挑战。例如，生物质能源的生产可能与食品供应竞争土地资源，加工生物质能源的成本相对较高，且技术上仍需进一步的发展和完善。

8.3.2 能源植物

植物油是生物质能源领域的一项重要资源，主要来源于各种油料作物和水生植物，以及餐饮废油等。其中，大豆、油菜籽是最常见的油料作物，而油棕、黄连木等油料林木果实，以及工程微藻等水生植物，也为植物油的生产提供了重要来源。这些植物油不仅丰富多样，而且具有很高的能量密度和转化潜力，使它们成为生物质能利用的理想选择。在生物质能源的开发与利用中，植物油的主要用途是生产液体燃料——生物柴油。作为石油柴油的高效替代品，生物柴油不仅能够减少对传统化石燃料的依赖，还有助于减少温室气体排放，从而对环境产生积极影响。自 20 世纪中期以来，世界许多国家和地区开始研究生物柴油的原料选择与利用，涌现了一系列基于不同植物种类的生物柴油原料利用基地。在全球范围内，大约80%的液体燃料油来源于木本和草本的栽培油料作物及藻类。在发达国家，生物柴油的规模生产主要依赖于几种原料油，包括大豆油、油菜籽油和棕榈油。这些原料不仅因其丰富的产量和易于获取而受到青睐，同时也因为它们转化为生物柴油的高效率和环境友好性。总体来看，植物油作为生物柴油的原料，在促进可持续能源发展和环境保护方面扮演着关键角色。

中国地理环境多样，拥有丰富的植物资源，其中包括 400 多种含油植物，如油菜、花生、大豆、棉籽、向日葵、芝麻、蓖麻、油桐、油棕、光皮树、椰子、桉树和油茶。尽管如此，适用于能源用途的植物油料资源仍然有限。这些油料植物主要用于满足国内食用油的需求，因此不适合作为能源用途的原料。为了发展生物燃料油工业，中国必须在不与食用资源争夺土地的前提下，积极发展油料植物资源。光皮树是一种理想的生物燃料油生产原料，因为它耐贫瘠、抗干旱，适合在石灰岩山地生长，且籽粒油量较高。此外，绿玉树、山桐子、黄连木等木本植物也具有较高的单位面积经济产量或生物量，因此将它们作为生物柴油的原料在经济上是可行的。综上所述，中国在不影响食用油资源的情况下，正努力开发更多适用于生物燃料油生产的植物资源。

在自然界中，存在着一类特殊的植物，称为"石油植物"或"能源植物"，它们能直接或通过简单加工提供类似于石油的液体燃料，用于内燃机。这些植物中，桉树因含有较高比例的可燃性油质而受到关注。某些桉树种类的油质含量相当高，使其成为生物燃料的有效来源。在大洋洲生长的某种桉树就是一个例子，其从植物体内提炼的桉油量相对丰富。在热带和亚热带的半干旱地区，绿玉树、续随子、三角大戟等乔木生长良好。这些树木的特点是，当树干被削破时，会流出牛奶状的液体，其主要成分是甾醇，这种物质可以与其他成分混合形成一种类似原油的物质。例如，续随子在中国栽培已久，其种子含有丰富的油脂。而在日本冲绳地区生长的绿玉树，也以其高产油量而闻名。霍霍巴是另一种重要的能源植物，原产于美国、以色列、墨西哥等国的热带沙漠地区，以其强大的抗碱性和抗旱性而著称。霍霍巴的种子含有一种清澈透明的浅色液体蜡，含量相对较高，这使得霍霍巴成为生物燃料的有力候选者。人工栽培的霍霍巴在每公顷的土地上能产生大量的蜡质，显示出其在生物燃料生产上的潜力。总的来说，这些石油植物和能源植物在全球范围内为生物燃料的开发和应用提供了丰富和多样的原料资源。

芒属作物，常被称作象草，是一种具有强大光合作用能力的植物。它的生长速度极快，可以在一季内迅速长高，因此在当地被昵称为"象草"。这种植物对生长环境的适应性极强，能够在从亚热带到温带的广阔地区茁壮成长。引人注目的是，象草不需要施用化肥，它依靠庞大的根系有效地从土壤中吸取养分，因此种植成本极低，远低于种植油菜的成本。在生物燃料方面，象草的潜力同样不容小觑。它转化成生物燃料后的能量产出远超过用菜籽油提炼的生物柴油。此外，由于象草在收割时植株较干燥，这有利于提高提炼石油的转化率。综合来看，象草不仅是一种高效能源植物，还因其低成本和高产量，成为开发生物燃料的重要候选资源。

8.3.3　薪炭林

薪炭林作为中国森林发展的战略之一，主要致力于燃料木材的生产。它是解决国内薪材需求与供应之间矛盾、缓解农村能源短缺问题的关键措施。在中国，薪炭林的种植被分为五个不同的类别。

（1）短轮期平茬采薪型（纯薪型）。这类薪炭林是中国最基础和主要的经营类型。其显著特征在于，林木种植后仅需 3～5 年便可开始采伐以供薪材使用。采伐过程是有计划的，通常每 3～5 年进行一次轮伐。这种薪炭林的主要经营目标是生产薪柴，既满足经营者的需求，也满足社会的需求，尤其是作为商品薪柴的供应。

（2）材薪型。这类薪炭林主要适合在北方干旱或半干旱地区种植。考虑到当地水热条件限制，导致树木在早期生长较慢，同时结合当地发展畜牧业的传统，可采用灌木或草本植物引导式种植方法。这种做法能够增加草本植物的早期产量，从而利用畜牧业的发展来补偿树木早期生长的不足。

（3）薪草型。在北方干旱或半干旱地区，一种适宜的薪炭林类型是结合灌木或草本植物的种植方式。这种方法考虑当地的水热条件限制，树木的早期生长通常较慢。为了适应这种环境，同时利用当地发展畜牧业的习惯，可以采取灌木或草本植物引导式的种植，以此提高草本植物的早期产量，并借助畜牧业的发展来补偿树木早期生长速度的不足。

（4）薪林经济型。薪炭林的主要目标是生产燃料，同时在经营过程中也收获果实、核仁、种子和叶子，作为食物或加工原料，以提高经济收益。常用于这种林业经营的树种包括沙棘、山杏和桉树等。

（5）头木育新型。在道路、河流、沟渠和池塘周围种植具有强大萌发能力的乔木，每隔 4～5 年进行一次砍伐，以获取大量薪柴。这些树木在砍伐后能够重新萌发新枝，并逐渐长成可作用材使用的树干。常用于此类种植的树种包括柳树、桉树、刺槐和铁刀木。

参考文献

［1］ 李永. 新能源汽车关键技术研发系列复合材料轻量化设计［M］. 北京：
机械工业出版社，2022.

［2］ 袁吉仁. 新能源材料［M］. 北京：科学出版社，2020.

［3］ 吴文智. 未来能源及新材料［M］. 北京：煤炭工业出版社，2002.

［4］ 吴其胜. 新能源材料［M］. 上海：华东理工大学出版社，2012.

［5］ 李谦. 新能源材料与器件专业与 STEM 教育理念融合的实践探索［J］.
科教导刊，2023（17）：40-43.

［6］ 周启航. 新工科背景下虚拟仿真教学模式探索及应用场景分析——以
新能源材料与器件专业为例［J］. 产业与科技论坛，2023，22（10）：
190-191.

［7］ 肖渊渊，刘红文，张梦君等. 新能源材料在新能源汽车中的应用研究［J］.
汽车测试报告，2023（8）：83-85.

［8］ 汪德伟. 新能源材料与器件专业无机材料科学基础课程线上线下混合
式教学改革研究［J］. 创新创业理论研究与实践，2023，6（6）：48-51.

［9］ 刘劲松，张校刚. "双碳"背景下新能源材料与器件专业人才培养探索
与实践［J］. 储能科学与技术，2023，12（3）：985-991.

［10］ 孙莉，蒋伟，王翼鹏等. 活性炭吸附脱附工艺在新能源材料行业废气
治理上的应用［J］. 皮革制作与环保科技，2022，3（21）：107-109.

［11］ 潘月磊，程旭东，闫明远等. 二氧化硅气凝胶及其在保温隔热领域应
用进展［J］. 化工进展，2023，42（1）：297-309.

［12］ 杨宇军，新能源动力电池包用金属复合材料制备方法的研究与应用

［R］. 郑州宇光复合材料有限公司，2022.

［13］ 韩树民. 新能源汽车稀土镍氢电池及稀土固态储氢材料技术与应用
［C］//内蒙古自治区人民政府，中国工程院，中国稀土学会，中国稀
土行业协会. 第十三届中国包头·稀土产业论坛报告集. 燕山大学；包
头中科轩达新能源科技有限公司，2021.

［14］ 熊保胜. 新材料在新能源汽车中的应用研究［J］. 时代汽车，2021（23）：
140-141.

［15］ 崔博翔，刘艳红，牛鹏斌. 新能源材料及其在电池中的应用［J］. 信
息记录材料，2021，22（10）：234-236.

［16］ 张斌. 新能源汽车水冷板材料的开发与应用［J］. 有色金属材料与工
程，2021，42（4）：45-50.

［17］ 李艳坤，孙水生. 新能源材料开发与化学工程分析研究——评《新能
源技术与应用概论》［J］. 化学工程，2021，49（8）：2.

［18］ 蒋泽军. 浅议新能源汽车底盘设计［J］. 科技与创新，2021（15）：
104-105.

［19］ 新能源材料［J］. 新材料产业，2021（4）：85-87.

［20］ 李发闯，郭战永，张倩，等. 新工科背景下新能源材料与器件专业核
心课程群建设探索［J］. 河南化工，2021，38（7）：69-70.

［21］ 张继勇. 新材料应用将推进锰价上涨［N］. 中国矿业报，2021-07-07（2）.

［22］ 王晓明. 钴在新能源汽车动力锂电池中的应用前景分析［J］. 新材料
产业，2021（3）：50-54.

［23］ 吴仪坤. 浅谈新能源材料的应用现状和发展前景［J］. 时代汽车，2021
（10）：70-71.

［24］ 周甘华，高性能复合材料在汽车上的开发及应用［R］. 合肥：奇瑞新
能源汽车股份有限公司，2020.

［25］ 周俊丽. MnO_2 在《新能源材料》课程中的应用探讨［J］. 广东化工，
2020，47（18）：225-226.

[26] 唐子雷. 新能源材料在新能源汽车上的应用研究——评《新能源材料与器件》[J]. 有色金属工程，2020，10（9）：148.

[27] 新能源汽车电池用气凝胶隔热片的研制及应用[J]. 新能源科技，2020（8）：26-27.

[28] 常启兵，王艳香，曾涛，等. 新能源材料与器件专业创新型应用人才实践教学培养体系的构建[J]. 中国轻工教育，2020（4）：66-70，76.

[29] 赵红霞，刘丁宁，康志成，等. 基于新能源汽车充电桩框架的绝缘材料应用进展[J]. 内燃机与配件，2020（14）：208-209.

[30] 王立波. 新能源客车轻量化技术途径研究[J]. 汽车实用技术，2020（10）：8-9.

[31] 黄慧荣. 新能源材料在新能源汽车上的应用研究——评《新能源材料与器件》[J]. 材料保护，2020，53（4）：174.

[32] 徐紫琪，张明. 新材料在电力行业的应用分析[J]. 信息记录材料，2020，21（1）：16-17.

[33] 李煜宇，李真，黄云辉. 电化学分析在新能源电池研究中的应用概述[J]. 分析科学学报，2019，35（6）：711-722.

[34] 陈继永，卢欣欣. 新能源汽车锂离子电池的安全问题分析与探索[J]. 时代农机，2019，46（11）：63-64.

[35] 杨廷志. 粉末冶金技术在新能源材料中的应用[J]. 冶金管理，2019（19）：4.

[36] 黄堃，郑涛. 新能源材料与自能源的建模与应用研究——评《新能源材料科学与应用技术》[J]. 中国科技论文，2019，14（8）：939.

[37] 叶常琼. 基于新能源材料的粉末冶金技术实践分析[J]. 轻纺工业与技术，2019，48（7）：41-42.

[38] 岳红伟，陈淑君，铁伟伟，等. 应用型大学新能源材料与器件综合实验课程的设置与实践探讨[J]. 山东化工，2019，48（14）：199-200，202.

[39] 郭远飞. 粉末冶金技术在新能源材料中的应用[J]. 世界有色金属，

2019（10）：16+18.

[40] 蒋青青，黎永秀. 新能源材料课程教学改革的探索与实践 [J]. 山东化工，2019，48（13）：164-165.

[41] 牛方，谢琳. 复合材料：未来世界的骨骼——先进复合材料及轻量化材料应用高层论坛在福建泉州召开 [J]. 中国纺织，2019（7）：64-66.

[42] 门立忠. 新能源汽车轻量化概述 [J]. 汽车工程师，2019（6）：15-17+50.

[43] 叶常琼. 在新能源材料中材料基因组技术的应用与发展 [J]. 智库时代，2019（25）：264+266.

[44] 新能源汽车极速扩张推动轻量化材料应用[J]. 汽车工艺师，2019（5）：28-31.

[45] 白瑞国. 钒钛新材料的应用及展望 [J]. 河北冶金，2019（3）：1-8.

[46] 梁刚. 电子技术在新能源材料方面的应用浅析 [J]. 传播力研究，2019，3（7）：246.

[47] 汪云华，任珊珊. 铝-空气电池的研究现状及应用前景 [J]. 蓄电池，2019，56（1）：1-5+50.

[48] 王文革. 新能源汽车铝合金冲压轻量化技术研究 [J]. 世界有色金属，2018（23）：22+24.

[49] 李斌. 新能源汽车高性能电缆关键技术及应用 [R]. 南京：江苏上上电缆集团有限公司，2018.

[50] 任玉荣. 动力电池用负极材料关键技术开发及智能化生产[D]. 常州：常州大学，2018.

[51] 洪机剑，刘兵，卢焕青. 新能源汽车充电桩用绝缘材料应用研究进展[J]. 绝缘材料，2018，51（11）：21-24，33.

[52] 钟海长，姜春海，赖贵文. 新能源材料与器件专业创新性应用型人才培养探索 [J]. 教育现代化，2018，5（23）：28-29.

[53] 郑天新，梁精龙，李慧，等. 熔盐技术在新能源中的应用现状 [J]. 无

机盐工业，2018，50（3）：11-15.

［54］ 黄振宇. 浅谈电子技术在新能源材料方面的具体应用［J］. 科技风，
2018（7）：69＋75.

［55］ 李萍，于少博. 电子技术在新能源材料行业的应用研究［J］. 中国新
通信，2018，20（3）：101.